Kohlhammer

Andreas Kühar
Klaus Ehrmann

CBRN-Schutz in der Gefahrenabwehr

Unter Mitarbeit von
Michael Weigle und Remko Pijnenborgh

Verlag W. Kohlhammer

Dieses Werk einschließlich aller seiner Teile ist urheberrechtlich geschützt. Jede Verwendung außerhalb der engen Grenzen des Urheberrechts ist ohne Zustimmung des Verlags unzulässig und strafbar. Das gilt insbesondere für Vervielfältigungen, Übersetzungen, Mikroverfilmungen und für die Einspeicherung und Verarbeitung in elektronischen Systemen.

Die Wiedergabe von Warenbezeichnungen, Handelsnamen und sonstigen Kennzeichen in diesem Buch berechtigt nicht zu der Annahme, dass diese von jedermann frei benutzt werden dürfen. Vielmehr kann es sich auch dann um eingetragene Warenzeichen oder sonstige geschützte Kennzeichen handeln, wenn sie nicht eigens als solche gekennzeichnet sind.

Die Abbildungen stammen – sofern nicht anders angegeben – von den Autoren.

1. Auflage 2020

Alle Rechte vorbehalten
© W. Kohlhammer GmbH, Stuttgart
Gesamtherstellung: W. Kohlhammer GmbH, Stuttgart

Print:
ISBN 978-3-17-030975-3

E-Book-Formate:
pdf: ISBN 978-3-17-033198-3
epub: ISBN 978-3-17-033199-0
mobi: ISBN 978-3-17-033200-3

Für den Inhalt abgedruckter oder verlinkter Websites ist ausschließlich der jeweilige Betreiber verantwortlich. Die W. Kohlhammer GmbH hat keinen Einfluss auf die verknüpften Seiten und übernimmt hierfür keinerlei Haftung.

Inhaltsverzeichnis

Vorwort 9

1 Von der CBRN-Gefahr zum CBRN-Schutz 11
    1.1 Das CBRN-Gefahrenpotenzial 11
    1.2 Von der Gefahr zum Risiko 12
    1.3 Maßnahmen der Risikominimierung 14
    1.4 Der Prozess der Abwehr von CBRN-Gefahren 14
    1.5 Das System der CBRN-Gefahrenabwehr 17

2 Radiologische und nukleare Gefahren 20
Michael Weigle

    2.1 Radioaktivität 20
    2.2 Strahlungsarten 21
    2.3 Wechselwirkung ionisierender Strahlung mit Materie 23
    2.4 Wechselwirkung der Radioaktivität mit dem menschlichen
        Gewebe 25
    2.5 Maßeinheiten im Strahlenschutz 27
    2.6 Quellen der Strahlenexposition 28
    2.7 Auftreten von radiologischen und nuklearen Gefahren in
        Einsätzen 30
    2.8 Strahlenschutz 37

3 Biologische Gefahren 41
Remko Pijnenborgh

    3.1 Arten biologischer Agentien 42
    3.2 Medizinische Mikrobiologie 47
    3.3 Auftreten biologischer Gefahrstoffe 51
    3.4 Biologische Kampfstoffe 54
    3.5 Schutz vor biologischen Gefahren 56

4 Chemische Gefahrstoffe 60
    4.1 Gefahreneigenschaften chemischer Stoffe 60
    4.2 Einsatzrelevante Eigenschaften von Gefahrstoffen 62

Inhaltsverzeichnis

4.3 Beurteilungswerte zur Abschätzung gesundheitlicher Gefahren....	72
4.4 Chemische Gefahrstoffe und Güter	75
4.5 Chemische Kampfstoffe und Reizstoffe	80

5 Umwelteinflüsse auf die Ausbreitung von Gefahrstoffen **84**

5.1 Wettereinflüsse auf freigesetzte Stoffe	84
5.2 Geländeeinflüsse	87
5.3 Einfluss der Temperatur des freigesetzten Stoffes	89
5.4 Ausbreitungsabschätzung und -berechnung	90

6 Schutzmöglichkeiten vor CBRN-Gefahren **95**

6.1 Individualschutz – Persönliche Schutzausrüstung	95
6.2 Atemschutz	98
6.3 Körperschutz	104
6.4 Kollektivschutz	111
6.5 Schutz durch Entfernen aus dem Gefahrenbereich	114

7 Feststellen von CBRN-Gefahren **115**

7.1 Der Nachweis von CBRN-Gefahren	116
7.2 Vorgehen beim Nachweis von Gefahrstoffen	120
7.3 CBRN-Probenahme	122
7.4 Wetterbeobachtung	125
7.5 Markieren	126
7.6 Dokumentieren und Melden	126
7.7 Geräte und Mittel zum Nachweis von CBRN-Gefahren	126

8 Die Dekontamination von CBR-Gefahrstoffen **145**

8.1 Die Dekontamination in der Gefahrenabwehr	145
8.2 Kontaminationen und ihre Eigenschaften	151
8.3 Gefahren durch Kontaminationen	153
8.4 Dekontamination	156
8.5 Methoden der Ausbringung von Dekontaminationsmitteln	167
8.6 »How clean is clean?« – die Überprüfung des Dekontaminationserfolges	171

9 Führen im CBRN-Einsatz **175**

9.1 Die Führungsorganisation in CBRN-Lagen	176
9.2 Der Führungsvorgang in CBRN-Lagen	176

Inhaltsverzeichnis

9.3 Führungsmittel 185

10 CBRN-Einsatzmaßnahmen **188**
10.1 Vorbereitende/unterstützende Einsatzmaßnahmen 189
10.2 Erstmaßnahmen an der Einsatzstelle 197
10.3 Ergänzende Maßnahmen 203
10.4 Spezielle Maßnahmen 208
10.5 Abschließende Maßnahmen 208
10.6 Maßnahmen zur Unterstützung anderer Behörden 209
10.7 Nachbereitung 211

11 Planung, Durchführung und Auswertung der CBRN-Erkundung **214**
11.1 Die Führungsorganisation von CBRN-Erkundungskräften 214
11.2 Vorbereitende Maßnahmen zur CBRN-Erkundung 216
11.3 Planung von CBRN-Erkundungsmaßnahmen 217
11.4 Festlegung der Erkundungsverfahren 218
11.5 Einsatzarten der CBRN-Erkundung: abgesessen und fahrzeuggestützt 224
11.6 Räumliche Festlegung der CBRN-Erkundung 225
11.7 Messung und Probenahme 228
11.8 Erfassung von Wetterdaten 230
11.9 Markieren und Sperren betroffener Gebiete 231
11.10 Melden der Erkundungsergebnisse 232
11.11 Schutz bei der CBRN-Erkundung 232
11.12 Folgemaßnahmen 236
11.13 Abschätzung des Zeitbedarfs für die CBRN-Erkundung 236
11.14 Anzahl, Stärke und Ausstattung der Erkundungsteams 237
11.15 Darstellung und Bewertung der Erkundungsergebnisse 238

12 Planung und Durchführung von Dekontaminationsmaßnahmen **243**
12.1 Die Führungsorganisation im Dekontaminationseinsatz 243
12.2 Planung von Dekontaminationsmaßnahmen 244
12.3 Dekontamination von Einsatzkräften unter PSA und ungeschützten Personen 244
12.4 Dekontamination von Geräten, Fahrzeugen und Infrastruktur (Dekon G) 253
12.5 Ermittlung des Zeitbedarfs 259

Inhaltsverzeichnis

    12.6 Auswahl, Erkundung und Aufbau von Dekontaminationseinrichtungen 261
    12.7 Schutz des Personals während der Dekontamination 264
    12.8 Abschließende Maßnahmen 266

13 Besondere Einsatzsituationen **269**
    13.1 Anschläge mit Freisetzung von CBRN-Stoffen 269
    13.2 Der Notfallschutz bei Störfällen in kerntechnischen Anlagen 280
    13.3 Die Desinfektion im Rahmen der Tierseuchenbekämpfung 286
    13.4 Auslandseinsätze von Hilfsorganisationen in Gebieten mit CBRN-Gefahrenpotenzial 288

14 CBRN-Ausbildung **293**
    14.1 Rahmenbedingungen der CBRN-Ausbildung 293
    14.2 Ausbildungsebenen 294
    14.3 Die Planung und Durchführung von CBRN-Ausbildungen 296
    14.4 Schadendarstellung 301
    14.5 Sicherheitsbestimmungen für die CBRN-Ausbildung 307

Nachwort **309**

Literaturverzeichnis **310**

Stichwortverzeichnis **315**

Vorwort

Die Kräfte der Gefahrenabwehr sind täglich mit CBRN-Stoffen konfrontiert. Die Bandbreite der Gefährdung kann dabei von kleinräumigen Ereignissen wie Transportunfälle bis hin zu großflächigen Freisetzungen nach Störfällen in der chemischen Industrie oder kerntechnischen Anlagen reichen. Neue Bedrohungen wie die Verwendung von Giftstoffen zur Selbsttötung, die Herstellung von Drogen mit der damit verbundenen illegalen Chemikalienlagerung bis zum Einsatz von chemischen und radioaktiven Gefahrstoffen durch Terrorgruppen, aber auch Geheimdienste sind in den letzten Jahren dazugekommen. Die Ablösung der alten Bezeichnung ABC- durch CBRN-Gefahren ist ein Resultat dieses erweiterten Bedrohungsspektrums. Die Abwehr von CBRN-Gefährdungen gehört zu den Kernaufgaben der Feuerwehren, allerdings müssen auch die Rettungsdienste, das Technische Hilfswerk und die Polizei Aufgaben im CBRN-Schutz wahrnehmen können.

Ziel des Buches ist es, Führungskräfte ab Zug-Ebene, im CBRN-Schutz tätige Einsatzkräfte und die Experten in den Stäben der Gefahrenabwehr bei der Planung und Durchführung von CBRN-Einsätzen zu unterstützen. Dazu wird ein Überblick über die naturwissenschaftlichen Grundlagen und die technischen Möglichkeiten der Gefahrenabwehr gegeben und die Umsetzung in Einsatzmaßnahmen detailliert beschrieben. Neben der Auswertung der zahlreichen in der Bundesrepublik und den Bundesländern existierenden Vorschriften und Regelungen zum CBRN-Schutz sind auch die Kenntnisse aus der Mitarbeit in nationalen und internationalen Fachgremien und der langjährigen praktischen Erfahrung der Autoren bei CBRN-Einsätzen eingeflossen.

Aufgrund des Umfangs und der Komplexität der Thematik konnten manche Gebiete, wie die Gefährdung durch Sprengstoffe oder der Einsatz bei großflächigen B-Lagen, nur angeschnitten werden.

Danksagung:
Bei der Entstehung dieses Fachbuchs haben viele Fachleute beratend, korrigierend und ermutigend mitgewirkt. Sie alle aufzuzählen, würde den Rahmen des Vorworts sprengen, deshalb soll hier allen Beteiligten auf das herzlichste gedankt werden.

1 Von der CBRN-Gefahr zum CBRN-Schutz

1.1 Das CBRN-Gefahrenpotenzial

Das CBRN-Gefahrenpotenzial umfasst alle CBRN-Bedrohungen natürlichen und zivilisatorischen Ursprungs. Bei den natürlichen CBRN-Bedrohungen stehen besonders die biologischen Gefahren im Vordergrund. Es muss davon ausgegangen werden, dass die Bedrohung durch Krankheitserreger aufgrund der erhöhten globalen Mobilität der Menschen und durch klimatische Veränderungen zunehmen wird. Die zivilisatorischen CBRN-Gefahren lassen sich in das zivile/industrielle Gefahrenpotenzial und militärische CBRN-Gefahren (zumeist synonym für Massenvernichtungswaffen) unterteilen. Die zivilen Gefahren sind die Folge von Produktion, Transport und Gebrauch radiologischer, biologischer und chemischer Gefahrstoffe sowie der Nutzung der Kernenergie.

Die militärische Bedrohung war in der Vergangenheit auf den Einsatz von ABC-Kampfmitteln in einem Krieg beschränkt. Heute steht die Weiterverbreitung von Massenvernichtungswaffen (Proliferation) und der zur Produktion erforderlichen Technologien in Verbindung mit dem internationalen Terrorismus im Fokus. Die daraus resultierende so genannte asymmetrische Bedrohung durch einen möglichen CBRN-Einsatz seitens terroristischer Gruppen und Einzeltäter führt zu einer Verwischung der Grenze zwischen zivilen und militärischen CBRN-Gefahrenpotenzialen.

> **Asymmetrische CBRN-Gefahren**
> Terrorgruppen können aufgrund ihrer begrenzten militärischen und wirtschaftlichen Möglichkeiten keinen offenen Schlagabtausch mit einem industriell entwickelten Staat wagen. Daher weichen Terroristen auf zivile Ziele aus, mit der Absicht symbolträchtige Orte zu treffen und/oder eine hohe Zahl an Opfern zu verursachen. In der Vergangenheit haben Einzeltäter, Geheimdienste und terroristische Gruppen bereits CBR-Stoffe für Anschläge und gezielte Attentate genutzt (nukleare Einsatzmittel wurden aus diesem Spektrum noch nicht zum Einsatz gebracht).
>
> Aktuell wird davon ausgegangen, dass CBRN-Stoffe weiterhin im Focus von Terrorgruppen stehen, besonders vor dem Hintergrund der medialen Wirkung von Anschlägen mit Gefahrstoffen. Deshalb rechnen Experten langfristig mit der Zunahme des Risikos einer terroristischen CBRN-Nutzung. Allerdings lässt der erhebliche Verfolgungsdruck auf diese Gruppen ein eigenes CBRN-Entwicklungsprogramm kaum zu. Aufgrund der technischen Herausforderungen wird deshalb die Wahrscheinlichkeit

1 Von der CBRN-Gefahr zum CBRN-Schutz

> einer terroristischen Verwendung nuklearer Einsatzmittel als sehr gering erachtet. Auch der Einsatz biologischer Gefahrstoffe erscheint eher unwahrscheinlich, da eine erfolgreiche Ausbringung (Dispersion) nur schwierig zu bewerkstelligen ist. Eher ist die Nutzung toxischer Industriechemikalien oder radioaktiver Quellen, z. B. aus Abfällen, zu erwarten, deren Beschaffung einfacher möglich ist.

Vor diesem Hintergrund der gewandelten Bedrohungslage führt die *Rahmenkonzeption für den CBRN-Schutz* die folgenden CBRN-Szenarien als Planungsgrundlage für den Bevölkerungsschutz auf:

- Auftreten von CBR-Gefahrstoffen natürlichen Ursprungs (z. B. Epidemien),
- Freisetzung von industriell genutzten CBRN-Gefahrstoffen,
- Transportunfälle in Verbindung mit Gefahrstoffen,
- Freisetzung von CBRN-Kampf- oder Gefahrstoffen durch militärische Angriffe oder terroristische Anschläge.

1.2 Von der Gefahr zum Risiko

Das Vorhandensein einer CBRN-Gefahr besitzt für sich noch keine Aussagekraft bezüglich der von ihr ausgehenden tatsächlichen Auswirkungen. Dies erfordert eine Abschätzung des zu erwartenden Schadenumfangs in einem Ereignisfall und deren Korrelation mit der Eintrittswahrscheinlichkeit. Daraus ergibt sich das Risiko, an dem sich die Planung des Bevölkerungsschutzes orientiert. Dieser Planung liegt das Schutzziel der Begrenzung, Eindämmung und Beseitigung von Gefahrenquellen, die von CBRN-Stoffen ausgehen, zugrunde.

Der CBRN-Schutz steht vor der Herausforderung, auf die gesamte Bandbreite der Bedrohungsszenarien vorbereitet zu sein, die von der unfallbedingten Freisetzung von Schadstoffen mit geringer Gefährlichkeit und kleinräumiger Beeinträchtigungen, über schwere Unglücksfälle bis hin zu einer militärischen Auseinandersetzung unter Einsatz von Massenvernichtungswaffen reichen. Da ein alle Bedrohungsbilder umfassendes Sicherheitssystem flächendeckend nicht bereitgehalten werden kann, ist es erforderlich, für den CBRN-Schutz auf Basis einer Risikoanalyse Schwerpunkte zu bilden. Industrieanlagen und Lagerstätten sind hinsichtlich des Ortes und des Gefahrstoff-Inventars bekannt, was eine detaillierte Abschätzung der möglichen Auswirkungen von Störfällen ermöglicht.

Die terroristischen Anschläge der vergangenen Jahre haben vorrangig in Ballungszentren stattgefunden. Hierbei dürfte auch das beabsichtigte Medieninteresse eine Rolle spielen. Zwar ist es durchaus denkbar, dass Attentäter aufgrund eines

1.2 Von der Gefahr zum Risiko

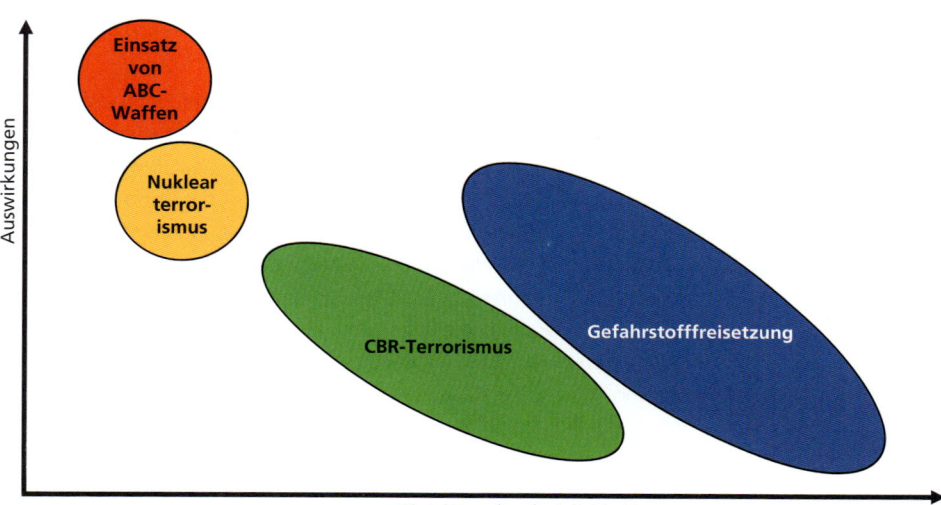

Bild 1: *Das Risiko als Funktion der Auswirkungen von CBRN-Ereignissen in Relation zur deren Eintrittswahrscheinlichkeiten (Quelle: Benjamin Hövel)*

erhöhten Fahndungsdrucks in Ballungsräumen ein Ausweichen auf Ziele in Sekundärzentren planen, allerdings ist die Wahrscheinlichkeit hier deutlich geringer. Problematisch sind dagegen Ereignisse, die räumlich nur schwer vorhersehbar sind. Darunter fallen beispielsweise Transportunfälle oder mögliche Freisetzungen während der Anwendung durch die industriellen Endnutzer. Diese Einsatzsituationen machen die Verfügbarkeit von Kräften zur Bewältigung von CBRN-Lagen auch in der Fläche erforderlich.

Die Notwendigkeit der flächendeckenden Verfügbarkeit zeigt sich in der Statistik zum Arbeitsunfallgeschehen der Deutschen Gesetzlichen Unfallversicherung (DGUV), die für das Jahr 2016 insgesamt 7.269 meldepflichtige Arbeitsunfälle unter Beteiligung gefährlicher Stoffe ausgewiesen hat (https://publikationen.dguv.de/dguv/pdf/10002/12643-au-statistik-2016.pdf). Zwar ist diese Zahl, verglichen mit mehr als 802.000 Arbeitsunfällen, insgesamt eher bescheiden, allerdings nehmen Gefahrstofffreisetzungen bei den Unfallereignissen, die zu einem Massenanfall von Verletzten (MANV) führen, mit einem Anteil von 25 bis 30 Prozent eine Spitzenstellung in den Statistiken der Rettungsdienste ein.

1 Von der CBRN-Gefahr zum CBRN-Schutz

1.3 Maßnahmen der Risikominimierung

Auf der Basis einer Analyse der vorliegenden Gefahren und der unterschiedlichen Schadenauswirkungen können Möglichkeiten abgeleitet werden, die zu einer Minimierung der daraus resultierenden Gefährdung geeignet sind. Der CBRN-Schutz baut auf der Abwehr »konventioneller« Gefahren auf. Dazu sind die bestehenden Vorbereitungen, wie Maßnahmen zur Warnung der Bevölkerung, durch spezifische Fähigkeiten zum Schutz vor CBRN-Gefahren zu ergänzen. Dies sind:

- das Erkennen und Beurteilen von CBRN-Bedrohungen und die Umsetzung in Maßnahmen der Gefahrenabwehr,
- das Generieren eines CBRN-Lagebildes durch Ausbreitungsprognosen und Gewinnung von Hintergrundinformationen,
- der Schutz der Einsatzkräfte und der Bevölkerung vor der Einwirkung durch Gefahrstoffe, beispielsweise durch die Persönliche Schutzausrüstung (PSA),
- die Beseitigung von aufgetretenen CBRN-Gefahrenquellen,
- die Gefahrenfeststellung durch CBRN-Erkundung,
- die Dekontamination,
- Maßnahmen des gesundheitlichen CBRN-Schutzes einschließlich der psychosozialen Betreuung,
- die Information der Öffentlichkeit über die aufgetretene Gefährdung und die zu ihrer Abwehr getroffenen Maßnahmen.

1.4 Der Prozess der Abwehr von CBRN-Gefahren

Die Gefahrenabwehr kann als Prozess betrachtet werden, der sich in drei Segmente unterteilt:
- Prävention und Vorbereitung,
- Bewältigung und
- Nachbereitung.

1.4.1 Prävention und Vorbereitung

Unter Prävention fallen alle Maßnahmen, die darauf abzielen, mögliche Bedrohungen bereits im Vorfeld auszuschließen bzw. zu minimieren, bevor diese sich auswirken können. Das Präventionsprinzip ist in der Abwehr ziviler CBRN-Gefahren fest etabliert. Darunter lassen sich unter anderem die Regelungen des Arbeitsschutzes und der

1.4 Der Prozess der Abwehr von CBRN-Gefahren

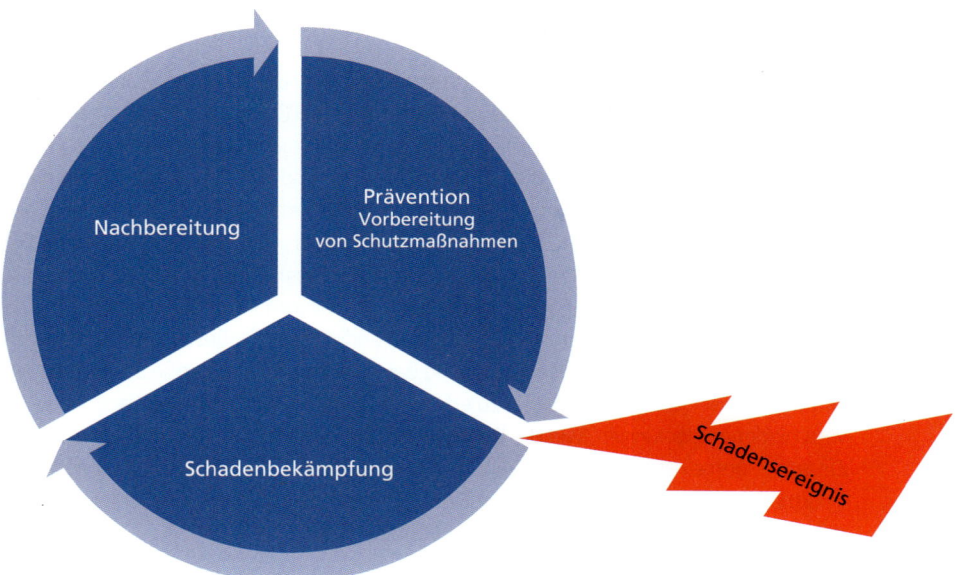

Bild 2: *Der Prozess der Gefahrenabwehr (Quelle: Benjamin Hövel)*

Anlagensicherheit sowie deren Überwachung im Rahmen der behördlichen Aufsicht zusammenfassen. Zur Prävention können auch die internationalen Bemühungen zur Verringerung einer Gefährdung durch Massenvernichtungswaffen gezählt werden. Besondere Bedeutung kommt der Überwachung der Nichtverbreitung von CBRN-Waffen, deren Herstellungstechnologie und deren Trägermittel zu.

Auf Ebene der NATO wird der Verhinderung der Weiterverbreitung von Massenvernichtungswaffen eine große Bedeutung beigemessen. In der Vergangenheit wurden wiederholt auch aktive Präventionsmaßnahmen ergriffen, die sich von der Durchsetzung von Embargos bis hin zur Zerstörung von Produktionseinrichtungen erstreckten.

Innerstaatlich fällt unter Prävention auch die polizeiliche Ermittlungsarbeit, um die Vorbereitung und Durchführung von terroristischen oder kriminellen Anschlägen zu verhindern. Allerdings können präventive Maßnahmen nicht alle Gefährdungen ausschließen. Das verbleibende Restrisiko zwingt zur Vorbereitung von Schutzmaßnahmen. Dazu gehört die Ausbildung der Gefahrenabwehrstäbe und CBRN-Einheiten anhand realistischer Lagebilder. Um auch in einer CBRN-Lage handlungsfähig zu sein, sollten keine neuen Strukturen und Prozesse etabliert werden, sondern bereits in der

1   Von der CBRN-Gefahr zum CBRN-Schutz

alltäglichen Gefahrenabwehr bewährte Verfahren der Führung und Zusammenarbeit Anwendung finden.

Die Zusammenarbeit der Kräfte unterschiedlicher Organisationen und Befähigungsstufen erfordert regelmäßiges gemeinsames Üben, um im Einsatzfall eine verzugslose Integration überörtlicher Spezialkräfte in die örtliche Gefahrenabwehr sicherzustellen. Die Einheiten der CBRN-Gefahrenabwehr und die Führungseinrichtungen sind durch die Bereitstellung von professioneller CBRN-Beratung und wissenschaftlicher Fachexpertise zu unterstützen. Deren Nutzung ist bereits im Vorfeld zu planen und bei Übungen einzubeziehen. Die Bewältigung großflächiger CBRN-Lagen erfordert die Zusammenarbeit unterschiedlicher Behörden und Hilfsorganisationen und kann die Kooperation über Ländergrenzen hinweg notwendig machen. Besonders der Anwendung gleicher Standards bei der Beurteilung der Lage kommt eine große Bedeutung zu. Um die erforderliche Kompatibilität zu erzielen, wurden durch Bund und Länder bereits verschiedene Regelungen, wie die Feuerwehrdienstvorschrift 500 – *Einheiten im ABC-Einsatz* –, gemeinsam erarbeitet. In Zuge der abgestimmten Vorbereitung ist auch die Information der Bevölkerung (und der Einsatzkräfte) hinsichtlich möglicher Risiken und der geplanten Schutzmaßnahmen vorzubereiten.

1.4.2   Schadenbewältigung

Nach Eintreten eines Ereignisses zielt die Schadenbewältigung auf den Schutz der Bevölkerung und ihrer Lebensgrundlagen ab. Darunter fallen unter anderem die Eindämmung und Beseitigung von Gefahrenquellen durch CBRN-Stoffe. In der ersten Einsatzphase ist die Beteiligung von CBRN-Stoffen nicht immer erkennbar. Aufgrund dessen ist eine Schädigung der ersteintreffenden Kräfte möglich. Ebenfalls ist die Ausbreitung der freigesetzten Gefahrstoffe in der Anfangsphase zumeist unbekannt. Abhängig von dem freigesetzten Stoff besteht die Gefahr einer Kontaminationsverschleppung durch die Einsatzkräfte. Das Tragen von Schutzkleidung ermüdet das Personal schneller und erschwert die Kommunikation. Aus diesen Faktoren ergibt sich eine für CBRN-Schadenlagen erhöhte physische und psychische Anforderung an die Einsatzkräfte, die auch in der Einsatzplanung berücksichtigt werden muss.

CBRN-Gefahrenlagen beeinflussen nicht nur die unmittelbar zu deren Bekämpfung eingesetzten Einheiten. Feuerwehren und Rettungskräfte müssen Maßnahmen der allgemeinen Gefahrenabwehr, wie der Brandbekämpfung, auch in Situationen durchführen können, in denen eine Gefährdung durch Kontaminationen oder abdriftende CBRN-Stoffe besteht. Ferner ist, beispielsweise in Pandemie-Lagen, außer der Belastung durch ein erhöhtes Patientenaufkommen auch mit dem Ausfall von Einsatzkräften zu rechnen. Bei anschlagsbedingten Freisetzungen wird unter Umständen bereits parallel zur Schadenbekämpfung mit polizeilichen Ermittlungen begonnen. Dabei ist eine enge Koordination der Maßnahmen der Schadenbekämpfung und der Beweissicherung durch die Polizei notwendig, um eine Strafverfolgung zu ermöglichen. Besonders bei großflächigen, lang andauernden CBRN-Ereignissen besteht ein erheblicher Informationsbedarf der Öffentlichkeit sowohl hinsichtlich der Bedrohung als auch der Wirkung der Abwehrmaßnahmen. Um die Veröffentlichung widersprüchlicher Informationen zu vermeiden, ist dazu die Abstimmung aller zuständigen Behörden erforderlich. Aufgrund der zu erwartenden psychischen Belastung bei Einsatzkräften und Betroffenen sind psychosoziale Betreuungsmaßnahmen bereits frühzeitig anzubieten.

1.4.3 Nachbereitung

Im Zuge der Wiederherstellung der sozialen und ökonomischen Lebensabläufe in dem betroffenen Gebiet können CBRN-Einheiten nach Abschluss der Maßnahmen zur Gefahrenabwehr im Rahmen der Amtshilfe andere Behörden unterstützen. Beispielsweise erfordern Maßnahmen der polizeilichen Ermittlungsarbeit bei Verdacht einer Straftat unter Nutzung von Gefahrstoffen die Fähigkeiten des persönlichen Schutzes, der CBRN-Aufklärung und der Dekontamination, was die Zusammenarbeit mit der Feuerwehr erforderlich machen kann. Ein wesentlicher Aspekt der Nachbereitung ist das Auswerten der gewonnenen Erfahrungen, um gegebenenfalls eine Anpassung der Strukturen, der Ausbildung und der Ausrüstung vorzunehmen. Das eingesetzte Personal muss gesundheitlich betreut werden. Darunter fällt die Aufnahme in ein medizinisches Nachsorgeprogramm und die psychosoziale Nachbereitung.

1.5 Das System der CBRN-Gefahrenabwehr

Aufgrund des breiten Bedrohungsspektrums sind an der Risikominimierung verschiedene Behörden und Organisationen mit unterschiedlichsten Aufgaben beteiligt. Die Überwachung von Anlagen mit CBRN-Gefahrenpotenzial in Deutschland fällt in das Aufgabenfeld der Aufsichtsbehörden der Länder. Der Bundesnachrichtendienst (BND) trägt durch das Feststellen möglicher CBRN-Gefahren im Ausland zu einem realistischen Bedrohungsbild bei. Gleiches gilt für die Verfassungsschutzämter bei der Observation terroristischer Gruppierungen innerhalb Deutschlands. Das Bundesamt für Verfassungsschutz ist ferner bei der Beobachtung von Proliferationsbestrebungen tätig. Die Einhaltung von Rüstungs- und Rüstungskontrollübereinkommen wird national durch das Bundesamt für Ausfuhrkontrolle überwacht. Im Bereich der Kriminalitätsprävention werden das Bundeskriminalamt, die Bundespolizei und die zuständigen Landespolizeibehörden tätig.

Die polizeiliche Gefahrenabwehr unterscheidet zwischen unfallbedingten Freisetzungen, in denen die Sicherung des Absperrbereichs und die Beweissicherung im Vordergrund stehen und Einsätzen mit kriminellem/terroristischem Hintergrund, die zusätzlich Strafverfolgungsmaßnahmen erforderlich machen. Die Durchführung von Maßnahmen des CBRN-Schutzes ist in der nichtpolizeilichen Gefahrenabwehr als Einsatzaufgabe den Feuerwehren zugeordnet. Der gesundheitliche CBRN-Schutz wird durch die sanitätsdienstlichen Hilfsorganisationen und den Rettungsdienst sowie den Einrichtungen des Öffentlichen Gesundheitswesens wahrgenommen. Das Technische Hilfswerk nimmt, außer bei der Ölschadenbekämpfung, unmittelbar keine Aufgaben zur Abwehr von CBRN-Gefahren wahr. Die Einheiten des THW sind aber aufgrund ihrer Ausbildung und Ausrüstung in der Lage, ihre fachspezifischen Tätigkeiten auch unter CBRN-Bedingungen durchzuführen. Ferner können sie im Rahmen ihrer Fachkompetenz unterstützend tätig werden.

Sind weiterführende Informationen für die Gefahrenabwehr notwendig, können diese über das Bundesamt für Strahlenschutz, das Robert Koch-Institut (biologische Bedrohungslagen) oder das Transport-Unfall-Informations- und Hilfeleistungssystem der chemischen Industrie (TUIS) abgerufen werden. Der Deutsche Wetterdienst (DWD) unterstützt die Ausbreitungsprognose durch Bereitstellung von Wetterdaten und eigenen Auswerteprogrammen. Aus der nicht vollständigen Auflistung ist ersichtlich, dass eine erfolgreiche Risikominimierung wesentlich vom Systemverbund aller beteiligten Organisationen und Behörden abhängig ist.

Die Notwendigkeit, aufgrund der regional unterschiedlichen CBRN-Risiken neben dem erweiterten Schutz an Gefahrenschwerpunkten flächendeckend einen Basisschutz sicherzustellen, führt zu einem abgestuften Hilfeleistungssystem, wie es in der *Rahmenkonzeption für den CBRN-Schutz* beschrieben ist. Diese sieht ein vierstufiges Hilfeleistungssystem mit aufsteigender Qualifizierung vor:

1. Flächendeckender Schutz gegen alltägliche Gefahren durch Feuerwehr und Rettungsdienst. Grundsätzlich müssen alle Kräfte der Gefahrenabwehr über Basisfähigkeiten des CBRN-Schutzes verfügen, um anhand der GAMS-Regel erste Einsatzmaßnahmen durchführen zu können.
2. Standardisierter Grundschutz gegen nicht alltägliche Gefahren, die mit örtlichen Mitteln beherrscht werden können. Hierzu werden auf Ebene der Landkreise und kreisfreien Städte, abhängig vom CBRN-Bedrohungspotenzial, Gefahrguteinheiten sowie CBRN-Erkundungs- und Dekontaminationsgruppen bereitgehalten.

1.5 Das System der CBRN-Gefahrenabwehr

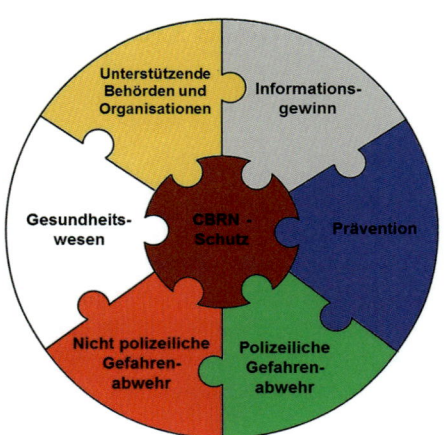

Bild 3: *Das System CBRN-Schutz basiert auf dem Zusammenwirken der verschiedenen Mitwirkenden.*

3. Dauerhaft erhöhter Spezialschutz für gefährdete Regionen oder Einrichtungen mit deutlich erhöhtem Risiko. Der Bund stellt Regionen mit erhöhtem Risiko, z. B. der Bundeshauptstadt Berlin, zusätzliche Ausstattung wie etwa CBRN-Erkundungsfahrzeuge zur Verfügung. An Betriebsstandorten mit besonderem Gefahrenpotenzial ist der Betreiber verpflichtet, Werkfeuerwehren für deren Bekämpfung aufzustellen.
4. Sonderschutz für außergewöhnliche Gefahrenlagen durch Spezialkräfte und Kompetenzzentren. Hierunter fallen die Analytische Task Forces (ATF) und Medical Task Forces, oder die im Rahmen des TUIS überregional tätigen Werkfeuerwehren.

Wesentlich für die Leistungsfähigkeit dieses abgestuften Hilfeleistungssystems sind die Kompatibilität der verschiedenen Ebenen sowie die Zusammenarbeit zwischen den Kräften unterschiedlicher Organisationen. Dazu gehört die Kenntnis der jeweiligen Fähigkeiten der für den CBRN-Schutz vorgesehenen Einheiten und ihrer Einsatzgrundsätze. Ein Aspekt der Vernetzung der Gefahrenabwehr ist das Doppelnutzen-Konzept, das es den Ländern ermöglicht, die durch die Bundesrepublik für den Zivilschutz beschaffte Ausstattung auch in der täglichen Gefahrenabwehr einzusetzen.

2 Radiologische und nukleare Gefahren

Michael Weigle

Die aus dem ABC-Begriff stammenden atomaren Gefahren werden heute in der zivilen Gefahrenabwehr unterschieden in Gefahren radiologischen (R) Ursprungs durch die Freisetzung energiereicher, ionisierender Strahlen (Radioaktivität) ausgehend von radioaktiven Stoffen, die unfallbedingt oder durch vorsätzliche Freisetzung ohne Abschirmung vorliegen, und nuklearen (N) Gefahren, die aus nuklearen Kettenreaktionen herrühren, z. B. durch Kernwaffenexplosionen oder unkontrollierte Vorgänge bei der Energiegewinnung mittels Kernbrennstoffen.

2.1 Radioaktivität

Physikalisch betrachtet handelt es sich hier um Kernvorgänge instabiler Atome (Radionuklide), die sich unter Emission von Teilchen (Teilchenstrahlung) spontan in andere Kerne umwandeln (radioaktiver Zerfall). Dieser Vorgang ist häufig mit der Energieabgabe in Form elektromagnetischer Wellenstrahlung verbunden. Zwar erfolgt der radioaktive Zerfall spontan, allerdings ist die Geschwindigkeit der Umwandlung für die jeweiligen Radionuklide charakteristisch. Die Zeitspanne, in der 50 Prozent der Atomkerne eines Radionuklids zerfallen sind, wird als Halbwertszeit (HWZ) bezeichnet.

Tabelle 1: *Technisch genutzte Radionuklide*

Radionuklid	Elementsymbol	Halbwertszeit	Verwendung
Technetium-99m	Tc99m	6 h	Nuklearmedizin
Indium-111	In111	2,81 d	Nuklearmedizin
Cobald-60	Co60	5,27 a	Technische Anwendung
Radium-226	Ra226	1.600 a	Altlasten (Leuchtfarben)

2.2 Strahlungsarten

Bei radiologischen Gefahrenlagen stehen die α-Strahlung, die β-Strahlung (β-, β+) sowie die γ-Strahlung im Vordergrund.

2.2.1 α-Strahlung

Die α-Strahlung ist eine Korpuskularstrahlung, die aus zwei Protonen und zwei Neutronen (dem Kern des Heliumatoms) besteht, welche aus dem Atomkern emittiert werden. Die α-Strahlung ist sehr energiereich und in Lage, beim Zusammenstoß mit Atomen aus diesen Elektronen herauszuschlagen und sie damit zu ionisieren. Aufgrund der Größe der α-Teilchen ist beim Durchtritt durch Materie ein Zusammenstoß mit anderen Atomen wahrscheinlich. Durch den dabei auftretenden Energieverlust hat α-Strahlung nur eine sehr geringe Reichweite (in Luft wenige Zentimeter). Daher sind Kontaminationen mit α-Strahlern unter Einsatzbedingungen nur schwer feststellbar. Zwar wird im Zuge des α-Zerfalls häufig auch γ-Strahlung emittiert, allerdings nicht bei allen α-Strahlern. Bei Verdacht auf eine Kontamination müssen deshalb Proben für eine Laboruntersuchung entnommen werden. α-Strahlung ist monoenergetisch und charakteristisch für das betreffende Radionuklid. Sie kann daher mit Labormethoden zur Substanzidentifizierung herangezogen werden.

2.2.2 β-Strahlung

Die β-Strahlung ist eine Korpuskularstrahlung, bei der negativ geladene Elektronen (β$^-$-Zerfall) aus dem Atomkern emittiert werden. Sie entsteht durch Umwandlung von Neutronen in Protonen unter Emission eines Elektrons. Elemente, deren Atomkerne einen Neutronenüberschuss aufweisen, sind β$^-$-Strahler. Häufig führen β$^-$-Zerfälle zu angeregten Tochterkernen, die durch Abgabe ihrer überschüssigen Energie in Form eines Gammaquants / Photons erst in den Grundzustand übergehen können.

Wesentlich seltener wird der β$^+$-Zerfall unter Ausstoß eines Positrons aus dem Kern beobachtet. Trifft ein Positron auf ein Hüllenelektron, kommt es zu einer Auslöschung unter Abgabe von γ-Strahlung. Positronenstrahler finden im klinischen Bereich Anwendung (PET-CT-Gerät).

2.2.3 γ-Strahlung

Die γ-Strahlung stellt eine elektromagnetische Wellenstrahlung dar, die von angeregten Atomkernen beim Übergang in einen energetisch günstigeren, stabilen Grundzustand emittiert wird. Sie tritt häufig im Anschluss an einen α- oder β-Zerfall auf. Die Energieabgabe erfolgt in Form von γ-Quanten (Photonen) mit typischen Energien von 200 Kiloelektronenvolt (keV) bis 2.000 keV. Im Gegensatz zur Korpuskularstrahlung kann die γ-Strahlung nicht vollständig abgeschirmt werden, sondern lässt sich lediglich abschwächen.

> **Röntgenstrahlung**
> Im Gegensatz zur aus dem Kern von Radionukliden emittierten γ-Strahlung, wird die Röntgenstrahlung durch Anlegen elektrischer Energie an eine Röntgenröhre gebildet. Dabei werden Elektronen auf eine Wolframplatte geschossen und darin abgebremst. Die dabei frei-werdende elektromagnetische Wellenstrahlung weist Energien zwischen 10 und 100 keV auf und liegt damit um den Faktor 20 niedriger als die der γ-Strahlung. Die Röntgen-Strahlung wird nur emittiert, solange eine Spannung an der Röntgenröhre anliegt.

2.2.4 Neutronen-Strahlung

Bei nuklearen Gefahrenlagen spielt neben α-, β- und γ-Strahlung auch die Neutronen-Strahlung eine wesentliche Rolle. Neutronenstrahlung besteht aus ungeladenen Teilchen (Neutronen) und entsteht insbesondere bei Kernspaltung- und Kernfusionsprozessen. Neutronen-Strahlung gehört wie γ-Strahlung zu der indirekt ionisierenden Strahlung. Neutronen sind nicht geladen und können nur durch Stoßprozesse mit anderen Atomen wechselwirken. Die Neutronenstrahlung wird zivil in Nuklidgeneratoren zur Erzeugung von Radionukliden in Forschungseinrichtungen sowie in der Troxler-Sonde zur Bestimmung des Wassergehalts in Asphalt genutzt. Großtechnisch erfolgt die Nutzung in Kernreaktoren. Bei Störfällen ist durch sie keine Auswirkung über das Reaktorinnere hinaus zu erwarten.

Die Anfangsstrahlung einer Kernwaffendetonation besteht zu einem wesentlichen Anteil aus Neutronenstrahlung.

2.3 Wechselwirkung ionisierender Strahlung mit Materie

Treffen α- oder β-Teilchen auf Atome, können sie Elektronen aus deren Hülle herausschlagen, wodurch die Atome ionisiert werden. α- und β-Strahlung sind somit direkt ionisierende Strahlung. Die Wahrscheinlichkeit eines Zusammenstoßes ist bei α-Teilchen etwa hundertmal höher als bei β-Teilchen. Da die Teilchen durch diese Ionisationsvorgänge ihre Energie verlieren, kommen sie, abhängig von der Dichte des durchstrahlten Materials, nach einer bestimmten Distanz zum Stehen.

Der mittlere Energieverlust von α-Strahlung bei Durchtritt durch (trockene) Luft beträgt zirka 100 keV/mm, dementsprechend beschränkt sich die Reichweite von α-Strahlung in Luft pro MeV Strahlungsenergie zirka ein Zentimeter, (bei gängigen α-Strahlern maximal sechs Zentimeter). In dichteren Materialien (Aluminiumfolie) beträgt die Reichweite weniger als ein Millimeter. Die geringe Reichweite der α-Strahlung macht den Nachweis unter Einsatzbedingungen schwierig.

> **Merke:**
> Ein positives Messergebnis gilt als Nachweis; ein negatives Messergebnis kann jedoch nicht als Ausschluss einer Kontamination mit α-Strahlern gewertet werden.

Die β-Strahlung tritt mit den Elektronen des bestrahlten Materials in Wechselwirkung. Aufgrund der wesentlich geringeren Masse der β-Teilchen wirkt diese weniger stark ionisierend als die α-Strahlung. Allerdings dringt sie dadurch auch tiefer in Materie ein, was bei der Abschirmung zu beachten ist. Abhängig vom Energiemaximum der β-Strahlung beträgt die Reichweite in Luft weniger als zehn Meter, in dichterem Material ist sie deutlich niedriger.

Tabelle 2: *Die Eindringtiefe der β-Strahlung in Abhängigkeit von ihrer Energie*

Radionuklid	Energie der β-Strahlung	Reichweite in Luft	Reichweite in Plexiglas	Verwendung
Kohlenstoff-14	156 keV	65 cm	–	Altersbestimmung
Iod-131	600 keV	250 cm	2,6 mm	Nuklearmedizin
Phosphor-32	1710 keV	710 cm	7,2 mm	Nuklearmedizin, Forschung

2 Radiologische und nukleare Gefahren

β-Strahlung sollte nicht mit dichterem Material, z. B. Blei abgeschirmt werden, da dabei γ-Strahlung freigesetzt wird (Induktion von Bremsstrahlung). Daher sollte Abschirmmaterial für β-Strahlung eine geringe Dichte aufweisen, wie z. B Plexiglas.

Die γ-Strahlung schlägt beim Auftreffen auf ein Hüllenelektron eines Atoms dieses aus der Atomhülle heraus (Photo-Ionisation). Als elektromagnetische Wellenstrahlung kann sie nicht vollständig abgeschirmt werden, sondern lässt sich nur abschwächen. Die Strahlungsintensität nimmt dabei exponentiell mit der Eindringtiefe ab. Für die γ-Strahlung (und auch die Röntgenstrahlung) kann daher keine Reichweite angegeben werden, sondern lediglich eine Halbwertdicke.

Diese bezeichnet die Dicke einer Materialschicht, nach der die Intensität der eingedrungenen Strahlung halbiert ist. Die Schwächung ist abhängig von der Energie der Strahlung und dem verwendeten Abschirmmaterial. Höhere Energie der Gammaquanten bedeutet ein größeres Durchdringungsvermögen. Eine höhere Ordnungszahl des Wechselwirkungsmaterials führt zu einer größeren Abschirmwirkung. Das gängigste Material zur Abschirmung von elektromagnetischer Wellenstrahlung ist Blei.

Tabelle 3: *Halbwertdicke einer 2 MeV-γ-Strahlung (Die maximale Energie der gebräuchlichsten Gamma-Strahler liegt unter 2 MeV)*

Material	Halbwertdicke
Luft	121 m
Wasser	141 mm
Aluminium	60 mm
Eisen	21 mm
Blei	13 mm

Die Neutronenstrahlung kann auf zwei Arten mit Materie wechselwirken. Bei der Wechselwirkung mit leichten Kernen (z. B. des Wasserstoffatoms) kann die gesamte Energie des Neutrons übertragen werden. Wasserstoffhaltige Materialien (Paraffin, Wasser) sind daher zum Abbremsen von Neutronenstrahlung besonders geeignet. Trifft ein Neutron auf einen Atomkern, kann es durch diesen eingefangen werden. Dadurch ist eine Aktivierung des Kerns möglich. Durch Abgabe von γ-Strahlung kann die überschüssige Energie wieder abgegeben werden (neutroneninduzierte γ-Strahlung). Die verschiedenen Methoden zur Messung der Radioaktivität beruhen auf deren Wechselwirkungen mit unterschiedlichen Materialien.

2.4 Wechselwirkung der Radioaktivität mit dem menschlichen Gewebe

Der Effekt ionisierender Strahlung auf Körperzellen lässt sich in zwei aufeinander folgende Strahlenwirkungen einteilen:

- **Primärprozess** (physikalische Phase – Wechselwirkung von Strahlung mit Materie):
  Ionisation und Anregung von Atomen des biologischen Systems. Diese Frühphase ist innerhalb 10^{-6} Sekunde abgeschlossen.
- **Sekundärprozess** (chemische und biochemische Folgeprozesse):
  Bindungsbrüche und Bildung freier Radikale, die Veränderung an Biomolekülen und Störungen des zellulären Stoffwechsels bewirken.

Aufgrund dieser Effekte können die betroffenen Zellen ein verändertes biologisches Verhalten zeigen, das zu Funktionsverlusten bis hin zum Zelltod führen kann (biologische Bestrahlungseffekte). Der Organismus verfügt über verschiedene Reparatursysteme, um diese biologischen Bestrahlungseffekte soweit zu minimieren, dass keine gesundheitlichen Folgen auftreten. Wird jedoch ein individueller Schwellenwert der Dosisbelastung überschritten, können die Bestrahlungsfolgen nicht mehr repariert werden. Es tritt ein Strahlenschaden auf.

Die einzelnen Strahlenarten unterscheiden sich hinsichtlich ihrer biologischen Wirkungen bei gleichen Energiedosen. Dabei ist von entscheidender Bedeutung, dass sie eine unterschiedliche Ionisationsdichte hervorrufen. Je größer sie ist, desto größer sind auch die biologischen Wirkungen. Das wird durch den Strahlungs-Wichtungsfaktor berücksichtigt.

Die biologischen Strahlungseffekte lassen sich in somatische und genetische Schäden unterscheiden. Somatische Schäden betreffen den bestrahlten Organismus direkt und können in Früh- und Spätschäden eingeteilt werden. Für die Schwere der Frühschäden ist die Höhe der Dosisbelastung entscheidend. Ab der Gefährdungsdosis (um 250 mSv) sind reversible Veränderungen des Blutbildes nachweisbar. Mit zunehmender Dosis können zunächst zerebrale Symptome auftreten, wie Kopfschmerzen, Übelkeit, Erbrechen (»Strahlenkater«) bis zur Bewusstlosigkeit. Nach einem kurzen beschwerdefreien Intervall folgt die gastrointestinale Phase mit Resorptionsstörungen im Dünndarm verbunden mit Durchfällen, Wasser- und Elektrolytstörungen sowie Veränderungen im Knochenmark und Gewebeblutungen.

Die Symptome eines Strahlenschadens treten, abhängig von der Dosis, nach wenigen Stunden und spätestens ein bis zwei Tage nach Strahleneinwirkung auf.

2 Radiologische und nukleare Gefahren

Tabelle 4: *Biologische Effekte nach einer Ganzkörperbestrahlung*

Dosis	biologischer Effekt
0,25 Sv	Keine Beschwerden, erste Veränderung im Blutbild (reversibel)
1 Sv	Bei 5 bis 10 % der Betroffenen: Übelkeit, leichtes Erbrechen, kein klinischer Krankheitsbefund, keine Todesfälle
2 Sv	Bis 50 % der Betroffenen: Übelkeit, Erbrechen, Fieber, Erholung innerhalb weniger Wochen, 5 bis 10 % Todesfälle
4 Sv LD50	Bei fast allen Betroffenen: Fieber, Übelkeit, schweres Erbrechen innerhalb weniger Stunden, gravierende Blutbildveränderungen, unbehandelt 50 % Todesfälle
6 Sv LD100	Bei allen Betroffenen: schwerstes Erbrechen binnen Minuten, schwerste Erkrankungen, unbehandelt 100 % Todesfälle

Spätschäden (z. B. Leukämie) sind nicht an einen Schwellenwert gebunden. Mit höherer Dosis steigt allerdings die Wahrscheinlichkeit für eine Folgeerkrankung. Das Auftreten von Strahlenschäden ist von verschiedenen Faktoren abhängig. Neben der Höhe der Dosis sind die Strahlenart, die Aufnahmewege (Bestrahlung von außen, Kontamination oder Inkorporation mit möglicher Einlagerung in Körperorgane [Jod-131 in der Schilddrüse, Strontium-90 im Skelett]), die Aufnahme als Teilkörper- oder Ganzkörperdosis, die Zeitdauer der Aufnahme (je länger die Zeitspanne, desto besser kann der Körper die entstehenden Schäden reparieren). Nicht zuletzt ist die individuelle Verfassung für den Schaden entscheidend.

Besonders gefährdet sind Organe mit einer hohen Zellteilungsrate, da die Reparaturmechanismen während der Teilungsphase nur ungenügend wirksam sind. Eine hohe Zellteilungsrate findet sich auch bei der Produktion roter Blutkörperchen oder bei den Schleimhautzellen im Magen-/Darmtrakt. Auch der menschliche Embryo reagiert sehr empfindlich auf Strahlung. Genetische Schäden stellen Mutationsschäden des Erbguts dar, die an folgende Generationen weitergegeben werden können. Allerdings ist die Mutationsrate gering.

2.5 Maßeinheiten im Strahlenschutz

2.5.1 Aktivität

Die Aktivität (Zerfallsrate) ist die Anzahl von Kernumwandlungen pro Sekunde. Die Einheit der Aktivität ist das Becquerel (Bq). Ein Becquerel entspricht dabei einem Kernzerfall pro Sekunde:

$$1\text{ Bq} = 1\,\frac{\text{Zerfall}}{\text{s}}$$

Als spezifische Aktivität wird die massenbezogene Aktivität bezeichnet, die Einheit ist Becquerel pro Kilogramm (Bq/kg).

Tabelle 5: *Spezifische Aktivität verschiedener Radionuklide*

Radionuklid	Radionuklid
Bismut-209	0,033 Bq/kg
Kalium-40	21,2 Bq/kg
Uran-235	80 MBq/kg

2.5.2 Energiedosis und Energiedosisleistung

Als Energiedosis wird die von der Strahlung pro Masse an das bestrahlte Material abgegebene Energie bezeichnet. Die Einheit der Energiedosis ist Joule pro Kilogramm (J/kg). Sie wird im Strahlenschutz als Gray (Gy) bezeichnet (1 Gy = 1 J/kg). Die Intensität der Strahlung (Energiedosisleistung) wird durch die Energiedosis pro Zeiteinheit, Gray pro Stunde (Gy/h) wiedergegeben.

Der Zusammenhang von Aktivität und Energiedosisleistung

Um eine Beziehung zwischen der Aktivität einer (ideal punktförmigen) radioaktiven Quelle und der von ihr in einem bestimmten Abstand erzeugten Energiedosis herzustellen, ist die Dosisleistungskonstante erforderlich.

$$\text{Dosisleistung}(\mu\text{Gy/h}) = \frac{\text{Dosisleistungskonstante} \times \text{Aktivität(GBq)}}{\text{Abstand(m}^2\text{)}}$$

Die Dosisleistungskonstante hat die Einheit (μGy × m^2) / (h × GBq). Mit Kenntnis der Aktivität einer Strahlenquelle und der Dosisleistungskonstante kann die zu erwartende Dosisleistung in einem bestimmten Abstand berechnet werden.

2.5.3 Äquivalentdosis und Äquivalentdosisleistung

Bei der Bestrahlung mit verschiedenen Strahlenarten von gleicher Energiedosis zeigen sich unterscheidbare biologische Wirkungen. Grund hierfür ist die unterschiedliche biologische Wirksamkeit einzelner Strahlungsarten. So haben schwere, langsame Teilchen, z. B. der α-Strahlung, eine stärkere biologische Wirksamkeit als schnelle leichte Teilchen wie beispielsweise die Elektronen der β-Strahlung.

Tabelle 6: *Strahlungs-Wichtungsfaktoren unterschiedlicher Strahlungsarten*

Strahlungsart	Wichtungsfaktor q
Elektronen (β-Strahlung)	1
Photonen (γ-Strahlung)	
Röntgenstrahlung	
Protonen	5
Neutronen (abhängig vom Energieinhalt)	5 bis 20
α-Strahlung	20

Um die unterschiedliche biologische Wirksamkeit verschiedener Strahlungsarten bewerten zu können, muss die Energiedosis daher mit einem Strahlungs-Wichtungsfaktor gewichtet werden. Die Einheit der Äquivalentdosis ist das Sievert (Sv).

Äquivalentdosis (Sv) =
Energiedosis (Gy) × Strahlungs − Wichtungsfaktor (q)

Als Äquivalentdosisleistung wird die pro Zeiteinheit emittierte Strahlung bezeichnet. Die Maßeinheit der Äquivalentdosisleistung ist das Sievert pro Stunde (Sv/h) und ist die vorgeschriebene Messgröße im praktischen Strahlenschutz.

2.6 Quellen der Strahlenexposition

2.6.1 Natürliche Strahlenexposition

Die natürlich bedingte Strahlenexposition setzt sich aus der kosmischen und der terrestrischen Strahlung zusammen. Die kosmische Höhenstrahlung ist eine hochenergetische Teilchenstrahlung, die von der Sonne und anderen Himmelskörpern ausgeht.

2.6 Quellen der Strahlenexposition

Die kosmische Höhenstrahlung nimmt mit der Höhe über Meeresniveau zu. Die terrestrische Strahlung basiert auf den in der Umwelt vorkommenden natürlichen radioaktiven Elementen. Abhängig von geologischen Gegebenheiten unterliegt die terrestrische Strahlenbelastung einer großen Schwankungsbreite. Im Wesentlichen wird die terrestrische Strahlung durch Kalium-40, Radium-226, Thorium-232 und Radon-222 verursacht.

Tabelle 7: *Radioaktive Belastung des Menschen aus natürlichen Quellen (Quellen: Bundesamt für Strahlenschutz, Ionisierende Strahlung; LfU Bayern, Radioaktivität und Strahlung, 2016)*

Quelle	mittlere Belastung pro Jahr (D)	Extremwerte
kosmische Strahlung	$\approx$ 0,3 mSv	Für Vielflieger (Flugpersonal) in großen Höhen bis zu 6 mSv
terrestrische Strahlung	$\approx$ 0,4 mSv	In bestimmten Gebieten in Indien, Brasilien und Iran bis 200 mSv
Inkorporation von Radionukliden	$\approx$ 1,4 mSv	Bei extremem Verzehr von belastetem Wild und Pilzen kann sich der Wert u. U. um bis zu 1 mSv erhöhen.

2.6.2 Zivilisatorische Strahlenexposition

Die mittlere zivilisatorische Strahlenexposition beträgt in Deutschland zirka 2,1 mSv/Jahr, wobei hier große individuelle Unterschiede auftreten können. Der Hauptbeitrag liegt bei der Exposition durch die medizinischen Anwendungen, wie diagnostische Untersuchungsverfahren (Röntgen-, radiologische Untersuchungen) aber auch der Tumorbehandlung mittels Strahlentherapie.

Der Anteil durch die technische Anwendung, z. B. bei Füllstandmessungen, Prüfung von Materialstärken und radiologischen Verfahren in der Forschung, sowie die Strahlenexposition durch Kernwaffenversuche, die Nutzung der Kernenergie und mögliche unfallbedingte Expositionen liegen statistisch um den Faktor 6 niedriger. Durch die oberirdischen Kernwaffentests der 1950er- und 1960er-Jahre trat auch in Deutschland eine erhöhte Strahlenexposition auf. Inzwischen beträgt die Strahlenbelastung infolge dieser Tests weniger als 10 µSv/a. Zusätzlich stellt heute der Luftverkehr eine wesentliche Quelle für die zivilisatorische Strahlenbelastung dar. Abhängig von der Flugroute, Flughöhe und -dauer führt beispielsweise eine Flugreise von Frankfurt nach New York und zurück zu einer radioaktiven Exposition von zirka

110 µSv. Aus den Einzelexpositionen ergibt sich damit in Deutschland eine mittlere effektive Dosis von 4,2 mSv/Jahr.

Tabelle 8: *Strahlenbelastung durch die technische Nutzung der Radioaktivität (Werte nach Bundesamt für Strahlenschutz)*

Quelle	mittlere Belastung pro Jahr (D)	Extremwerte
medizinische Anwendungen	≈ 1,8 mSv	Ganzkörperdosis < 100 mSv
Technische Anwendungen	≈ 0,2 mSv	Deutlich höhere Werte bei beruflich strahlenexponierten Personen
Nutzung der Kernenergie	≈ 0,1 mSv	–

2.7 Auftreten von radiologischen und nuklearen Gefahren in Einsätzen

Im zivilen Bereich werden radioaktive Stoffe in technischen und medizinischen Anwendungen aber auch in der Forschung vielfältig eingesetzt. Der Umgang mit diesen radioaktiven Materialien ist durch den Gesetzgeber streng reglementiert und wird durch zuständige Behörden überwacht. Aufgrund von technischen Störungen, Unfällen, kriminellen Handlungen aber auch menschlichem Fehlverhalten unter Verletzung von Sicherheitsvorschriften kam es in der Vergangenheit immer wieder zu Zwischenfällen, bei denen radioaktives Material freigesetzt wurde.

2.7.1 Transportunfälle bei der Beförderung radioaktiver Stoffe

Etwa ein Drittel aller Vorkommnisse mit radioaktiven Stoffen entfallen auf Unfälle im Zuge des Transports. Zumeist waren dabei medizinische Transporte betroffen, die radioaktive Präparate (Indium, Technetium, Jod) transportierten.

Als radioaktive Güter gelten Materialien, deren Aktivität sowie die Dosisleistung an ihrer Oberfläche die Grenzwerte der ADR/RID bzw. IATA-DGR übersteigen. Diese Güter sind der Gefahrgutklasse 7 (Radioaktive Stoffe) zugeordnet.

2.7 Auftreten von radiologischen und nuklearen Gefahren in Einsätzen

Tabelle 9: *Vorkommnisse mit radioaktiven Stoffen in der Bundesrepublik innerhalb von zwei Jahren (Quelle: BfS-Jahresberichte zu Umweltaktivität und Strahlenbelastung)*

Vorkommnis	Ursache	Radiologische Folgen	Maßnahmen/ Bemerkungen
Fund von radioaktivem Uranylacetat in einem Briefumschlag in der Poststelle einer Firma	unbekannt	keine	Sicherstellung, polizeiliche Ermittlungen
Unfall mit einem Gefahrguttransporter, der verschiedene radioaktive Stoffe (I-131, 3,75 GBq; I-123, 20,2 GBq) beförderte	Verkehrsunfall	keine, da Versandstücke nicht beschädigt	Bergung und Abtransport der Versandstücke
Fund von drei radioaktiven Strahlenquellen (Cs-137, insges. 170 MBq) bei Aufräumarbeiten in einer privaten Garage	illegaler Besitz radioaktiver Stoffe	keine	Sicherstellung, ordnungsgemäße Entsorgung, polizeiliche Ermittlungen
Zerstörung einer Troxlersonde (Cs-137, 0,296 GBq) bei Asphaltverdichtungs-arbeiten mittels Straßenwalze	Unfall	keine	Bergung der zerstörten Troxlersonde, Feststellung der Dichtheit
Beschädigung einer Troxlersonde (Cs-137, 300 MBq) durch eine Straßenwalze	Unfall	keine	Sicherstellung, Verbringung zur ordnungsgemäßen Entsorgung
Verkehrsunfall eines Transporters, der radioaktive Stoffe geladen hatte	Verkehrsunfall	keine erhöhten Messwerte	keine

2 Radiologische und nukleare Gefahren

Tabelle 9: *Vorkommnisse mit radioaktiven Stoffen in der Bundesrepublik innerhalb von zwei Jahren (Quelle: BfS-Jahresberichte zu Umweltaktivität und Strahlenbelastung) – Fortsetzung*

Vorkommnis	Ursache	Radiologische Folgen	Maßnahmen/ Bemerkungen
Brand in einer Firma mit einer Genehmigung für den Umgang mit Strahlenquellen (Pm-147)	Brand	keine, da Strahlenquellen nicht beschädigt	keine
Fund eines Fasses mit radioaktiven Stoffen (Dosisleistung 55 µSv/h an der Oberfläche)	Unkenntnis	keine	Sicherstellung und ordnungsgemäße Aufbewahrung
Unfall eines mit radioaktiven medizinischen Produkten beladenen Transporters auf einer Autobahn	Verkehrsunfall	keine	Umladung der Produkte und Weitertransport
weitreichende Kontaminationen durch Unfall mit einer versehentlich beschädigten Strahlenquelle (Se-75, 1,35 TBq) bei einer Firma	Freisetzung des Inhalts einer Strahlenquelle durch Einsatz von Schneidwerkzeugen zur Beweglichmachung eines festklemmenden Strahlers	großflächige Kontaminationen im Gebäude (bis 8 kBq/cm^2) sowie an Kleidungsstücken (bis 180 Bq/cm^2), Inkorporationen bei sechs Personen von unter 1 mSv bis 3,6 mSv	sichere Entsorgung der beschädigten Strahlenquelle, Inkorporationsmessungen an 81 Personen, umfangreiche Dekontaminationsmaßnahmen, aufsichtsrechtliche Prüfung und Festlegung verschiedener Maßnahmen

Bei der Kennzeichnung gemäß Klasse 7 gibt die UN-Nummer keine Auskunft über den transportierten Stoff, sondern nur über die Aktivität und die Dosisleistung des Versandstückes. Radioaktive Stoffe und Gegenstände, deren Aktivität oder Oberflächendosisleistung unterhalb der Grenzwerte liegen, können unter bestimmten Voraussetzungen als so genannte freigestellte Versandstücke außerhalb der Klasse 7 transportiert werden.

2.7 Auftreten von radiologischen und nuklearen Gefahren in Einsätzen

> **Merke:**
> Je höher die Gefährdung des nicht abgeschirmten radioaktiven Materials für Mensch und Umwelt (Aktivität, Radionuklid, Aggregatszustand), desto höher sind die Anforderungen beim Transport und hier insbesondere an die Verpackung.

Typ-A-Transportverpackungen

Als Kriterium für eine Typ-A-Transportverpackung gilt: Nach einer schweren Beschädigung der Verpackung darf bei 30-minütiger Expositionszeit in einem Meter Abstand die effektive Dosis nicht größer als 50 mSv sein.

Tabelle 10: *Die Versandstückkategorien und die an der Oberfläche maximal zulässige Dosisleistung*

Kategorie	Dosisleistung an der Oberfläche	Dosisleistung in einem Meter Abstand	Transportkennzahl (TKZ)
I – weiß	$\leq 5\ \mu Sv/h$	–	–
II – gelb	$\leq 0{,}5\ mSv/h$	$\leq 10\ \mu Sv/h$	≤ 1
III – gelb	$\leq 2\ mSv/h$	$\leq 100\ \mu Sv/h$	≤ 10

> **Merke:**
> *Transportkennzahl $\times 10$ = Dosisleistung in $\frac{\mu Sv}{h}$ in einem Meter Abstand*

2 Radiologische und nukleare Gefahren

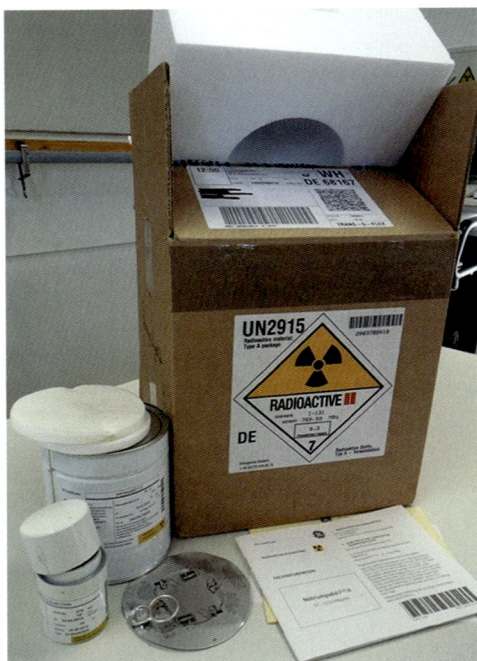

Bild 4: *Einer Typ A-Verpackung, das hier abgebildete Versandstück darf eine Dosisleistung von bis zu 0,5 mSv/h an der Oberfläche aufweisen (Quelle: M. Weigle)*

Typ-B-Transportverpackungen

Typ-B-Transportverpackungen müssen so ausgelegt sein, dass bei einem Unfall ein Austritt radioaktiver Stoffe unwahrscheinlich ist. Dazu werden sie einer Baumusterprüfung unterzogen. Sie beinhaltet unter anderem einen Fallversuch aus neun Metern Höhe, Quetsch- und Druckprüfungen, Temperatureinwirken. Zu den Typ-B-Transportverpackungen zählen beispielsweise die Castor-Behälter für den Transport von Brennelementen.

2.7.2 Unfälle bei der Nutzung radioaktiver Quellen

Die meisten Unfälle bei der Nutzung basieren auf der Beschädigung von Geräten, die radioaktive Quellen enthalten. Es spricht für die Qualität der Abschirmbehälter, dass selbst ein drastischer Missbrauch, wie das Überrollen einer Troxler-Sonde (Messgerät zur Überprüfung von Asphaltbelägen mittels einer Cäsium-137 Quelle) mit einer Straßenwalze, zu keiner Freisetzung von radioaktivem Material führt.

2.7 Auftreten von radiologischen und nuklearen Gefahren in Einsätzen

Ebenfalls häufig ist der Fund von Altlasten, beispielsweise bei der Altmetallverwertung oder bei Aufräumungsmaßnahmen. Hierbei können verschieden Radionuklide auftreten.

Nur in wenigen Fällen führte die Beteiligung radioaktiver Stoffe zu deren Freisetzung und daraus herrührenden Kontaminationen. Diese zogen dann allerdings erhebliche Maßnahmen der Kontaminationsfeststellung und der medizinischen Versorgung nach sich. Störfälle in Nuklearanlagen mit einer Freisetzung von Radioaktivität sind in der Bundesrepublik Deutschland bisher nicht aufgetreten. Ausgeschlossen können sie nicht werden wie verschiedene Ereignisse in Anlagen mit westlichen Sicherheitsstandards zeigen: Fukushima (ausgelöst durch ein außergewöhnliches Naturereignis), Sellafield (mangelhafte Kontrolle) und Three Mile Island (Fehlbedienung). Bei Freisetzungen aus Kerntechnischen Anlagen stehen die Nuklide Iod-131, Cäsium-134/137 und in geringerem Umfang Strontium-90 im Vordergrund. Bei diesen Nukliden handelt es sich um β- und γ-Strahler. Zur Vorbereitung der Gefahrenabwehr gibt die FwDV 500 Einstufungskriterien vor, aus denen sich Einsatzmaßnahmen ableiten lassen.

Tabelle 11: *Die Zuordnung von Gefahrengruppen anhand der FwDV 500*

Feuerwehr Gefahrengruppe	Einstufung anhand der zulässigen maximalen Gesamtaktivität sowie der Einsatzszenarien
I A	offene Strahler: $\leq 10^4$-fache der Freigrenze und umschlossene Strahler: $\leq 10^7$-fache der Freigrenze nach StrSchG und Einhaltung bestimmter Temperaturgrenzen
II A	$\geq 10^4$ aber $\leq 10^7$-fache der Freigrenze nach StrSchG Bei Transportunfällen
III A	$\geq 10^7$-fache der Freigrenze nach StrSchG Bereich mit Umgang oder Aufbewahrung von Kernbrennstoffen Bereiche, die im Einsatzfall die Anwesenheit einer fachkundigen Person erfordern bei Verdacht auf eine kriminelle oder terroristische Freisetzung

2.7.3 Militärische und terroristische Nutzung

Typen und Wirkung von Kernwaffen

Kernwaffen wirken durch die bei der Spaltung von Uran-235 oder Plutonium-235-Kernen (Atombombe) bzw. bei der Fusion von Deuterium-Kernen zu Helium (Wasserstoffbombe) freiwerdende Energie, die aufgrund der hohen Sprengkraft in Kilotonnen bzw. Megatonnen TNT angegeben wird. Die Energie wird als Hitze, Druck und Strahlung abgegeben.

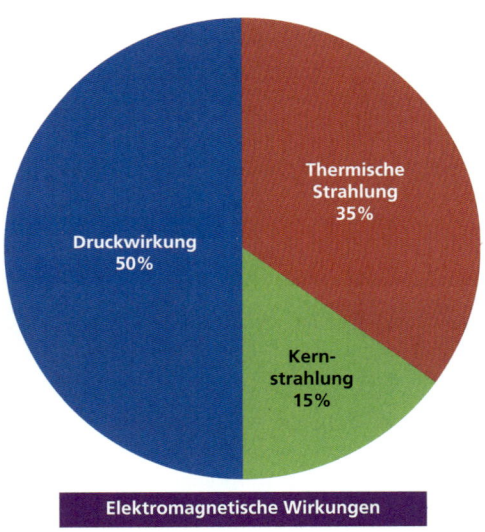

Bild 5: *Die Wirkungskomponenten von Kernwaffen (Quelle: M. Weigle)*

Die Strahlungsenergie wird unterschieden in die Anfangsstrahlung, die einen hohen Anteil an Neutronenstrahlung aufweist und die Rückstandsstrahlung. Die Neutronenstrahlung kann Elemente des Erdbodens zu γ-Strahlern anregen (Neutronen-induzierte Gamma-Aktivität, kurz: NIGA). Sowohl Herstellung als auch die Zündung einer derartigen Waffe erfordern ein hohes Maß an Wissen, speziellen technischen Einrichtungen und insbesondere eine ausreichende Menge an spaltbarem Material. Das macht es nach Ansicht vieler Experten unwahrscheinlich, dass nicht-staatliche terroristische Akteure in der Lage sind, Kernwaffen zu entwickeln.

2.8 Strahlenschutz

Radiologische Waffen
Darunter fallen Dispersionseinrichtungen zur Ausbringung von radioaktiven Stoffen. Eine so genannte schmutzige Bombe (»Dirty Bomb«) verbindet eine konventionelle Sprengvorrichtung mit radioaktivem Material, um neben den Folgen der Detonation eine radioaktive Kontamination hervorzurufen. Als radioaktive Beiladung können alle zugänglichen Strahlenquellen (Abfälle, Prüfstrahler, medizinische Präparate) genutzt werden. Allerdings ist für eine großflächige Kontamination die Umsetzung in eine durch die Sprengladung dispergierbare Form erforderlich. Daneben ist die gezielte Kontamination von Lebensmitteln denkbar. Bekannt wurde der Mord an Alexander W. Litwinenko, einem ehemaligen russischen Geheimdienstoffizier, der sich in den Westen abgesetzt hatte. Er starb 2006 an einer Vergiftung mit Polonium-210, das er mit einer Tasse Tee aufgenommen hatte. Den aufgelisteten Möglichkeiten ist gemeinsam, dass sie Kenntnisse über die Ausbringung von radioaktiven Stoffen erfordern und ein Risiko der Attentäter bei der Vorbereitung bedeuten. Die tatsächlichen Auswirkungen der beschriebenen Maßnahmen werden im Vergleich zu den Folgen eines Sprengstoffanschlags eher gering sein. Allerdings muss mit einer erheblichen psychologischen Wirkung sowohl in der betroffenen Bevölkerung als auch unter den Einsatzkräften gerechnet werden.

2.8 Strahlenschutz

2.8.1 Grundsätze des Strahlenschutzes

Folgende Grundsätze sind zwingend zu beachten:
- ALARA-Prinzip: »As Low As Reasonably Achievable« steht für den Grundsatz, beim Umgang mit ionisierender Strahlung die Strahlenbelastung so gering zu halten wie dies vernünftigerweise erreichbar ist.
- Kontaminationen sind zu vermeiden und Inkorporation ist auszuschließen, was bei Einsätzen mit radioaktiven Stoffen eine entsprechende Sonderausrüstung erfordert.

2.8.2 Die drei »A« des Strahlenschutzes

Abstand von der Strahlenquelle halten (Quadratisches Abstandsgesetz):
Bei doppeltem Abstand von der punktförmigen Strahlenquelle beträgt die Dosisleistung nur noch ein Viertel, bei vierfachem Abstand nur noch 1/16 der ursprünglichen

Dosisleistung. Um eine Belastung der Einsatzkräfte zu minimieren, legt die FwDV 500 die Grenze des Gefahrenbereichs bei einer Dosisleistung von 25 µSv/h, oder falls diese Dosisleistung nicht erreicht wird, einen Mindestabstand von fünf Metern vom Gefahrenobjekt fest. Kann sichergestellt werden, dass sich der Gefahrenbereich auf einen bestimmten Gebäudeteil beschränkt, kann der Gefahrenbereich innerhalb des Gebäudes festgelegt werden.

Bild 6: *Nutzung einer Teleskopsonde zur Messung der Dosisleistung an der Oberfläche eines Versandstücks, im Vergleich zu einer Messung im Abstand von 0,5 m verringert sich die auf den Trupp einwirkende Dosisleistung bei Verwendung einer drei Meter langen Teleskopsonde auf 1/36. (Quelle: M. Weigle)*

Abschirmung nutzen:
α- und β-Strahlung können durch Nutzung von PSA und einfachen Abschirmungsmöglichkeiten zurückgehalten werden. γ-Strahlung kann durch Abschirmmaterial (Bleiziegel, Abschirmbehälter) oder die Ausnutzung von Mauern abgeschwächt werden. Die Abschirmung von Neutronen-Strahlung gestaltet sich schwieriger.

Aufenthaltsdauer begrenzen/minimieren:
Je kürzer die Aufenthaltszeit im Bereich der ionisierenden Strahlung, desto geringer ist die aufgenommene Dosis.

2.8 Strahlenschutz

> **Rechenbeispiel**
> An der Schadenstelle herrscht eine Dosisleistung von 500 mSv/h. Bei einer Aufenthaltsdauer von 15 Minuten wird eine Dosis von 125 mSv aufgenommen (der Dosisrichtwert zur Verhinderung einer wesentlichen Schadensausweitung wäre damit bereits überschritten). Bei einem einminütigen Aufenthalt beträgt die aufgenommene Dosis zirka 8,5 mSv (der Dosisrichtwert für den Schutz von Sachwerten ist damit noch unterschritten).

Das vierte »A«: Abschalten:
Röntgengeräte und Anlagen zur Erzeugung ionisierender Strahlen sind abzuschalten. Dabei ist zu beachten, dass, sofern beim Betrieb der Anlage Neutronen oder hochenergetische Gammastrahlung (größer 20 MeV) entstehen, auch nach dem Abschalten noch höhere Dosisleistungen vorliegen können.

2.8.3 Begrenzung der Dosisbelastung

In der Strahlenschutzverordnung (StrSchV) werden drei Bevölkerungsgruppen unterschieden, für die verschiedene Grenzwerte festgelegt sind:
- Für die Allgemeinbevölkerung gilt, dass die zusätzliche Strahlenbelastung eine Ganzkörperdosis von 1 mSv/Jahr nicht überschreiten darf.
- Beruflich strahlenexponierte Personen, d. h. Personen, die im Rahmen einer beruflichen Tätigkeit einer Strahlenexposition oberhalb der in der StrSchV festgelegten Dosisgrenzwerten ausgesetzt sind, z. B. in der Medizin, in der Forschung oder Arbeiten in Kernkraftwerken. Hierbei wird zwischen den Kategorien A (Ganzkörperdosis bis 20 mSv/Jahr) und B (Ganzkörperdosis bis 6 mSv/Jahr) unterschieden.

2 Radiologische und nukleare Gefahren

Für Einsatz- und Rettungskräfte, die im Zuge von Einsatzmaßnahmen einer Strahlenbelastung ausgesetzt sein können, sieht die FwDv 500 folgende Dosisrichtwerte vor:

Tabelle 12: *Die im Strahlenschutz-Einsatz geltenden Dosisrichtwerte (Quelle: FwDV 500)*

Ganzkörperdosis	Bemerkung
1 mSv/Jahr	Übung/Ausbildung
15 mSv/Einsatz	Schutz von Sachwerten, kann mehrmals jährlich aufgenommen werden
100 mSv/Einsatz und Kalenderjahr	Einsätze zur Abwehr von Gefahren für Menschen bzw. zur Verhinderung einer wesentlichen Schadenausweitung
250 mSv/Einsatz und Leben	Einsatz zur Rettung von Menschenleben, darf nur einmal im Leben aufgenommen werden

Eine Überschreitung der 250 mSv ist nur unter strengen Bedingungen zulässig:
- Nur durch die Dosisüberschreitung ist die Rettung von Menschenleben, die Vermeidung von schweren strahlenbedingten Gesundheitsschäden oder die Vermeidung / Bekämpfung einer Katastrophe möglich.
- Die beteiligten Einsatzkräfte sind ausgebildet und müssen über die möglichen gesundheitlichen Risiken und die zu treffenden Schutz- und Überwachungsmaßnahmen angemessen unterrichtet sein.
- Der Einsatz darf nur durch Freiwillige durchgeführt werden.

Aufgrund des Inkrafttretens des novellierten Strahlenschutzgesetzes und der zugehörigen Strahlenschutzverordnung kann es zu einer Anpassung der Dosisrichtwerte in der FwDV 500 kommen. Zur Personenüberwachung ist bei Einsätzen mit radioaktiven Stoffen ein Personendosimeter mitzuführen, das unter der Schutzkleidung zu tragen ist. Über die gemessenen Werte ist ein Nachweis zu führen und den zuständigen Überwachungsbehörden gegenüber zu dokumentieren. Zur Feststellung des Erreichens des einsatzbezogenen Dosisrichtwertes ist von dem Einsatztrupp ein Dosiswarngerät mitzuführen.

3 Biologische Gefahren

Remko Pijnenborgh

Biologische Gefahren bedrohen die Menschheit seit ihrem Anbeginn. Mikroorganismen und Viren sowie tierische und pflanzliche Toxine haben mehr Menschen das Leben gekostet als die unzähligen Auseinandersetzungen innerhalb der Menschheit. Die technische Möglichkeit, Organismen mit bestimmten Eigenschaften zu verändern, die möglichen Auswirkungen des Klimawandels und die zunehmende Mobilität der Menschen stellen die Gefahrenabwehr vor veränderte Herausforderungen.

Bild 7: *Desinfektionsmaßnahmen an der Ausfahrt eines durch eine Tierseuche betroffenen Betriebs*

Die Gefahrenabwehr kann auf unterschiedliche Weise mit »B-Lagen« konfrontiert werden:

3 Biologische Gefahren

- Bei natürlichen Ausbrüchen von Infektionskrankheiten und Tierseuchen.
- Durch Freisetzungen in Krankenhäusern, medizinischen Laboren und Forschungseinrichtungen sowie Betrieben, die mit Bio-Stoffen arbeiten.
- Durch terroristische Anschläge (hierbei wurden bereits Rizin, Salmonellen und Milzbrand eingesetzt) und militärischen Einsatz von B-Kampfstoffen (letzteres Szenario ist zum jetzigen Zeitpunkt eher unwahrscheinlich).

3.1 Arten biologischer Agentien

Ein Agens beschreibt einen Stoff, der als Ursache einer Wirkung ausgemacht werden kann. Zu den biologischen Agentien werden die Mikroorganismen (Bakterien, Schimmelpilze), Viren, aus Lebewesen stammende Toxine sowie Prionen gezählt.

Tabelle 13: Übersicht über die biologischen Agentien

Bakterien	Pilze	Viren	Toxine
Einzellige Organismen	Einzellige Organismen	DNA oder RNA in einer Capsidhülle	Durch Organismen produzierte Giftstoffe
Eigener Stoffwechsel	Eigener Stoffwechsel, Zusammenleben in Kolonien	Benötigen lebende Zelle für eigene Vermehrung	Chemische Verbindungen
1 – 10 µm	5 – 50 µm	0,01 – 0,3 µm	

3.1.1 Bakterien

Bakterien sind einzellige, selbständig lebensfähige Organismen, deren Größe zwischen 1 und 10 µm variiert. Sie bestehen aus Zytoplasma, das durch die Zellmembran und die Zellwand von der Umwelt abgeschlossen wird. Das Zytoplasma besteht aus Wasser, in dem für den Bakterienstoffwechsel benötigte Stoffe wie Zucker, Salze, Fettsäuren, Aminosäuren und Eiweiße gelöst sind. Im Zytoplasma befinden sich ferner für den Stoffwechsel notwendige Zellbestandteile und das Erbmaterial.

Die Zellwand, welche das Bakterium nach außen begrenzt, schützt diese gegen äußere Einflüsse und verhindert ein Reißen der Zellmembran aufgrund des schwankenden osmotischen Drucks im Inneren. Das genetische Material liegt als ringförmige DNA-Kette frei im Zytoplasma vor. Die Fortpflanzung findet ungeschlechtlich ohne die Notwendigkeit des sexuellen Kontakts mit anderen Zellen statt. Bei ausreichendem

3.1 Arten biologischer Agentien

Nahrungsangebot nimmt das Volumen einer Bakterienzelle zu. Mit Erreichen einer bestimmten Größe wird das genetische Material verdoppelt und die Zelle teilt sich in zwei identische Tochterzellen auf. Die beiden Tochterzellen teilen sich nach einer bestimmten Zeitspanne erneut, wobei dann vier identische Bakterien vorliegen, usw. Unter idealen Bedingungen dauert ein Teilungszyklus etwa 20 Minuten, was bedeutet, dass sich innerhalb dieser Zeit die Bakterienanzahl verdoppelt.

Für ein optimales Wachstum benötigt ein Bakterium ideale Umweltbedingungen, wie ausreichende Nährstoffversorgung, richtige Temperatur und pH-Wert, ausreichende Feuchtigkeit und, abhängig von der Art des Bakteriums, ausreichende Sauerstoffkonzentration (Aerobier) oder die Abwesenheit von Sauerstoff (Anaerobier). Liegt einer dieser Faktoren nicht optimal vor, empfinden Bakterienzellen Stress. Dieser Stresszustand zeigt sich in verlangsamtem Wachstum, im Übergang in eine Ruhephase und im Absterben der Bakterienzelle.

Einige Bakterienarten haben im Laufe der Evolution eine besondere Überlebensstrategie entwickelt: Bei plötzlich auftretenden Stressfaktoren stellen sie ihren Stoffwechsel ein und kapseln ihr Erbgut in einen Schutzmantel aus Eiweißen. Eine dermaßen verkapselte DNA wird als Endospore bezeichnet. In der Sporenform können Bakterien extreme Umweltbedingungen, wie Trockenheit, Hitze oder UV-Licht, über einen längeren Zeitraum überleben. So überstehen Endosporen die Pasteurisation von Milch oder die Einwirkung von Magensäure. Sobald die Lebensbedingungen wieder günstiger sind, entkeimt sich die Endospore erneut zur vegetativen Bakterienzelle. Aufgrund ihrer Resistenz gegen Umwelteinflüsse sind Endosporen sehr widerstandsfähig gegen die Einwirkung von Desinfektionsmitteln. Beispiele für sporenbildende Bakterien sind *Bacillus anthracis* (Erreger des Milzbrands), *Clostridium botulinum* (Botulismus) und *Clostridium tetani* (Auslöser des Wundstarrkrampfs).

Bakterielle Infektionen werden traditionell mit Antibiotika bekämpft. Antibiotika sind ursprünglich von Mikroorganismen produzierte Stoffe, die zahlreiche Stoffwechselprozesse in Bakterien hemmen. Ein Problem bei der Therapie ist die Entwicklung von Resistenzen gegen die Behandlung mit Antibiotika. Zur Prophylaxe existieren für verschiedene bakterielle Infektionskrankheiten Schutzimpfungen.

3.1.2 Schimmelpilze

Schimmelpilze (biologischer Name *fungi*) sind einzellige selbständig lebende Organismen, wobei eine Pilzzelle fünf- bis zehnmal größer ist als die eines Bakteriums (zirka 5 bis 50 µm). So wie die Bakterien kommen auch die Schimmelpilze ubiquitär vor, von Schimmel auf Brot und Duschwänden bis zu vermoderndem Holz. Beispiele für

Schimmelarten sind *Penicillium, Aspergillus, Stachybotrys* und *Saccharomyces*, auch die Hefen (Backhefe, Bierhefe) gehören taxonomisch zu den Schimmelpilzen.

Im Vergleich zu den Bakterien haben die Schimmelzellen eine weiterentwickelte Organisationsstruktur. So ist die DNA der Schimmelzellen umfangreicher und befindet sich in einem Zellkern. Außerdem befinden sich im Zytoplasma der Schimmelzellen spezialisierte Bereiche (Organellen), in denen Stoffwechselprozesse stattfinden, die der Energieproduktion und der Eiweißsynthese dienen. Schimmelzellen können selbständig existieren, sind jedoch meist mit anderen Zellen geclustert und formen dabei verwobene Netzwerke (Mycelium), die dem Schimmel das wollige Aussehen geben. Die charakteristische Schimmelfarbe entsteht durch die in großer Zahl zur Fortpflanzung gebildeten Sporen (nicht zu verwechseln mit den bakteriellen Endosporen). Schimmelsporen können bei Einatmung bis tief in die Lunge eindringen. Durch die einfache Möglichkeit der Ausbringung sind Schimmelsporen auch als potenzielle Biowaffen geeignet. Gegen Schimmelinfektionen hilft die Bekämpfung mit Fungiziden. Eine Antibiotikabehandlung ist gegen Schimmelinfektionen nicht wirksam.

> **Schimmelpilz *Aspergillus***
> Bei falscher Lagerung von Nüssen, Getreide oder getrockneten Früchten kann es zu einem Befall mit *Aspergillus* kommen, wobei der Giftstoff Aflatoxin produziert wird. Die Einnahme von Aflatoxin verursacht starke Bauchschmerzen, Unwohlsein und in höheren Dosen Leberprobleme, Blutungen sowie Gelb- und Wassersucht.

3.1.3 Viren

Ein Virus besteht lediglich aus Erbmaterial, in Form von DNA oder RNA, das in einer Eiweißhülle (Capsid) eingeschlossen ist. Viren haben kein Zytoplasma und sind nicht zum selbständigen Stoffwechsel befähigt. Deshalb werden sie auch nicht zu den Lebewesen gezählt. Aufgrund ihrer sehr geringen Größe von zirka 0,01 bis 0,3 µm sind sie nur unter dem Elektronenmikroskop sichtbar.

Beispiele sind das *Rhinovirus* (Erkältung), das *Influenzavirus* (Grippe), das *Variolavirus* (Pocken) und das *Masernvirus* sowie das *Poliovirus* (Kinderlähmung), der HIV-Erreger (AIDS), das *Coronavirus* (Erkältung, Lungenentzündung) und das *Ebolavirus*. Um sich replizieren zu können, muss das Virus den Stoffwechsel einer Wirtszelle gebrauchen. Hierzu dockt das Capsid an die Zellmembran der Wirtszelle an. Danach wird das Viren-Erbgut auf das Zytoplasma der Wirtszelle übertragen. Das Viren-Erbgut zwingt der Wirtszelle den eigenen Stoffwechsel auf, sodass diese gezwungen ist, die Viren-DNA/-RNA zu replizieren und die für die Capside benötigten Eiweiße zu pro-

3.1 Arten biologischer Agentien

duzieren. Aufgrund der Andockmöglichkeit an die Zellmembran als auch der Codierung ihrer DNA bzw. RNA sind Viren spezifisch auf eine Wirtszelle ausgerichtet.

Eine infizierte Zelle produziert 50 bis 1.000 neue Viren, welche dann freikommen, wobei die Wirtszelle zerstört wird, und die ihrerseits weitere Zellen befallen. Aufgrund der schnellen massenhaften Replikation der Virus-DNA/RNA treten dabei zahlreiche Fehler in der genetischen Codierung auf (Mutationen), wodurch sich die Eiweißstruktur der Virus-Capsiden verändert. Dadurch entstehen regelmäßig neue Virusvarianten, die durch das Abwehrsystem der Wirtszellen nicht mehr erkannt werden. Beispielsweise tritt bei dem Influenza-A-Virus mit einer Chance von 1 zu 10.000 bei einer Replikation in der Wirtszelle durch die auftretenden Mutationen eine neue Variante auf, die unter Umständen gefährlicher ist als das ursprüngliche Virus.

In der Vergangenheit kam es aufgrund dieser Mutationen wiederholt zu Pandemien, so zum Beispiel durch die Grippeviren der Variante H1N1, dem Auslöser der Spanischen Grippe 1918 mit geschätzten 20 bis 40 Millionen Todesopfern, durch die Variante H3N2 (Hong Kong-Grippe 1968/1969 mit über einer Million Todesopfern) und die Variante H5N1, die zwischen den Jahren 1997 und 2007 aufgetreten ist. Beginnend 2019 hat sich der Virus SARS-CoV-2, der Erreger der Lungenentzündung Covid-19, 2020 weltweit ausgebreitet.

Virusinfektionen sind nach ihrem Ausbruch schwierig zu bekämpfen. Eine Behandlung mit Antibiotika ist bei Viruserkrankungen unwirksam. Zwar sind antivirale Medikamente verfügbar (Virustatika), diese weisen allerdings eine wechselnde Effektivität auf und haben zumeist starke Nebenwirkungen. Der effektivste Schutz gegen Virusinfektionen stellt die Schutzimpfung dar. Dazu werden unschädlich gemachte Capside in den Körper gespritzt, welcher gegen diese körperfremden Eiweiße eigene Antikörper bildet. Tritt tatsächlich eine Virusinfektion auf, reagiert die vorbereitete Immunabwehr des Körpers direkt auf die bekannten Virus-Eiweiße. Der Nachteil der Virus-Vakzination ist, dass mit dem Auftreten von mutierten Capsid-Eiweißen ein neues spezifisches Vakzin notwendig werden kann. Daher muss eine Grippe-Schutzimpfung jährlich wiederholt werden. Außerdem muss die Vakzination mit ausreichendem zeitlichem Vorlauf stattfinden, um rechtzeitig eine Resistenz entwickeln zu können.

Aktuell ist es Ziel der medizinischen Forschung, Methoden zu entwickeln, die eine schnelle Anpassung von Vakzinen bei Auftreten von mutierten Erregern gewährleisten.

3.1.4 Toxine

Toxine (auch als Biotoxine bezeichnet) sind für den Menschen giftige Stoffe, die sowohl durch Pflanzen und Tiere als auch durch Bakterien und Schimmel produziert werden. Dabei reicht die Bandbreite von einfachen Molekülen wie der Ameisensäure bis zu großen komplexen Eiweißverbindungen wie dem Botulinumtoxin. Toxine greifen in den Zellstoffwechsel ein und können dadurch Störungen der Organfunktion bis hin zum Tod verursachen.

Im Grunde sind Toxine chemische Substanzen, die jedoch aus historischen Gründen zu den biologischen Gefahrstoffen gezählt werden (früher war nur eine Synthese durch Lebewesen möglich).

Tiere und Pflanzen produzieren Toxine aus zwei Gründen:
- zur Jagd, z. B. Spinnen, Schlangen und Skorpione,
- zum Schutz vor Fressfeinden, wie bei der Honigbiene, dem Pfeilgiftfrosch (Batrachotoxin, ein Protein) und dem Kugelfisch (Tetrodotoxin, ebenfalls ein Protein). Beispiele aus dem Pflanzenreich sind der Wunderbaum (Ricin, ein Protein), und der Blaue Eisenhut (Aconitin, ein Alkaloid).

Die Toxine der Schimmelpilze werden Mykotoxine genannt. Zu den Mykotoxin-produzierenden Schimmelarten gehören *Aspergillus flavus* (Aflatoxin, Befall von Nüssen) und *Stachybotrys chartarum* (Trichothecene, Gefahr in feuchten Räumen). Die Aufnahme von Toxinen in den menschlichen Körper ist durch Einatmen über die Atemwege oder mit der Nahrung über den Magen-Darm-Trakt möglich. Eine Inkorporation über die intakte Haut ist unwahrscheinlich. Allerdings verfügen viele Gifttiere und -pflanzen über die Möglichkeit, durch Biss oder Stich diese Barriere zu überwinden und das Gift in den Körper zu injizieren. Auch können Toxine durch aufgenommene Bakterien im Körper produziert und freigesetzt werden (z. B. das Tetanustoxin durch *Clostridium botulinum*).

> **Algenblüte**
> Während der Sommermonate können sich die, in stehenden Binnengewässern natürlich vorkommenden, Blaualgen (eine Bakterienart) aufgrund zunehmender Temperatur in Kombination mit ausreichenden Nährstoffen explosionsartig vermehren (Algenblüte). Die Bakterien treiben auf der Wasseroberfläche und ähneln dabei einem öligen Teppich. Beim Absterben der Algen werden Giftstoffen freigesetzt, die als Cyanotoxine bezeichnet werden. Daher wird die Wasserqualität der natürlichen Badegewässer während der Sommermonate regelmäßig überwacht.

Die bakteriellen Toxine unterscheiden sich in zwei Arten: **Exotoxine** und **Endotoxine**.

Die **Exotoxine** werden während des Bakterienwachstums ausgeschieden. Vertreter der Exotoxin-produzierenden Bakterien sind *Clostridium botulinum* (Botulinus-Toxin, oder kurz BTX), *Staphylococcus aureus* (Enterotoxin, SEB), *Clostridium tetani* (das Tetanustoxin, TeTN) und *Bacillus anthracis* (Milzbrandtoxin). Diese hochtoxischen Verbindungen sind allesamt Proteine oder Proteingemische.

Endotoxine sind bei verschiedenen Bakterien Teil der Zellmembran. Bei Absterben der Bakterienzelle werden die Toxine aus der Membran freigesetzt und führen zu heftigen Körperreaktionen. Beispiele für Endotoxin-produzierende Bakterien sind *Escherichia coli*, *Salmonella typhimurium* und *Shigella dysenteriae*. Von Ausnahmen abgesehen sind Exotoxine hitzelabil, Endotoxine dagegen hitzestabil.

Täglich werden durch den Körper zahlreiche Toxine aufgenommen. Bekannte Pflanzentoxine sind das Koffein und das Nikotin. Da deren Aufnahme dosiert erfolgt, kann der menschliche Körper die geringe Toxinmenge abbauen und ausscheiden. Eine Überdosis Koffein oder Nikotin ist dagegen tödlich. Bei Feststellung einer Toxinvergiftung ist die schnellstmögliche Ausscheidung aus dem Körper ausschlaggebend. Erfolgte die Aufnahme über den Magen-Darm-Trakt kann durch das Binden an Aktivkohle die weitere Inkorporation minimiert werden. Für einige Toxine, z. B. verschiedene Schlangengifte, existieren Antiseren.

3.1.5 Prionen

Prionen sind eine biologische Abnormalität. Bei ihnen handelt es sich um körpereigene Eiweiße, die eine falsche dreidimensionale Struktur aufweisen. Diese Eiweiße können aufgrund der abweichenden Struktur im Körper häufig nicht mehr enzymatisch abgebaut werden. Prionen sind in der Lage, andere Eiweißverbindungen in körperfremde und häufig schädliche Strukturen umzusetzen und sich so zu vermehren. Damit ähneln sie den Viren. Besonders Nerven- und Hirnzellen sind für Schädigungen durch Prionen anfällig.

Beispiele für Prionen-induzierte Krankheiten sind die Creutzfeldt-Jacob-Krankheit beim Menschen, der Rinderwahnsinn (BSE) bei Rindern und Scrapie bei Schafen.

3.2 Medizinische Mikrobiologie

Die Vermehrung körperfremder Erreger in einem Organismus wird als Infektion bezeichnet. Diese muss nicht zwangsläufig für den Wirt schädlich sein. Von einer Krankheit spricht man, wenn der Erreger so starke Schäden verursacht, dass der Wirtsorganismus in seiner Funktion gestört wird. Krankheitsauslösende Erreger werden auch als Pathogene bezeichnet.

3 Biologische Gefahren

Ein pathogener Erreger muss in der Lage sein, von einem Reservoir (Infektionsquelle) zu seinem Wirt zu gelangen, in den Wirtsorganismus einzudringen und der Immunabwehr zu widerstehen, sodass er sich vermehren kann. Der infizierte Wirt kann dabei selbst als Infektionsquelle fungieren und den Erreger über die Atemwege (Schleimtröpfen), den Magen-Darm-Kanal (Faeces), die Harnwege, die Genitalien, die beschädigte Haut sowie über das Blut ausscheiden. Die anschließende Übertragung des Erregers von der Infektionsquelle auf einen neuen Wirt findet durch direkten oder indirekten Kontakt statt. Der so entstehende Kreislauf wird als Infektionskette bezeichnet.

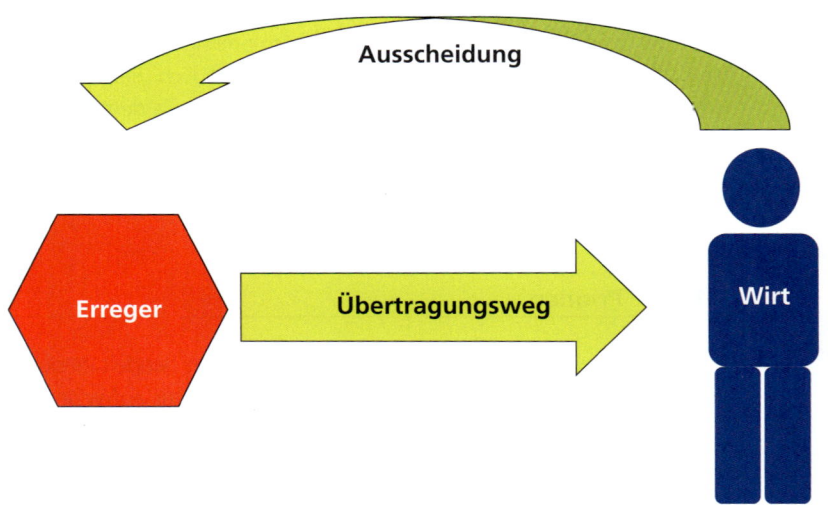

Bild 8: *Vereinfachte Darstellung einer Infektionskette*

Eine direkte Übertragung von der Infektionsquelle auf den Wirt findet durch Tröpfcheninfektion während des Sprechens, bei Niesen und Husten, durch Hautkontakt beim Händeschütten, bei Sexualkontakten oder von der Mutter auf das ungeborene Kind statt. Bei der indirekten Übertragung ist ein Transportmittel notwendig. Dies können kontaminierte Lebensmittel und Wasser, Gegenstände, z. B. Wäsche, Toiletten, Türklinken oder Ausscheidungen (Urin und Kot, Schleimtröpfchen auf Oberflächen) von infizierten Menschen und Tieren, das Blut infizierter Lebewesen und kontaminierte Injektionsnadeln sein.

Häufig spielen Vektoren wie z. B. Insekten eine wichtige Rolle. Der Erreger wird dabei durch einen lebenden Organismus (ein Vektor) von einem infizierten Tier auf einen Menschen oder ein anderes Tier übertragen. Zu den Vektoren gehören z. B. die Steck- und Sandmücken, Zecken, Fliegen, Flöhe und Läuse. Zum Vektorübertragene Krankheiten gehören z. B. Malaria, Lyme-Borreliose, Pest, Denguefieber, West-Nil-Fieber, Leishmaniose und Trypanosomiasis. Aufgrund des Klimawandels ist zukünftig auch in Europa verstärkt mit vektorübertragenen Krankheiten zu rechnen, die bisher nur in südlichen Ländern auftraten.

Pathogene, die sehr empfindlich auf Umwelteinflüsse wie Sonnenlicht oder Trockenheit reagieren, können nur durch direkten Kontakt übertragen werden. Erreger, die längere Zeit auch außerhalb eines Wirtes überleben, können sowohl direkt als auch indirekt übertragen werden.

Nach der Übertragung muss der Erreger in den Organismus des Wirts eindringen. Die Körperoberfläche bildet dagegen eine natürliche Barriere, die auf physikalischen, chemischen und biologischen Faktoren, wie der mechanischen Barrierefunktion der intakten Haut, ihrem sauren pH-Wert und der Besiedlung der Körperoberfläche mit einer Vielzahl an Mikroorganismen basiert. Verletzungen, Insektenstiche (bei vektorübertragenen Krankheiten) oder mangelhaft desinfizierte Injektionsstellen erleichtern Erregern das Überwinden dieser Barriere. Viele Erreger benötigen spezifische Eintrittspforten, wie die Atemwege, den Magen-Darm-Trakt, die Schleimhäute, die Harnwege oder den Genitalbereich.

Nach dem Eindringen in den Wirtsorganismus verbreiten sich verschiedene Mikroorganismen über die Blutbahn oder das Lymphsystem im Körper, während andere lokal wirken. Innerhalb des Wirtskörpers muss ein Pathogen dem Abwehrsystem des Wirts widerstehen können. Das Immunsystem richtet sich sowohl selektiv als auch unspezifisch gegen körperfremde Stoffe. Pathogene Mikroorganismen können dabei durch gegen sie gerichtete Enzyme biologisch abgebaut als auch durch Abschotten von anderen Körperbereichen unschädlich gemacht werden. Gegen die Immunabwehr des Wirtsorganismus haben Erreger verschiedene Methoden entwickelt. Rickettsien (Auslöser des Fleckfiebers) verstecken sich im Zytoplasma ihrer Wirtszellen. Verschiedene Viren verstecken ihr Erbgut durch Einschleusen in die DNA der Wirtszelle. Wird die Gastzelle durch äußere Einflüsse geschwächt, beginnt der Virus, die Zelle umzuprogrammieren (Herpes-simplex-Viren).

Das Vermögen eines Pathogens, nach einer Infektion tatsächlich eine Krankheit auszulösen, wird als Virulenz bezeichnet. Die Virulenz stellt dabei einen quantitativen Begriff der Pathogenität dar, der nicht an absolute Zahlen gekoppelt werden kann. Die Virulenz wird durch die Infektionsdosis ID_{50} (nicht zu verwechseln mit der handlungsunfähig-machenden Dosis (Incapacitating Dose, ID) bei chemischen Gefahrstoffen) ausgedrückt. Das ist die Erregeranzahl, deren Aufnahme bei 50 Prozent einer Population zu einem Krankheitsausbruch führt. Je kleiner die Infektionsdosis eines biologischen Agens, desto größer ist sein Vermögen, eine Krankheit auszulösen und damit seine Virulenz.

3 Biologische Gefahren

Tabelle 14: *Virulenz verschiedener Infektionskrankheiten*

Mikroorganismus	Krankheit	Infektionsdosis ID50
Escherichia coli	Lebensmittelinfektion	10^6 bis 10^8 (Ingestion)
Salmonella typhi	Bauchtyphus	10^4 bis 10^6 (Ingestion)
Bacillus anthracis	Milzbrand	10^4 (Inhalation)
Yersinia pestis	Pest	100 bis 500 (Inhalation)
E. coli O157:H7	EHEC-Erkrankungen	< 100 (Ingestion)
Coxiella burnetii	Q-Fieber	1 bis 10 (Inhalation)
Ebolavirus	Ebola	1 bis 10 (Inhalation)

Ein wesentlicher Faktor für die Infektionsdosis ist der Aufnahmeweg in den Körper. Beispielsweise ist bei Aufnahme über den Magen-Darm-Trakt eine wesentlich höhere Infektionsdosis erforderlich als bei Inhalation. Das hängt unter anderem damit zusammen, dass die Mikroorganismen durch den Kontakt mit der Magensäure abgetötet werden. Virulenz und Infektionsdosis stehen außerdem in Zusammenhang mit dem Abwehrsystem des Wirts. Die Funktion der körpereigenen Immunabwehr kann sowohl individuell als auch in Abhängigkeit von den Lebensumständen unterschiedlich stark ausgeprägt sein. Zu den Faktoren, die das Immunsystem beeinflussen, gehören Stress, Schlafmangel und Ernährungszustand. Daneben existieren Risikogruppen mit niedrigerer Widerstandskraft, wie Kleinkinder, ältere Menschen, und Menschen mit Erkrankungen des Immunsystems.

Die Zeit vom Kontakt des Erregers mit dem Wirt bis zum Auftreten erster klinischer Symptome wird als Inkubationszeit bezeichnet. Diese Zeitspanne kann in Abhängigkeit vom Erreger einige Stunden bis zu mehreren Jahren betragen. Innerhalb der Inkubationszeit kann der Wirt unbewusst als Infektionsherd fungieren, ohne selbst Symptome zu zeigen. Die Zeitspanne zwischen der Infektion und der Fähigkeit andere zu infizieren, ist die latente Periode.

Infektionskrankheiten, die direkt oder indirekt von Wirbeltieren auf den Menschen übertragbar sind, werden als Zoonosen bezeichnet. 60 Prozent der bekannten Infektionskrankheiten werden zu den Zoonosen gezählt, darunter die Pest, die Tollwut, Milzbrand, Borreliose und Ebola. Neben den bekannten Zoonosen besteht die Gefahr, dass bisher unbekannte Erkrankungen von tierischen Wirten auf den Menschen überspringen können. Eine tierische Population, in der ein Erreger dauerhaft vorkommt, wird als Reservoir bezeichnet. Das Auftreten von Ebola, dem Vogelgrippe-Virus H5N1 und zuletzt SARS-CoV-2 sind aktuelle Beispiele einer Virusübertragung von einem Reservoir auf den Menschen.

3.3 Auftreten biologischer Gefahrstoffe

CBRN-Einsätze mit biologischen Gefahren sind, vom Rettungsdienst abgesehen, eher die Ausnahme. Dennoch muss in zahlreichen Situationen mit biologischen Gefahrstoffen gerechnet werden, beispielsweise:
- klinische Bereiche (Isolierstationen),
- klinische Labore,
- Bereiche mit Versuchstieren,
- gentechnische Forschungseinrichtungen,
- Betriebe zur Beseitigung von Tierkadavern und Schlachtabfällen,
- Tierseuchenausbrüche in landwirtschaftlichen Betrieben,
- Transporte von klinischen Proben, Tierkadavern etc.

Der Umgang mit biologischen Gefahrstoffen ist durch die Biostoffverordnung geregelt. Diese versteht unter Biostoffen Mikroorganismen, Zellkulturen und Endoparasiten einschließlich ihrer gentechnisch veränderten Formen sowie Prionen, die im Verdacht stehen, den Menschen durch Infektionen, übertragbare Krankheiten, Toxinbildung, sensibilisierende oder sonstige die Gesundheit schädigende Wirkungen zu gefährden. Ihnen gleichgestellt sind Ektoparasiten, die beim Menschen eigenständige Erkrankungen verursachen oder sensibilisierende oder toxische Wirkungen hervorrufen können und technisch hergestellte biologische Einheiten mit neuen Eigenschaften, die den Menschen in gleicher Weise gefährden können wie Biostoffe. Die Biostoffe sind entsprechend ihres Gefahrenpotenzials in Risikogruppen eingeteilt.

3.3.1 Gentechnisch veränderte Organismen

Das genetische Material von Mikroorganismen ist mit molekularbiologischen Methoden relativ einfach zugänglich. Durch die Veränderung an der DNA bzw. RNA ist es möglich, Mikroorganismen mit neuen Eigenschaften zu gewinnen. Gentechnisch veränderte Organismen (GVO) sind Organismen, bei denen das genetische Material mithilfe molekularbiologischer Methoden in einer Weise verändert worden ist wie es natürlicherweise z. B. durch Kreuzen nicht möglich wäre.

Molekularbiologische Methoden werden heute in vielfältiger Weise angewendet und umfassen zahlreiche Möglichkeiten, um Eigenschaften von Zellen zu modifizieren, zu verstärken, auszuschalten oder Erbmaterial zwischen Mikroorganismen auszutauschen. Zu den Anwendungsbereichen zählen die Herstellung von Arzneistoffen, die medizinische Diagnostik, die Pflanzenzucht und die industrielle Produktion von

3 Biologische Gefahren

Enzymen, beispielsweise für Waschmittel. Aktuell ist die Anwendung molekularbiologischer Methoden auf menschliche Zellen gesetzlich beschränkt. Eine zukünftige Anwendung zur Bekämpfung von Erbkrankheiten wird aber diskutiert.

Tabelle 15: *Zuordnung der B-Gefahrengruppen gemäß FwDV 500*

Gefahrengruppen	Risikogruppe nach Biostoffverordnung	Sicherheitsstufe nach Gentechnikgesetz
1B	**1** Biostoffe, bei denen es unwahrscheinlich ist, dass sie beim Menschen eine Krankheit hervorrufen	**1** gentechnische Arbeiten, bei denen nicht von einem Risiko für die menschliche Gesundheit und die Umwelt auszugehen ist
2B	**2** Biostoffe, die eine Krankheit beim Menschen hervorrufen können; eine Verbreitung ist unwahrscheinlich; eine wirksame Vorbeugung oder Behandlung ist möglich	**2** gentechnische Arbeiten, bei denen von einem geringen Risiko für die menschliche Gesundheit oder die Umwelt auszugehen ist
	3** Biostoffe, bei denen das Infektionsrisiko begrenzt ist, weil eine Übertragung über den Luftweg normalerweise nicht erfolgen kann.	
3B	**3** Biostoffe, die eine schwere Krankheit beim Menschen hervorrufen; die Gefahr einer Verbreitung kann bestehen, eine Vorbeugung oder Behandlung ist möglich	**3** gentechnische Arbeiten, bei denen von einem mäßigen Risiko für die menschliche Gesundheit oder die Umwelt auszugehen ist
	4 Biostoffe, die eine schwere Krankheit beim Menschen hervorrufen; die Gefahr einer Verbreitung ist groß; eine wirksame Vorbeugung oder Behandlung nicht möglich	**4** gentechnische Arbeiten, bei denen von einem hohen Risiko für die menschliche Gesundheit oder die Umwelt auszugehen ist

3.3 Auftreten biologischer Gefahrstoffe

Bei der Entwicklung von GVO und gentechnischen Arbeiten mit ihnen müssen Sicherheitsmaßnahmen beachtet werden, die in Deutschland durch das Gentechnikgesetz festgelegt und durch die Gentechnik-Sicherheitsverordnung näher ausgeführt sind. So erfolgt das Arbeiten unter einer bestimmten Sicherheitsstufe (S1 bis S4). Dies betrifft den Labor- oder Produktionsbereich (beispielsweise in der Biotechnologie), aber auch Gewächshäuser und Tierhaltungsräume.

3.3.2 Transport biologischer Gefahrgüter

Die Verpackung und Kennzeichnung biologischer Gefahrstoffe für den Transport ist im ADR bzw. national in der GGVSEB geregelt. Zumeist handelt es sich um diagnostische Proben. Die entsprechende Klasse 6.2 »Ansteckungsgefährliche Stoffe« wird nochmals unterteilt in die Kategorien A und B.

- **Kategorie A:**
  Die Kategorie A umfasst ansteckungsgefährliche Stoffe, die bei einer Exposition bei sonst gesunden Menschen oder Tieren eine dauerhafte Behinderung oder eine lebensbedrohende oder tödliche Krankheit hervorrufen können. Darunter fallen die UN-Nummern UN 2814: Ansteckungsgefährliche Stoffe, gefährlich für Menschen (Proben von Kulturen des Ebola-Virus) und UN 2900: Ansteckungsgefährliche Stoffe, gefährlich nur für Tiere (Proben, die das MKS-Virus enthalten können).
- **Kategorie B:**
  Die Kategorie B umfasst ansteckungsgefährliche Stoffe, die den Kriterien für eine Aufnahme in Kategorie A nicht entsprechen. Sie werden unter der UN-Nummer 3373 zusammengefasst. Darunter werden z. B. diagnostische Proben (Blut, Urin, usw.) zusammengefasst.

Medizinische Proben, bei denen angenommen werden kann, dass sie keine ansteckungsgefährlichen Stoffe enthalten oder Stoffe, bei denen es unwahrscheinlich ist, dass sie bei Menschen oder Tieren Krankheiten hervorrufen, fallen nicht unter die Klasse 6.2 des ADR. Toxine aus Pflanzen, Tieren oder Bakterien, die selbst nicht ansteckungsgefährlich sind, fallen, wie andere Giftstoffe auch, unter die Transportklasse 6.1 (UN-Nummern 3172 oder 3462).

3.4 Biologische Kampfstoffe

Biologische Kampfstoffe umfassen Bakterien, Viren und durch Mikroorganismen produzierte Toxine, die zur Schädigung oder Tötung von Militärpersonal, Bevölkerung, Nutztieren oder Nutzpflanzen hergestellt werden. Der Einsatz biologischer Kampfstoffe ist durch die Biowaffenkonvention von 1972 untersagt, allerdings beinhaltet dieses Übereinkommen keine Inspektionsmöglichkeiten. Mit Ende des Kalten Krieges verschwanden die biologischen Kampfstoffe aus dem Blickfeld.

Mit der veränderten Bedrohungslage, z. B. durch den internationalen Terrorismus und der Verfügbarkeit neuer Technologien, die eine Produktion von B-Kampfstoffen auch für kleinere Staaten ermöglichen, stellen diese eine »preiswerte« Alternative zum Entwickeln von Kernwaffen dar. Sie werden deshalb auch als »Atombomben des kleinen Mannes« bezeichnet. Ihre Produktion lässt sich leichter verbergen. Die dazu notwendigen Mittel können einfacher beschafft werden, da es sich um Geräte handelt, die auch für die zivile Nutzung der Biotechnologie notwendig sind (Dual-Use-Problematik).

Militärisch eignen sich biologische Kampfstoffe weniger für den Einsatz auf dem Gefechtsfeld. Dazu sind sie zu langsam wirksam, nicht ausreichend kalkulierbar und zu anfällig für wechselnde Umweltbedingungen. Dagegen ist der strategische Einsatz, beispielsweise gegen größere militärische Einrichtungen, wie Feldlager, und besonders gegen die Zivilbevölkerung denkbar.

Bei Terrorgruppen und Einzeltätern kann dagegen nur schwer abgeschätzt werden, gegen wen sich ein Anschlag richten soll. Auch kann ein krimineller Hintergrund vorliegen. In der Vergangenheit wurden dabei Milzbrand, Salmonellen und Rizin verwendet. Aktuell wird nicht von der Gefahr einer großflächigen Freisetzung von B-Waffen ausgegangen. Dagegen ist ein kleinräumiger Einsatz gegen gezielt ausgewählte Einzelpersonen oder Personengruppen wahrscheinlicher. Auch in diesem Fall kann es bei einer Freisetzung von infektiösen Erregern zu einem Krankheitsausbruch bei Kontaktpersonen kommen. In jedem Fall werden umfangreiche Desinfektionsmaßnahmen notwendig. Beispielsweise erforderte das Verschicken von mit Anthrax-Sporen gefüllten Briefen in den USA erhebliche Dekontaminationsarbeiten innerhalb der betroffenen Posteinrichtungen.

3.4.1 Biologische Waffen

Um Erreger oder Toxine als biologische Kampfstoffe gebrauchen zu können, müssen sie bestimmte Eigenschaften besitzen. Für eine Nutzung als so genannte B-Waffe muss ein biologisches Agens über folgende Eigenschaften verfügen:

3.4 Biologische Kampfstoffe

- Möglichkeit der Herstellung bzw. der Beschaffung,
- Auslösen von schweren Erkrankungen,
- Aerosolisierbarkeit (bei Freisetzung in die Atmosphäre), oder zur Kontamination von Wasser und Lebensmitteln geeignet,
- Umweltstabilität gegen Sonnenlicht, Temperatur und andere Umweltfaktoren.

Besonders sporenbildende Bakterien sind für den Gebrauch als biologische Waffen interessant. Als Endosporen lassen sie sich lange lagern, effizient verbringen, sind resistent gegen Umwelteinflüsse und können in Aerosolform in die Lunge eindringen.

Bio-Waffen müssen als ein System verstanden werden, das aus vier Komponenten besteht:
1. dem biologischen Kampfstoff,
2. dem Transportbehälter, der das Agens gegen die Umwelt abschirmt,
3. dem Verbringungssystem (Rakete, Transportfahrzeug, Attentäter) und
4. dem Disperser zur dosierten Ausbringung des Kampfstoffs.

Um einen erfolgreichen Einsatz zu gewährleisten, müssen diese vier Komponenten aufeinander abgestimmt sein. Während militärische Waffensysteme hochentwickelt sind, ist bei einer terroristischen Nutzung von improvisierten Lösungen unter Nutzung marktverfügbarer Geräte auszugehen, die aber dennoch eine erfolgreiche Ausbringung ermöglichen können.

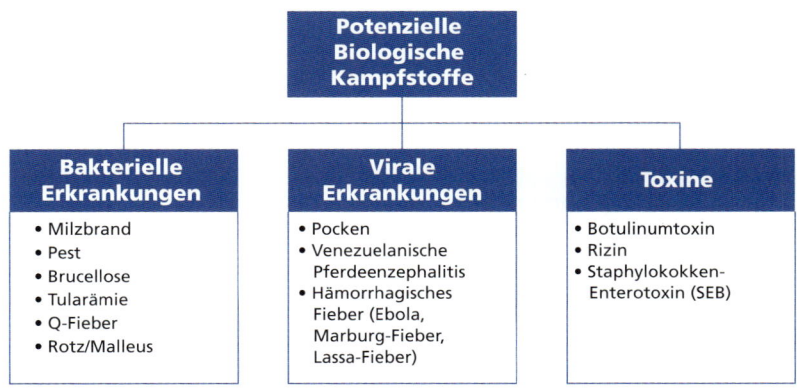

Bild 9: *Übersicht über mögliche biologische Kampfstoffe*

3.5 Schutz vor biologischen Gefahren

Biologische Gefahrstoffe weisen einen entscheidenden Unterschied zu radiologischen und chemischen Gefahren auf: Während letztere durch Umwelteinflüsse vermindert werden, können sich biologische Gefahrstoffe unter für sie günstigen Bedingungen vermehren. Aufgrund der Weitergabe über infizierte Menschen oder Tiere besteht die Gefahr ihre Verbreitung weit über den ursprünglichen Gefahrenbereich hinaus. Der Schutz vor biologischen Gefahrstoffen basiert deshalb darauf, die Infektionskette zu unterbrechen.

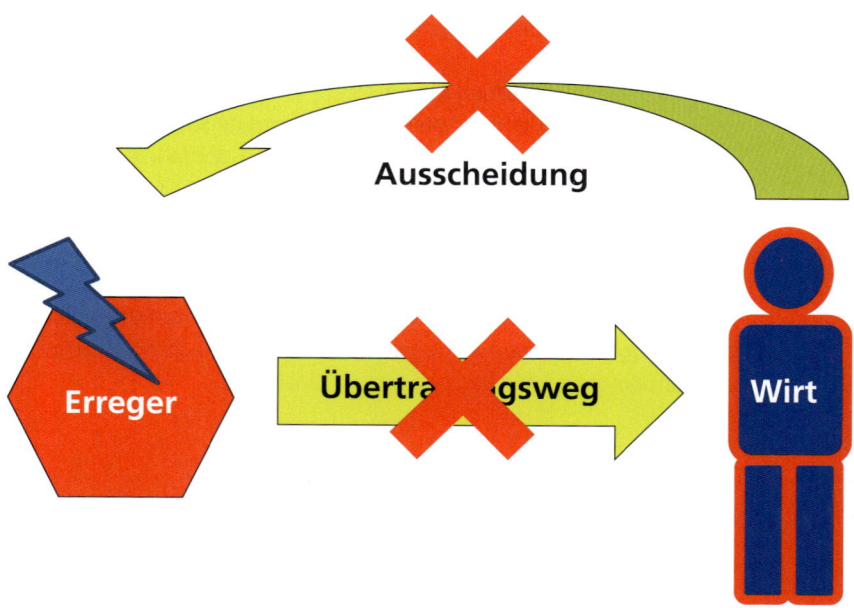

Bild 10: *Ansätze zur Unterbrechung der Infektionskette*

3.5.1 Bekämpfung des Erregers

Verringerung der aktiven Erregerkonzentration
Durch eine Desinfektion werden Krankheitserreger größtenteils abgetötet oder inaktiviert (die Inaktivierung bezeichnet den Verlust der Virulenz). Dabei wird die Kon-

zentration der virulenten Erreger soweit herabgesetzt, dass das Infektionsrisiko auf ein tolerierbares Niveau sinkt. Bei unempfindlichen Kleingeräten und Kleidung kann eine Sterilisation, z. B. mit unter Druck stehendem Heißdampf, durchgeführt werden. Kontaminierte Geräte sind nach der Sterilisation keimfrei (steril).

Beseitigung von Reservoiren
Darunter fällt die Bekämpfung von Wirbeltieren und Vektoren (Entwesung), die als Träger bzw. Überträger von Erregern fungieren. Soll ein längerfristiger Effekt erreicht werden, sind weitergehende Maßnahmen wie das Trockenlegen von Gewässern, die als Brutstätten dienen, sinnvoll.

3.5.2 Minimierung des Übertragungsrisikos

Absonderung von Erkrankten und Personen, die mit ihnen Kontakt hatten
Bei Infektionskrankheiten, die von Mensch zu Mensch übertragbar sind, kann die Weiterverbreitung durch Absonderung (Isolierung) der Erkrankten als auch von Kontaktpersonen, die möglicherweise infiziert sind, unterbunden werden. Bei Auftreten von Tierseuchen wird der betroffene Betrieb unter Quarantäne gestellt. Es können Zugangsbeschränkungen getroffen werden. Das Verlassen ist nur nach erfolgter Desinfektion zulässig. Unter Umständen muss der Tierbestand des Betriebs getötet werden.

Vermeidung von Menschenansammlungen
Neben der Absonderung können nach Ausbruch einer Infektionskrankheit weitere Schritte ergriffen werden, um eine Übertragung von Mensch zu Mensch zu minimieren. Dazu zählen das Verbot öffentlicher Veranstaltungen oder die Schließung von Schulen und Kindergärten. Behörden und Betriebe können durch Einschränkung des Publikumsverkehrs und Ausweichen auf Telearbeit eine Krankheitsausbreitung am Arbeitsplatz verhindern.

Hygienemaßnahmen
Bestehende Hygienepläne sind hinsichtlich der Bedrohungslage zu überprüfen und bei Bedarf anzupassen.

Verwendung von PSA
Bei Einsätzen mit B-Gefahrstoffen gilt grundsätzlich: Eine Kontamination der Körperoberfläche ist zu vermeiden, eine Inkorporation ist auszuschließen. Bei Einsätzen

mit B-Gefahrstoffen wird die PSA durch die FwDV 500 vorgegeben (siehe auch Kapitel 7).

> **Merke:**
> Ein für die Gefahrengruppe IC geeigneter Körperschutz ist auch für IB geeignet. Dies gilt sinngemäß für IIC/B und III C/B.

3.5.3 Stärkung der Abwehr des Wirtes

Schutz durch Impfung
Die Schutzimpfung stellt eine entscheidende Maßnahme zur Bekämpfung eines Krankheitsausbruchs dar. Voraussetzung ist, dass wirksame Impfstoffe zeitgerecht zur Verfügung stehen.

Postexpositionsprophylaxe
Diese hat zum Ziel, nach einer möglichen Infektion einen Krankheitsausbruch zu verhindern, oder zumindest eine Abmilderung des Krankheitsverlaufs zu erreichen. Hierbei finden unter anderem Antibiotika und Virustatika Anwendung. Nicht gegen alle Infektionskrankheiten stehen ausreichend wirksame Medikamente zur Verfügung.

3.5.4 Vorbereitende Schutzmaßnahmen der Gefahrenabwehr

Einrichtungen, die mit biologischen Gefahrstoffen arbeiten, werden anhand der FwDV 500 Gefahrengruppen zugeordnet, aus denen sich Maßnahmen wie die Erstellung von Einsatzplänen ergeben. Weitere Maßnahmen sind mit dem Betreiber abzustimmen. Die Einsatzkräfte sind mit der Einrichtung und den möglichen Gefahren vertraut zu machen. Bei Bedarf sind Maßnahmen der Versorgung, z. B. mit Desinfektionsmitteln, der Desinfektion und der Entsorgung vorzubereiten.

Durch die Aufstellung eines Pandemieplans wird sichergestellt, dass auch bei überdurchschnittlichen krankheitsbedingten Personalausfällen alle Schlüsselpositionen besetzt sind.

Bei der Gefahr einer Infektionskrankheit sind Schutzimpfungen vorzunehmen. Die Ständige Impfkommission (STIKO) gibt dazu Empfehlungen heraus, denen notwen-

3.5 Schutz vor biologischen Gefahren

dige Ergänzungen des Impfschutzes entnommen werden können. Der Hygieneplan ist zu überprüfen und anzupassen. Dabei sind neben den individuellen Vorgaben und der Hygiene im Bereich der Verpflegung und der Sanitäreinrichtungen auch organisatorische Vorkehrungen zu prüfen. Unter Umständen muss besonders infektionsgefährdetes Personal (z. B. im Rettungsdienst eingesetzten Kräfte), getrennt von anderen Funktionen untergebracht werden. Tätigkeiten, z. B. in der Küche, sind umzubesetzen. Im Einsatz ist eine Kontaminationsverschleppung durch lückenlose Desinfektionsmaßnahmen zu verhindern.

Bei Einsätzen in Tierseuchen-Betrieben sollten keine Helferinnen und Helfer, die selbst in der Tierhaltung tätig sind, in Bereichen der Einsatzstelle, in denen die Gefahr eines Kontakts mit Tierseuchenerregern besteht, eingesetzt werden. Werden bei Großschadenslagen zahlreiche Hilfskräfte in Zelten oder Unterkünften ohne ausreichende Infrastruktur untergebracht, müssen dem Personalumfang angepasste Möglichkeiten für die Körperpflege geschaffen werden. Einsatzkräfte, die im Einsatz mit B-Gefahrstoffen in Kontakt kamen, sind, abhängig von der Gefährdung, ärztlich zu überwachen und ggfs. einer Postexpositionsprophylaxe zu unterziehen.

4 Chemische Gefahrstoffe

Chemische Gefahrstoffe stellen die größte Gruppe der bei CBRN-Ereignissen beteiligten Substanzen. Die European Chemical Agency (ECHA), die alle Chemikalien registriert, welche im europäischen Raum in den Handelsverkehr gebracht werden, hat derzeit mehr als 45.000 Substanzen und Zubereitungen gelistet. Darunter fallen in großen Mengen produzierte Grundstoffe und Industrieprodukte (z. B. Chlor, Ethylen, Natronlauge oder Schwefelsäure), aber auch in kleineren Mengen hergestellte Substanzen wie pharmazeutische Präparate.

4.1 Gefahreneigenschaften chemischer Stoffe

Viele dieser Stoffe weisen Eigenschaften auf, von denen im Fall einer Freisetzung Gefahren für Mensch, Tier, Umwelt und Sachwerte ausgehen können. Dabei wird zwischen Gefahrstoffen und Gefahrgütern unterschieden. Als Gefahrstoffe werden Substanzen bezeichnet, die bei Umgang und Lagerung gefährliche Eigenschaften aufweisen. Die Rechtsgrundlage dazu ist das Globally Harmonized System of Classification, Labeling and Packing of Chemicals (GHS) bzw. im europäischen Raum die CLP-Verordnung (EG 1272/2008). Gefahrgüter sind Stoffe, von denen beim Transport (Straße, Schiene, Binnenwasserstraßen) Gefahren für Mensch, Tier, Umwelt und Sachgüter ausgehen können. Der Umgang mit diesen Gefahrgütern ist auf europäischer Ebene im Übereinkommen über die internationale Beförderung gefährlicher Güter auf der Straße (ADR) und in dessen nationaler Umsetzung, der Gefahrgutverordnung Straße, Eisenbahn, Binnenwasserstraßen (GGVSEB) geregelt.

Einteilung der Gefahreneigenschaften nach dem Transportrecht
Gefährliche Güter werden entsprechend ihren Gefahreneigenschaften in neun Klassen für gefährliche Güter, umgangssprachlich als Gefahrgutklassen bezeichnet, eingeteilt. Einige Gefahrgutklassen sind in Unterklassen untergliedert.

4.1 Gefahreneigenschaften chemischer Stoffe

Tabelle 16: *Gefahrgutklassen nach der Gefahrgutverordnung Straße, Eisenbahn, Binnenwasserstraßen (GGVSEB)*

Gefahrgut		Gefahrgutbezeichnung
Klasse	Unterklasse	
1		Explosive Stoffe und Gegenstände mit Explosivstoffen
	1.1	Stoffe und Gegenstände, die massenexplosionsfähig sind
	1.2	Stoffe und Gegenstände, die die Gefahr der Bildung von Splittern, Spreng- und Wurfstücken aufweisen, aber nicht massenexplosionsfähig sind
	1.3	Stoffe und Gegenstände, die eine Feuergefahr besitzen und die entweder eine geringe Gefahr durch Luftdruck oder eine geringe Gefahr durch Splitter-, Spreng- und Wurfstücke oder durch beides aufweisen, aber nicht massenexplosionsfähig sind
	1.4	Stoffe und Gegenstände, mit geringer Explosionsgefahr
	1.5	Sehr unempfindliche massenexplosionsfähige Stoffe
	1.6	Extrem unempfindliche nicht massenexplosionsfähige Stoffe
2		Gase
3		Entzündbare flüssige Stoffe
4		
	4.1	Entzündbare feste Stoffe, selbstzersetzliche Stoffe polymerisierende Stoffe und desensibilisierte explosive feste Stoffe
	4.2	Selbstentzündliche Stoffe
	4.3	Stoffe, die in Berührung mit Wasser entzündbare Gase bilden
5		
	5.1	Entzündend (oxidierend) wirkende Stoffe
	5.2	Organische Peroxide
6		
	6.1	Giftige Stoffe
	6.2	ansteckungsgefährliche Stoffe
7		Radioaktive Stoffe

4 Chemische Gefahrstoffe

Tabelle 16: *Gefahrgutklassen nach der Gefahrgutverordnung Straße, Eisenbahn, Binnenwasserstraßen (GGVSEB) – Fortsetzung*

Gefahrgut		Gefahrgutbezeichnung
Klasse	Unterklasse	
8		Ätzende Stoffe
9		Verschiedene gefährliche Stoffe und Gegenstände

Die in der FwDv 500 beschriebenen Maßnahmengruppen leiten sich von den Gefahrgutklassen ab.

4.2 Einsatzrelevante Eigenschaften von Gefahrstoffen

4.2.1 Physikalische Eigenschaften

Physikalische Eigenschaften eines Stoffes, die Auswirkungen auf sein Umweltverhalten haben, sind:

Aggregatzustand:
Der Aggregatzustand hat wesentlichen Einfluss auf das Verhalten eines Stoffes nach seiner Freisetzung. Feste Stoffe breiten sich nur ohne Umwelteinflüsse nicht aus, sondern verbleiben an der Freisetzungsstelle. Bei Flüssigkeiten folgt die Ausbreitung hin zum tiefsten Punkt. Sie lassen sich auffangen oder eindämmen. Gasförmige Stoffe breiten sich abhängig von ihrem spezifischen Gewicht dreidimensional aus. Nach der Freisetzung kann ihre Ausbreitung nur in Ausnahmefällen beeinflusst werden.

Schmelz- und Siedepunkt:
Schmelz- und Siedepunkt bestimmen in Verbindung mit den herrschenden meteorologischen Bedingungen den Aggregatzustand eines freigesetzten Stoffs. Dabei ist zu beachten, dass Stoffe, die erwärmt oder tiefkalt transportiert/gelagert werden, ihren Aggregatzustand nach einer Freisetzung ändern. Bei niedrigsiedenden Substanzen (Siedepunkt $\leq$ 65 °C) ist die Verdunstungsrate wesentlich höher als bei hochsiedenden Substanzen. Abhängig von den Umweltbedingungen können sie sehr schnell hohe Konzentrationen in der Umgebungsatmosphäre bilden.

4.2 Einsatzrelevante Eigenschaften von Gefahrstoffen

Gas oder Dampf?
Stoffe, die bei Normalbedingungen (Temperatur 20 °C, Druck 1013 hPa) als Flüssigkeit vorliegen, werden nach Übergang in den gasförmigen Zustand als Dampf bezeichnet.

Dampfdruck:
Der Dampfdruck bestimmt die Geschwindigkeit des Übergangs vom flüssigen in den gasförmigen Aggregatzustand. Je höher der Dampfdruck, desto schneller vollzieht sich dieser Übergang. Die Flüchtigkeit ist als Verhältnis des Dampfdrucks des Stoffs zum Dampfdruck des Diethylether (Siedepunkt 35 °C) definiert. Da diese Größen schwerer erfassbar sind, wird häufig die Verdunstungszahl (Zeit, in der ein Stoff komplett verdunstet in Relation zu der Zeitdauer, die Diethylether zum Verdunsten benötigt) angegeben. Je größer die Verdunstungszahl, desto langsamer die Verdunstung, also eine geringe Flüchtigkeit. Eine kleine Verdunstungszahl bedeutet schnelleres Verdunsten, also eine relativ hohe Flüchtigkeit.

Merke:
Je tiefer der Siedepunkt einer Substanz, desto höher ist der Dampfdruck und ihre Flüchtigkeit.

Tabelle 17: Dampfdruck und Verdunstungszahlen von organischen Flüssigkeiten

Stoff	Siedepunkt	Dampfdruck (bei 20°C)	Verdunstungszahl
Diethylether	35 °C	586 hPa	1
Isopropanol	82 °C	43 hPa	11
Butyldiglycol	230 °C	0,003 hPa	3.750

Dichte:
Die relative Gasdichte bzw. Dampfdichte gibt Auskunft darüber, wie sich Gase im Vergleich zur Luft verhalten. Ist die molare Masse einer Substanz größer als 29 (berechnete molare Masse der Luft), weist sie in Bodennähe die höchste Konzentration auf und sammelt sich in tieferen Bereichen (Senken, Kanalisation). Gase mit molaren Massen kleiner 29 steigen nach oben und sind in Deckennähe mit höherer Konzentration zu finden. Flüssigkeiten mit einer Dichte < 1 g/ml (Dichte von Wasser), die sich nicht in Wasser mischen, schwimmen auf Gewässern auf und können an der Oberfläche abgeschöpft oder mithilfe von Adsoptionsmaterialien gebunden werden.

Elektrische Leitfähigkeit:

Je schlechter die elektrische Leitfähigkeit ist, desto höher ist die Gefahr einer elektrostatischen Aufladung. So weisen Kohlenwasserstoffe eine geringe Leitfähigkeit auf und können sich beim Umpumpen elektrisch aufladen. Durch nachfolgende Funkenentladung ist eine Entzündung möglich. Bei Umfüllarbeiten ist deshalb immer eine Erdung vorzunehmen.

> **Merke:**
> Wässrige Lösungen (z. B. verdünnte Säuren und Basen, Salzlösungen, Alkohol-Lösungen) sind elektrische Leiter.

Löslichkeit:

Hydrophile Substanzen (Kochsalz) lösen sich in Wasser. Sie können dadurch mit Wasser verdünnt oder abgewaschen werden. Sehr gut wasserlösliche Gase wie Ammoniak können durch Wasserschleier aus der Atmosphäre ausgewaschen werden, wodurch die Konzentration einer Gaswolke reduziert wird.

Lipophile Stoffe (Kraftstoffe, Fette) sind schlecht wasserlöslich, können aber mit organischen Lösungsmitteln (z. B. Bremsenreiniger, einem Gemisch von zumeist kurzkettigen Kohlewasserstoffen) gelöst werden.

Konzentration:

Die Konzentration gibt das Mengenverhältnis eines Stoffes mit einem Lösungsmittel oder in einem Gas (z. B. der Luft) an.

> **Konzentrationsabgabe**
> Zahlreiche Stoffe liegen nicht als Reinstoff, sondern als Gemisch vor. Die Zusammensetzung eines Gemisches wird durch Konzentrationsangaben wiedergegeben. Übliche Konzentrationsangaben sind Prozent (%), Promille (‰), parts per million (ppm), parts per billion (ppb) oder g/l, mg/l, µg/l.

Volumenkonzentration:

Der Volumengehalt (Konzentration) eines Stoffes, der in einem bestimmten Volumen eines Gemisches mit anderen Stoffen des gleichen Aggregatzustands vorliegt.

- **Volumenprozent:** 21 Vol% Sauerstoff in der Luft bedeutet, dass in einem Kubikmeter Luft 210 Liter Sauerstoff enthalten sind. Die Untere Explosionsgrenze (UEG) wird beispielsweise in Vol% angegeben.

4.2 Einsatzrelevante Eigenschaften von Gefahrstoffen

- **Parts per Million (ppm):** 1 ppm bedeutet, dass sich ein Milliliter eines Stoffes in einem Kubikmeter Flüssigkeit bzw. Gas befindet. Schadstoffgrenzwerte werden häufig in ppm angegeben.

Massenkonzentration:
Werden Stoffe unterschiedlicher Aggregatzustände gemischt, wird die Konzentration eines Stoffes in Gewichtsprozenten angegeben. 1.000 Gramm einer isotonischen Kochsalzlösung (0,9 %ige Natriumchloridlösung) enthält neun Gramm Natriumchlorid. Die Lösung besteht damit aus neun Gramm Salz und 991 Gramm Wasser).
- **Gramm/Kubikmeter:** Grenzwerte von Luftschadstoffen werden, neben ppm, auch in mg/m³ angegeben.

Eine Form der Massenkonzentration ist die Stoffmengenkonzentration Mol/Liter: Das Mol ist eine Mengenangabe in der Chemie. Beispiel: eine Salzsäure, 1 mol/l (veraltet: 1-molare Salzsäure) beinhaltet 36,5 Gramm Chlorwasserstoff je Liter (ohne nähere Angaben ist Wasser das Lösungsmittel).

Merke:
Je höher die Konzentration eines Gefahrstoffs in einem Umweltmedium, desto höher ist die davon ausgehende Gefahr.

Tabelle 18: *Beispiel für die unterschiedliche Einstufung der Gefährlichkeit einer Lösung in Abhängigkeit von ihrer Konzentration*

Salzsäure-Konzentration	Einstufung nach GHS/CLP
37 %	ätzend, korrosiv, gefährlich
5 %	korrosiv
0,4 %	Keine gefährliche Eigenschaft

4.2.2 Chemische Eigenschaften

Beispiele für chemische Stoffeigenschaften sind:

Reaktivität:
Die Reaktivität eines Stoffes ist keine feste Größe sondern abhängig von einem reduzierenden bzw. oxidierenden Reaktionspartner. Vereinfacht gilt: je geringer die Aktivierungsenergie und je höher die bei einer Reaktion freigesetzte Energie, desto heftiger läuft eine chemische Reaktion ab. Sehr reaktive Chemikalien weisen im Allgemeinen ein größeres Gefahrenpotenzial auf als reaktionsträge, inerte Substanzen. Bekannt sind beispielsweise die heftige Reaktion von Natriummetall mit Wasser unter Bildung von Wasserstoffgas und die Oxidation von organischen Stoffen durch konzentrierte Salpetersäure, die bis zur Entzündung führen kann. Bei Gefahrstoffeinsätzen ist zu prüfen, ob die vorgesehenen Schutzbekleidung und Geräte gegen die vorliegenden Gefahrstoffe ausreichend beständig sind. Ist diese nicht gegeben, kann die Reaktion mit einem Gefahrstoff zu Schäden an der Schutzbekleidung bis hin zum Verlust der Schutzfunktion führen.

Bild 11: *Reaktion von 20 g Natriummetall mit Wasser*

4.2 Einsatzrelevante Eigenschaften von Gefahrstoffen

Lösungsmittelbeständigkeit:
Organische Lösungsmittel können Polymere (Lacke, Schutzbekleidung, Kunststoffgeräte) auflösen oder durchdringen (Permeation). Wird die Schutzbekleidung von Lösungsmitteln permeiert, kann daraus eine Gefährdung der CSA-Träger resultieren. Die Kenntnis der Beständigkeit von CSA ist deshalb im CBRN-Einsatz von wesentlicher Bedeutung.

Flammpunkt:
Für die Beurteilung der Gefährdung durch Entzündung einer Flüssigkeit wird der Flammpunkt herangezogen. Dieser beschreibt die Temperatur, bei der sich erstmals genug Dämpfe über der Flüssigkeitsoberfläche gebildet haben, dass es zu einer Entzündung kommen kann.
Je tiefer der Flammpunkt einer Substanz ist, desto größer ist die Gefahr einer Entzündung. Kraftfahrzeug-Benzin hat einen Flammpunkt von -20 °C, während der Flammpunkt von Dieselkraftstoff größer 55 °C ist. Bei einer Außentemperatur von 20 °C kann Benzin daher leicht z. B. durch einen Funken entzündet werden, während dies bei Diesel-Kraftsoff nicht gelingt.

Untere Explosionsgrenze (UEG):
Die UEG gibt die niedrigste Konzentration eines Gases bzw. der Dämpfe einer brennbaren Flüssigkeit in einem Gemisch mit Luft an (in Vol%), bei der nach Zündung eine Explosion erfolgen kann. Die UEG ist eine wesentliche Sicherheitstechnische Kennzahl bei der Bewertung einer Explosionsgefahr.

Dagegen ist die Obere Explosionsgrenze (die höchste Konzentration der Dämpfe eines brennbaren Stoffes in einem Gemisch mit Luft, bei der noch eine Explosion erfolgen kann) in der Gefahrenabwehr von untergeordneter Bedeutung.

Säure-Base-Verhalten, pH-Wert:
Der pH-Wert gibt die Protonenkonzentration in einer wässrigen Lösung an. Substanzen mit einem pH-Wert von 0 bis 6 sind Säuren, je niedriger der Wert, desto höher die Protonenkonzentration. pH-Werte von 8 bis 14 kennzeichnen Basen, je höher der Wert, desto niedriger die Protonenkonzentration. Der pH-Wert 7 ist neutral, also weder eine Säure noch Lauge und wird idealerweise durch reines Wasser repräsentiert. Je weiter der pH-Wert einer Lösung vom Neutralpunkt abweicht, desto aggressiver ist sie.

4 Chemische Gefahrstoffe

4.2.3 Umweltschädigende Eigenschaften

Wassergefährdungsklasse:
Verschiedene Substanzen sind entsprechend ihrer aquatischen Ökotoxizität in Wassergefährdungsklassen (WGK) eingeteilt. Bei Kenntnis eines freigesetzten Stoffes und der freigesetzten Menge kann mithilfe der WGK die Auswirkungen auf die aquatische Umwelt abgeschätzt werden Die Eingruppierung findet auf der Basis einer Gewichtung der Parameter Umwelttoxizität, biologische Abbaubarkeit und Mobilität in der Umwelt statt.

Tabelle 19: *Wassergefährdungsklassen*

WGK	Bezeichnung	Beispiel
1	schwach wassergefährdend	Essigsäure
2	deutlich wassergefährdend	Heizöl
3	stark wassergefährdend	Formaldehyd

4.2.4 Toxische Eigenschaften – Wechselwirkung mit dem Organismus

Körperfremde Stoffe können bei Kontakt in den Körper aufgenommen werden und mit diesem wechselwirken. Infolge dieser Wechselwirkungen können erwünschte Effekte (Nahrungsmittel, Medikamente), aber auch unerwünschte, schädliche (toxische) Wirkungen auftreten.

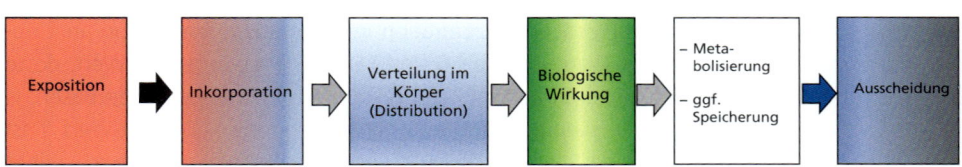

Bild 12: *Schema der Wechselwirkung von Fremdstoffen in lebenden Systemen*

4.2 Einsatzrelevante Eigenschaften von Gefahrstoffen

4.2.4.1 Inkorporation

Chemische Stoffe können, abhängig von den stofflichen Eigenschaften, auf unterschiedlichen Wegen aufgenommen werden. Aufnahmewege von praktischer Bedeutung sind die Lunge, der Magen-Darm-Trakt und die Haut.

Tabelle 20: *Mögliche Aufnahmewege (Expositionswege)*

Aufnahmeweg	Organ	Resorptionsoberfläche
Oral (ingestiv)	Magen, Darm	100 bis 200 m^2
Inhalativ	Lunge	100 bis 140 m^2
Perkutan	Haut	1,5 bis 2 m^2

Inhalativer Aufnahmeweg:
Im Einsatz stellt die inhalative Aufnahme von Gefahrstoffen die größte Inkorporationsgefahr dar. Für Einsatzkräfte ist daher die Vermeidung einer inhalativen Exposition durch den Schutz der Atemwege von wesentlicher Bedeutung.

Voraussetzung für eine inhalative Aufnahme ist, dass die aufzunehmenden Substanzen in einer (ein)atembaren Form vorliegen d. h. entweder als
- Gas,
- Staub (feinverteilte Feststoffteilchen in Luft) oder
- Nebel (feinverteilte Flüssigkeitstöpfchen in Luft).

Für Gifte, die nach der inhalativen Aufnahme direkt auf den Atemtrakt wirken, ist deren Wirkort abhängig von ihrer Wasserlöslichkeit.

Tabelle 21: *Wirkungsort von Atemgiften in Abhängig von ihrer Wasserlöslichkeit*

Wasserlöslichkeit	Wirkung	Beispiel
gut	Reiz- und Ätzwirkung auf obere Atmungsorgane »Kratzen im Hals«	Salzsäure, Ammoniak
mäßig	Reiz- und Ätzwirkung bis in den Bereich der Bronchien	Chlor, Schwefeldioxid
schlecht	Vordringen bis in die Lungenbläschen, Gefahr des toxischen Lungenödems	Nitrose Gase, Phosgen

4 Chemische Gefahrstoffe

Perkutane (dermale) Aufnahme:
Die Haut grenzt das innere Milieu des Körpers gegenüber dem äußeren Milieu der Umwelt ab. Bei intakter Haut ist unter Einsatzbedingungen keine akute Aufnahme radiologischer, biologischer und vieler chemischer Gefahrstoffe durch transdermale Resorption zu erwarten. Allerdings können Schleppersubstanzen, z. B. Aceton das Risiko einer Einschleusung von chemischen Schadstoffen erhöhen. Im Falle einer Kontamination mit hautschädigenden Stoffen (Säuren, Laugen, starke Reduktions- und Oxidationsmittel) und leicht hautresorbierbaren Substanzen muss jedoch schnellstmöglich eine Dekontamination eingeleitet werden, da die Haut durch sie angegriffen wird.

Inkorporation durch die verletzte Haut:
Durch Hautverletzungen können auch Stoffe inkorporiert werden, welche die intakte Haut nicht durchdringen können. Dadurch ist es möglich, dass nicht resorbierte Substanzen aus Hautkontaminationen etwa bei einer Injektion in das Körperinnere gelangen. Hautstellen sind deshalb vor dem Herstellen von Zugängen zu dekontaminieren (Spot-Dekontamination).

Orale Aufnahme:
Der orale Expositionsweg hat unter Einsatzbedingungen keine Bedeutung, da im Gefahrenbereich üblicherweise weder Nahrung noch Getränke eingenommen werden. Infolge mangelnder Einsatzstellenhygiene und durch verschmutzte Einsatzkleidung kann es jedoch auch abseits des Gefahrenbereichs zu einer Inkorporation kommen.

4.2.4.2 Verteilung und Verstoffwechselung von Schadstoffen im Körper

Inkorporierte Stoffe werden über Blut und Lymphe bis hin zu den Zellen verteilt. Während in gut durchbluteten Organen wie beispielsweise Leber, Nieren und Gehirn ein schneller Konzentrationsanstieg des resorbierten Xenobiotikums zu beobachten ist, erfolgt dieser in schlecht durchblutetem Gewebe oft zeitverzögert.

4.2.4.3 Biologische Wirkung

Durch die resorbierten Fremdstoffe werden in den Körperzellen verschiedene biologische Wirkungen verursacht. Hierzu zählen:

- Hemmungen der Wirkungen von Hormonen und Enzymen: Die Blockade von Hormonen und Enzymen führt zur Störung der Regulationsfunktionen, wodurch charakteristische Vergiftungserscheinungen auftreten können, z. B. stört Nicotin die Erregungsübertragung von Zellen des Zentralnervensystems zu peripheren Nervenzellen.
- Hemmung der zellulären Atmungskette: Der aufgenommene Sauerstoff kann durch die Körperzellen nicht verarbeitet werden, es kommt zu einer »inneren Erstickung«. Ein typisches Zellgift ist der Cyanwasserstoff (HCN).
- Blockade des Sauerstofftransports: Sauerstoff kann durch die roten Blutkörperchen nicht mehr zu den Zellen transportiert werden, da die Bindungsstelle am Hämoglobin blockiert ist. Auf zellulärer Ebene führt dies ebenfalls zu einer »inneren Erstickung«. Ein typisches Blutgift ist Kohlenmonoxid.
- Wechselwirkung mit der DNA/RNA. Das kann zu Störungen der Biosynthese spezifischer Proteine führen, bis hin zum vollständigen zellulären Funktionsverlust oder zu einer Fehlregulation, mit dem Ergebnis, dass die Zelle entartet. Beispielsweise führen die Hautkampfstoffe der Lost-Gruppe zu Strukturveränderung der DNA.
- Direkte chemische Zerstörung von Zellen und Geweben durch unmittelbaren Kontakt mit reaktiven Substanzen. Säuren führen bei Kontakt mit Proteinen zu deren Gerinnung (Koagulation), was unmittelbar den Zelltod verursacht. Laugen bewirken eine Zellverflüssigung, die betroffenen Zellen lösen sich auf.

4.2.4.4 Metabolisierung und Ausscheidung

Um Fremdstoffe ausscheiden zu können, wandelt der Körper sie in wasserlösliche Metaboliten um. Allerdings kann dabei auch eine so genannte Giftungsreaktion auftreten. Ein Beispiel dafür ist die Verstoffwechselung von Methanol, das zu der toxischen Ameisensäure umgewandelt wird.

Die Ausscheidung erfolgt nach der Metabolisierung hauptsächlich über die Nieren und die Leber. Weitere Ausscheidungswege wie z. B. die Lunge sind von untergeordneter Bedeutung, können allerdings zur analytischen Bestimmung des Xenobioticums genutzt werden (z. B. den Nachweis von Ethanol in der Ausatmungsluft).

4.2.4.5 Latenzzeit

Als Latenzzeit wird die Zeitdauer bezeichnet, die zwischen der Aufnahme einer toxischen Substanz und dem Auftreten erster Symptome liegt. Die Latenzzeit kann wenige Sekunden bis zu einigen Jahrzehnten betragen. Dabei können größere individuelle Unterschiede auftreten.

Tabelle 22: *Latenzzeiten verschiedener Giftstoffe*

Substanz	Wirkung	Latenzzeit/Wirkungseintritt	
Cyanwasserstoff (Blausäure)	Mortalität	wenige Sekunden	akut
Phosgen	Auftreten erster Vergiftungssymptome	8 bis 24 Stunden	akut
Asbest	Auftreten von Karzinomen	30 bis 40 Jahre	chronisch

4.3 Beurteilungswerte zur Abschätzung gesundheitlicher Gefahren

Beurteilungswerte dienen dazu, die mithilfe physikalischer, chemischer oder biologischer Messmethoden erhaltenen Messergebnisse in Bezug auf eine mögliche Schadwirkung zu bewerten. Prinzipiell sind bei Beurteilungswerten zu unterscheiden zwischen:

- **Vorsorgewerte** sollen vorsorglich die Belastung des Schutzgutes vermeiden bzw. vermindern bspw. Grenzwerte für Pflanzenschutzmittel in Lebensmitteln. Sie sind meist niedriger als vergleichbare toxikologisch begründete Beurteilungswerte.
- **Referenzwerte** legen die numerische Höhe von Hintergrundbelastungen fest (ubiquitäres Vorkommen – allgemeine Hintergrundbelastung), sei es die Konzentration einer chemischen Substanz (z. B. allgemeine Hintergrundkonzentration [geogenes Vorkommen] des Schwermetall Blei) oder

4.3 Beurteilungswerte zur Abschätzung gesundheitlicher Gefahren

eine physikalische Größe (allgemeine Strahlenbelastung durch das natürlich vorkommende radioaktive Isotop Kalium-40). Eine Aussage über eine konkrete gesundheitliche Gefährdung ist aus diesen Referenzdaten in der Regel nicht ableitbar, es kann lediglich eine Aussage, ob eine erhöhte oder verminderte Konzentration im Vergleich zu dem Referenzwert vorhanden ist, abgeleitet werden.

Toxikologisch begründete Beurteilungswerte sind Beurteilungswerte, die auf der Basis von toxikologisch gesicherten experimentellen Daten abgeleitet werden. Diese haben einen definierten, toxikologischen Endpunkt, enthalten Sicherheitsfaktoren und haben definierte Expositionszeiten. Toxikologische begründete Beurteilungswerte werden für bestimme Zielgruppen erstellt, z. B. Arbeitsplatzgrenzwerte (AGW) – Beschäftige eines Betriebes.

Wichtige toxikologische begründete Beurteilungswerte sind:

- **LD_{50}**: Als die mittlere letale Dosis bzw. Konzentration wird die einmalige Dosis bezeichnet, bei der experimentell 50 Prozent der Versuchstiere sterben. Die Tierart und die Art der Exposition (oral, dermal etc.) sind anzugeben. Üblicherweise wird die LD_{50} in mg/kg Körpergewicht angeben und dient zur Abschätzung der Giftigkeit einer Substanz.
- **LCT_{50}**: Bei chemischen Kampfstoffen erfolgt die Angabe der Toxizität meist als Konzentration/Zeit-Produkt, bei der die Kampfstoffkonzentration auf einen Kubikmeter Luft bei einer einminütigen Expositionszeit bezogen wird. Die Einheit ist mg / min x m^3. Die Angabe LCT_{50} ist somit die Konzentration eines gasförmigen Kampfstoffs, die bei einer Expositionszeit von einer Minute 50 Prozent der Betroffenen tötet.

Arbeitsplatzgrenzwert (AGW)

AGW sind toxikologisch begründete, gesetzlich verbindliche Grenzwerte der arbeitstäglichen durchschnittlichen Konzentration eines Stoffes in der Luft des Arbeitsplatzes, bei der eine akute oder chronische Schädigung der Gesundheit der Beschäftigten nicht zu erwarten ist. Bei der Festlegung wird von einer achtstündigen Exposition an fünf Tagen in der Woche während der Lebensarbeitszeit ausgegangen. Der Arbeitsplatzgrenzwert wird in mg/m^3 und ml/m^3 (ppm) angegeben.

Störfallbeurteilungswerte

Störfallbeurteilungswerte dienen der Abschätzung einer schädigenden Exposition der Allgemeinbevölkerung bzw. der Einsatzkräfte bei einer Freisetzung luftgetragener

Schadstoffe. In der Bundesrepublik werden der Einsatztoleranzwert ETW sowie die Acute Exposure Guideline Level (AEGL)-Werte als Beurteilungswerte genutzt. Daneben finden die Emergency Response Planning Guidelines (ERPG)-Werte Verwendung, die dem AEGL-Wert für eine Stunde Expositionszeit entsprechen. Falls keine ETW- oder AEGL-Werte vorhanden sind, kann zur Orientierung über die Gefährlichkeit der freigesetzten Substanz der Arbeitsplatzgrenzwerte (AGW) herangezogen werden.

Einsatztoleranzwert (ETW)
ETW gelten für zeitlich begrenzte Tätigkeiten von Einsatzkräften an Einsatzstellen mit einer Ausbreitung von Schadstoffen wie sie beispielsweise nach Gefahrunfällen, aber auch im Brandrauch vorkommen können. Für unterschiedliche Einsatzzeiten (eine Stunde: ETW-1, vier Stunden: ETW-4) sind Luftkonzentrationen festgelegt, unterhalb derer Einsatzkräfte ohne PSA tätig sein können. Erst wenn diese Luftkonzentrationen überschritten werden, sind zusätzliche Maßnahmen zum Schutz der Einsatzkräfte notwendig. Derzeit existieren für 44 Einzelstoffe ETW, die in der vfdb-Richtlinie 10/01 zusammengefasst werden und mit der Feuerwehrmesstechnik messbar sind.

Acute Exposure Guideline Level (AEGL)
AEGL-Werte werden unter Federführung der US-Umweltbehörde EPA erarbeitet. Auf der Homepage des Umweltbundesamtes (UBA) findet sich eine deutschsprachige Übersetzung.

Es werden drei unterschiedliche Gefährdungsniveaus für insgesamt fünf Expositionszeiten (zehn Minuten, 30 Minuten, eine Stunde, vier Stunden, acht Stunden) betrachtet.

1. Der **AEGL-1-Wert** ist die Maximal-Konzentration einer Substanz in Luft, mit der ungeschützte Personen für die angegebene Zeit exponiert sein können, ohne dass andere als leichte Geruchs-, Geschmacks- oder andere sensorische Irritationen auftreten.
2. Der **AEGL-2-Wert** ist die Maximal-Konzentration einer Substanz in Luft, mit der ungeschützte Personen für die angegebene Zeit exponiert sein können, ohne dass irreversible oder andere ernste Gesundheitsbeeinträchtigungen auftreten oder dass die Fähigkeit zur Flucht beeinträchtigt wird. Die AEGL Beurteilungswerte der Stufe 2 für eine bzw. vier Stunden sind den ETW gleichgesetzt.
3. Der **AEGL-3-Wert** ist die Maximal-Konzentration einer Substanz in Luft, mit der ungeschützte Personen für die angegebene Zeit exponiert sein können, ohne dass lebensbedrohende Effekte oder der Tod eintreten.

4.4 Chemische Gefahrstoffe und Güter

Industriechemikalien werden in großem Umfang produziert, transportiert, gelagert und verarbeitet. Die Masse der CBRN-Einsätze entfällt deshalb auf chemische Gefahrstoffe.

Tabelle 23: *Straßenverkehrsunfälle beim Transport gefährlicher Güter gemittelt über drei Jahre (Quelle: Bundesanstalt für Straßenwesen, Kurzzusammenstellung der Entwicklung in der Bundesrepublik Deutschland 2018)*

Gefahrgutklasse	Gefahreneigenschaften	Anzahl
1	Explosivstoffe und Gegenstände mit Explosivstoffen	11
2	Verdichtete, verflüssigte oder unter Druck gelagerte Gase	14
3	Entzündbare flüssige Stoffe	196
4	Entzündbare feste Stoffe, selbstentzündliche Stoffe oder Stoffe, die mit Wasser entzündliche Gase entwickeln	8
5	Entzündend (oxidierend) wirkende Stoffe und Organische Peroxide	1
6.1	Giftige Stoffe	17
6.2	Ansteckungsgefährliche Stoffe	0
7	Radioaktive Stoffe	4
8	Ätzende Stoffe	43
9	Verschiedene gefährliche Stoffe und Gegenstände	41
	Sammelladung bzw. ohne Angabe	88

4.4.1 Produktion und Lagerung von chemischen Stoffen

Industrielle Produktionsanlagen beinhalten in der Regel große Stoffmengen. Da Standort und Arbeitsstoffe bekannt sind, kann sich die Gefahrenabwehr auf mögliche Einsatzszenarien vorbereiten. Durch die vom Betreiber zu benennenden Fachkundigen ist die Beratung der Einsatzleitung sichergestellt. Aufgrund der betrieblichen Sicherheitsmaßnahmen war es in der Vergangenheit zumeist möglich, die Auswirkungen von Störfällen auf das Betriebsgelände zu beschränken. Anhand des Ge-

4 Chemische Gefahrstoffe

fahrstoffinventars werden in Feuerwehrplänen gemäß der FwDV 500 Betriebs- und Lagerstätten in Gefahrengruppen eingeteilt.

Tabelle 24: *Zuordnung der Gefahrengruppen nach FwDV 500 zum chemischen Inventar einer Einrichtung*

Gefahrengruppe	Gefahrstoffinventar
IC	Haushaltschemikalien bis 1.000 kg • Gefahrstoffe der Beförderungskategorien 3 / 4 oder der Verpackungsgruppe III nach ADR
IIC	Haushaltschemikalien über 1.000 kg • Gefahrstoffe der Beförderungskategorie 2 • Verpackungsgruppe II nach ADR • Gefahrstoffe in laborüblichen Mengen • Mischlagerung verschiedener Gefahrstoffe • Chlordosieranlagen in Schwimmbädern • Ammoniakkühlanlagen
IIIC	Beförderungskategorien 0 und 1 • Verpackungsgruppe I nach ADR • Gefahrstofflager mit sehr großem Inventar • Sprengstoffe • Betriebsbereiche, die der Störfallverordnung unterliegen • Bereiche, die im Einsatzfall die Anwesenheit einer fachkundigen Person erfordern

---

Beförderungskategorie und Verpackungsgruppe

Beförderungskategorie: Im ADR/RID/GGVSE werden gefährliche Güter den Beförderungskategorie 0, 1, 2, 3 oder 4 zugeordnet. Die Gefährlichkeit nimmt von Beförderungskategorie 0 nach Beförderungskategorie 4 ab. Durch die Beförderungskategorie wird die höchstzulässige Menge definiert, die im Rahmen der Handwerkerregelung (1000-Punkte Reglung) pro Beförderungseinheit transportiert werden darf.

Verpackungsgruppe: eine Gruppe, der gewisse Stoffe aufgrund ihres Gefahrengrades während der Beförderung für Verpackungszwecke zugeordnet sind. Die Verpackungsgruppen haben folgende Bedeutung:
- Verpackungsgruppe I: Stoffe mit hoher Gefahr
- Verpackungsgruppe II: Stoffe mit mittlerer Gefahr
- Verpackungsgruppe III: Stoffe mit geringer Gefahr

4.4 Chemische Gefahrstoffe und Güter

Beförderungs-kategorie	Beispiele		Verpackungs-gruppe
	UN-Nummer	Stoffbezeichnung	
0	1183	Ethyldichlorsilan	I
	3343	Nitroglycerin, Gemisch, flüssig, desensibilisiert max. 30 % Nitroglycerin	-
1	1565	Bariumcyanid	I
2	1203	Benzin (Ottokraftstoff)	II
3	1202	Dieselkraftstoff	III
	2564	Trichloressigsäure	II
4	1331	Zündhölzer (überall zündbar)	III

Biogasanlagen

In Deutschland werden im ländlichen Raum über 9000 Biogasanlagen betrieben. Nicht aufbereitetes Biogas besteht aus einem Gemisch, das neben den Hauptkomponenten Methan (CH_4) und Kohlenstoffdioxid (CO_2) meist auch die Atemgifte Schwefelwasserstoff (H_2S) und Ammoniak (NH_3) enthält. Bei Störfällen kann es zum Austritt des giftigen und explosionsgefährlichen Rohgasgemisches (häufig durch wetterbedingte Beschädigung der Anlagenhülle) und der wassergefährdenden Substrate bzw. Gärreste kommen.

4.4.2 Transport und Nutzung von chemischen Stoffen

Unfälle beim Transport und bei der Anwendung von Gefahrstoffen stellen die Einsatzkräfte vor die Herausforderung, dass die Art des Stoffs und der Ereignisort nicht vorhergesagt werden können. Im Gegensatz zur Produktion ist die Anwesenheit eines Fachkundigen nicht sichergestellt. Auch können keine baulichen Sicherheitseinrichtungen, wie sie in Gewerbebetrieben vorgeschrieben sind, genutzt werden. Aufgrund der Unvorhersehbarkeit muss jede Feuerwehr in der Lage sein, Erstmaßnahmen zu treffen, um die Zeit bis zum Eintreffen von Spezialkräften (je nach Bundesland als Gefahrgut- oder ABC-Züge bezeichnet) zu überbrücken. Zur Unterstützung der öffentlichen Feuerwehren wird von Unternehmen der chemischen Industrie das Transport-Unfall-Informations- und Hilfeleistungssystem (TUIS) betrieben. Dessen Möglichkeiten

4   Chemische Gefahrstoffe

reichen von der telefonischen Beratung, über eine Entsendung von Experten bis zur materiellen und personellen Hilfe durch Werkfeuerwehren der chemischen Industrie.

4.4.3   Gefahrgutkennzeichnung

Zum Erkennen der vorliegenden Stoffe und der von ihnen ausgehenden Gefahren sind die Einsatzkräfte auf die Kennzeichnung des Transportfahrzeugs bzw. der Gefahrstoffbehälter sowie auf die Begleitpapiere angewiesen. Kleingebinde enthalten auf ihrem Etikett den Stoffnamen, das GHS/CLP-Piktogramm und die H-Sätzen (vom Gefahrstoff ausgehende Risiken) und die P-Sätzen (Sicherheitshinweise). Gefahrstoffbehälter müssen mit UN-Nummer und Gefahrzettel gekennzeichnet sein.

Bild 13: *Kennzeichnung eines Kleingebindes mit GHS/CLP-Piktogrammen und einer Umverpackung mit Gefahrzetteln*

Bei Gefahrguttransporten erfolgt die Kennzeichnung nach der 1.000-Punkteregel gemäß ADR. Dabei werden die Stoffmenge und die Gefährlichkeit bewertet. Bis 1.000 Punkte kann der Transport innerhalb Deutschlands mit geringeren Auflagen erfolgen. Bei Sammeltransporten werden die Punktzahlen einzelner Gefahrstoffe aufsummiert.

4.4 Chemische Gefahrstoffe und Güter

Bis 1.000 Punkte:
- Kennzeichnung wie Gefahrstoffbehälter,
- Transportdokumente unter bestimmten Bedingungen nicht erforderlich.

Bei mehr als 1.000 Punkten muss der Gefahrguttransport unter erhöhten Auflagen erfolgen. Hierzu zählen unter anderem:
- Kennzeichnung des Fahrzeugs mit Warntafeln,
- schriftlichen Weisungen zum Verhalten bei Unfällen (»Unfallmerkblätter«),
- Transportdokumente.

Sammeltransporte führen an Fahrerhaus und Fahrzeugheck eine neutrale Warntafel. Warntafeln von einzelnen Gefahrstoffbehältern und Tankkammern enthalten die UN-Nummer (als vierziffrigen Zahlencode) sowie die Gefahrennummer des Gefahrstoffs. Mithilfe der UN-Nummer kann das Gefahrgut als Einzelstoff oder als Stoffgruppe in Datenbanken identifiziert werden. Die Gefahrennummer gibt Hinweise über mögliche Gefährdungen bei einer Freisetzung durch das Transportgut.

Bild 14: *Kennzeichnung eines Gefahrguttransports (hier Sauerstoff, tiefkalt, flüssig) mit Warntafel und Gefahrzetteln (Placard) 2 und 5.1*

4 Chemische Gefahrstoffe

Die bei Gefahrguttransporten mitgeführten schriftlichen Anweisungen richten sich ausschließlich an den Fahrer des Transportes und sind in dessen Sprache verfasst. Das Transportdokument enthält Angaben zur Gefahrgut-Klassifizierung, UN-Nummer, Gruppe des Gefahrzettels, technischer Name, Verpackungsgruppe, Menge oder Anzahl der Versandstücke sowie Name und Anschrift von Absender und Empfänger. Seit dem 1. Januar 2016 können Transportdokumente innerhalb Deutschlands auch in ausschließlich elektronischer Form (eCMR) mitgeführt werden. Fahrzeuge, die nur ein elektronisches Transportdokument mitführen sind gekennzeichnet[1]. Sicherheitsdatenblätter müssen von dem Hersteller eines Gefahrstoffs erstellt und dem Abnehmer zur Verfügung gestellt werden. Die Sicherheitsdatenblätter enthalten die Erreichbarkeit des Herstellers, die wesentlichen Stoffeigenschaften und Sicherheitshinweis. Der Anwender muss Kenntnis über den Inhalt haben.

4.5 Chemische Kampfstoffe und Reizstoffe

In den vergangenen Jahren wurden wiederholt Chemikalien für Terrorakte, in der Kriegsführung und zur Durchsetzung staatlicher Gewalt eingesetzt. Bekannte Beispiele sind die Anschläge der Aum-Sekte in Tokyo im Jahr 1995 mit zwölf Toten und zirka 1.000 Verletzten und der Gebrauch von Fentanyl-Derivaten durch russische Sicherheitskräfte bei der Erstürmung eines Theaters in Moskau im Jahr 2002 mit 125 Todesopfern.

4.5.1 Chemische Kampfstoffe

Chemische Kampfstoffe sollen schwere bis tödliche Vergiftungen hervorrufen. Herstellung, Besitz und Einsatz chemischer Kampfstoffe sind gemäß der 1997 in Kraft getretenen Chemiewaffenkonvention verboten. Die chemischen Kampfstoffe werden gemäß ihrer physiologischen (Haupt-)Wirkung in fünf Gruppen eingeteilt.

---

[1] Nach derzeitigem Rechtsstand sind nationale Beförderungen mit ausschließlich elektronischen Transportdokumenten mit einem Symbol (Telefonhörer auf orangene Grund, Telefonnummer, über die man Auskunft über die Ladung bekommen kann) zu kennzeichnen. Für international Transporte konnte den bei zuständigen Gremien (UNECE, OTIF) noch keine Einigung erreicht werden, welches Symbol verwendet werden soll.

4.5 Chemische Kampfstoffe und Reizstoffe

Tabelle 25: *Die Kampfstoff-Gruppen mit typischen Vertretern*

Gruppe	Vertreter	LCT_{50}
Nervenkampfstoffe	Sarin, VX, Nowitschok	100, 10 bis 36, nicht bekannt
Hautkampfstoffe	S-Lost (»Senfgas«)	1.500
Lungenkampfstoffe	Phosgen	3.200
Blutkampfstoffe	Blausäure	5.000
Psychokampfstoffe	BZ, LSD	keine LCT-Produkte

Neben ihrer Hauptwirkung können C-Kampfstoffe auch auf weitere Organe wirken. So schädigt der Hautkampfstoff S-Lost beim Einatmen unter anderem auch den Atemtrakt.

4.5.2 Einteilung der Kampfstoffe nach weiteren Eigenschaften

Flüchtige und sesshafte C-Kampfstoffe:
C-Kampfstoffe werden häufig auch anhand ihres Umweltverhaltens unterschieden:

- **Flüchtige Kampfstoffe** mit einem Siedepunkt unter 150 °C verdampfen nach der Freisetzung schnell. Sie werden hauptsächlich über die Atemwege aufgenommen. Die Gefährdung am Freisetzungsort dauert bis zu mehreren Stunden.
- **Sesshafte Kampfstoffe** mit Siedepunkten über 150 °C bleiben längere Zeit als Flüssigkeit an Oberflächen haften und können über den Kontakt mit der Haut und über die Atemwege aufgenommen werden. Die Gefährdung kann Tage bis Wochen andauern und umfangreiche Dekontaminationsmaßnahmen erfordern.

Binärkampfstoffe
Sie bestehen aus zwei Komponenten, die getrennt weniger giftig sind. Dadurch werden die Lagerung und Handhabung erleichtert. Nach der Mischung entsteht in einer chemischen Reaktion der eigentliche Kampfstoff, zum Beispiel Sarin.

4.5.3 Reizstoffe

Reizstoffe sollen eine kurzzeitige Handlungsunfähigkeit bewirken. In der Regel klingen die Symptome nach der Exposition innerhalb einiger Stunden ab, ohne bleibende Schäden zu hinterlassen. Bekannt sind besonders CS und Pfefferspray, die zur Selbstverteidigung, aber auch als Einsatzmittel der Polizei genutzt werden.

4.5.4 Dual-Use-Chemikalien

Unter Dual-Use-Chemikalien werden Verbindungen betrachtet, die zivilen Zwecken dienen, aber auch als Kampfstoffe bzw. als deren Ausgangsprodukte verwendet werden können und daher einer Exportkontrolle unterliegen. Beispiele sind Chlor (einerseits ein wichtiges Desinfektionsmittel, andererseits als Lungen-Kampfstoff einsetzbar) und die Fentanyle (als Narkosemittel verwendete synthetische Opiate, die sich auch für einen militärischen Einsatz gegen spezielle Ziele, wie Führungseinrichtungen, eignen).

4.5.5 Ereignisse mit Freisetzung chemischer Kampfstoffe

Chemische Kampfstoffe wurden in den vergangenen Jahrzehnten von verschiedenen Akteuren gezielt gegen Einzelpersonen, gegen Personengruppen in Objekten oder gegen gegnerische Truppen und zur Terrorisierung der Bevölkerung eingesetzt.

Tabelle 26: *Übersicht der bestätigten Einsätze von chemischen Kampfstoffen zwischen 2013 und 2018*

Datum/Ort	Kampfstoff	Einsatz durch	Opfer
2013/Gotta (Syrien)	Sarin	Syrische Streitkräfte	Vermutlich 350 Tote und zirka 3.600 Verletzte
2014-2018/Syrien	Chlor	Syrische Streitkräfte (?)	unbekannt
2015-2016/Nordirak	S-Lost	Islamischer Staat (IS)	unbekannt
2016/Khan Shaykhun (Syrien)	Sarin	Syrische Streitkräfte	vermutlich 74 Tote, zirka 560 Verletzte

4.5 Chemische Kampfstoffe und Reizstoffe

Tabelle 26: *Übersicht der bestätigten Einsätze von chemischen Kampfstoffen zwischen 2013 und 2018 – Fortsetzung*

Datum/Ort	Kampfstoff	Einsatz durch	Opfer
2017/Kuala Lumpur (Malaysia)	VX	Nordkoreanischer Geheimdienst	1 Todesopfer
2018/Salisbury (Großbritannien)	Nowitschok	Russischer Geheimdienst	1 Todesopfer, mehrere Verletzte

5 Umwelteinflüsse auf die Ausbreitung von Gefahrstoffen

Das Umweltverhalten freigesetzter Gefahrstoffe wird, neben ihren stofflichen Eigenschaften, durch die Faktoren Wetter und Topographie sowie durch ihre Temperatur beeinflusst.

5.1 Wettereinflüsse auf freigesetzte Stoffe

Gasförmige Schadstoffe und Aerosole werden mit dem Wind verfrachtet. Dabei ist die Zugrichtung entgegengesetzt der Windrichtung. Das bedeutet, bei Ostwind (»Wind aus Osten«) zieht eine Schadstoffwolke nach Westen. Mit zunehmender Entfernung von der Freisetzungsstelle verbreitert sich die Wolke aufgrund von Verwirbelungen durch die Luftbewegung. Bei der Freisetzung radioaktiver Gefahrstoffe kann der Ausbreitungswinkel mit 20° beiderseits der Zugrichtung angenommen werden. Nach einer Freisetzung chemischer Stoffe erfolgt die Ausbreitung in einem Winkel von bis zu 30° (in Ausnahmefällen 45°) beidseitig der Zugrichtung. Durch die zunehmende Ausbreitung nimmt die Konzentration des Schadstoffs innerhalb der Wolke mit zunehmender Entfernung von der Austrittsstelle ab, bis sie schließlich unterhalb einer einsatzrelevanten Konzentration abgesunken ist (Effektgrenze). Die Distanz von der Austrittsstelle bis zur Effektgrenze wird als Zugweite bezeichnet. Geländeeinflüsse (Höhenstruktur, Bewuchs, Bebauung) überlagern die meteorologische Ausbreitung, z. B. durch Kanalisierung der Schadstoffwolke.

Herrscht Windstille, bildet sich an der Austrittsstelle eine Punktwolke mit hoher Konzentration, die sich nur durch Diffusionsprozesse ausdehnt. Der gefährdete Bereich kann bei Windstille durch einen Kreis um die Austrittsstelle angenommen werden. Bei der Freisetzung größerer Schadstoffmengen können Zugweiten von mehreren Kilometern auftreten. Anhand der Windgeschwindigkeit ist es möglich, das Eintreffen der Schadstoffwolke an einem bestimmten Ort abzuschätzen. Die Windgeschwindigkeit bezieht sich auf eine Höhe von zehn Metern über dem Erdboden. In einer Höhe von 100 Metern über Grund ist die Zuggeschwindigkeit etwa 50 Prozent höher als die Windgeschwindigkeit in 10 m Höhe. Da Schadstoffe auch aus dieser Höhe wieder zum Erdboden gelangen können, ist bei der Abschätzung der Zeitspanne bis zum frühesten Eintreffen einer Gefährdung die Windgeschwindigkeit mit dem

5.1 Wettereinflüsse auf freigesetzte Stoffe

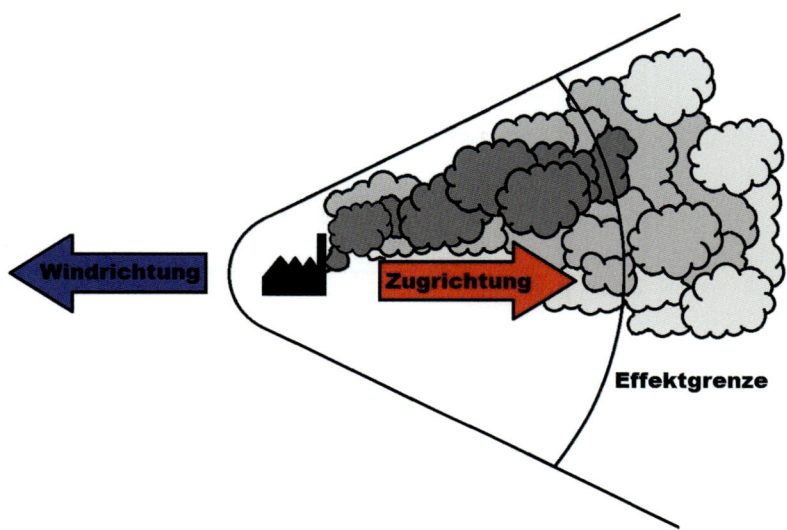

Bild 15: *Abdrift eines Schadstoffs, die sich ausbreitende Wolke wird durch das Gelände beeinflusst und bewegt sich daher nicht gleichförmig. (Quelle: Benjamin Hövel)*

Faktor 1,5 zu multiplizieren. Die Verdriftung von Schadstoffen in höheren Luftschichten ist besonders bei Freisetzungen in Verbindung mit Brandereignissen zu berücksichtigen.

Aufgrund der bremsenden Wirkung der Erdoberfläche bewegen sich die bodennahen Teile der Schadstoffwolke langsamer, als der vom Boden entferntere Teil der Wolke. Als Faustformel kann angenommen werden, dass die Zuggeschwindigkeit der Schadstoffe in Bodennähe zirka halb so schnell ist wie die angegebene Windgeschwindigkeit. Deshalb wird zur Abschätzung der spätesten Eintreffzeit der Gefährdung die verlangsamte Zuggeschwindigkeit durch Multiplikation der Windgeschwindigkeit mit dem Faktor 0,5 abgeschätzt.

Ein weiterer wichtiger Parameter für die Schadstoffausbreitung ist die Stabilität der Luftschichtung. Die Stabilität gibt die Veränderung der Lufttemperatur mit zunehmender Höhe wieder. Wesentlich für die Stabilität ist die Erwärmung der bodennahen Luftschicht durch die Wärmeabgabe des Erdbodens. Diese ist abhängig von der Sonneneinstrahlung und dem Bodenzustand. Zur Bestimmung der Stabilitätsgrade werden daher die Jahres- und Tageszeit, die Wolkendichte und die Wolkenbedeckung, die Sichtweite (Gradmesser für den Wassergehalt der Atmosphäre) sowie der Bodenzustand (trocken, feucht, schneebedeckt) berücksichtigt.

5 Umwelteinflüsse auf die Ausbreitung von Gefahrstoffen

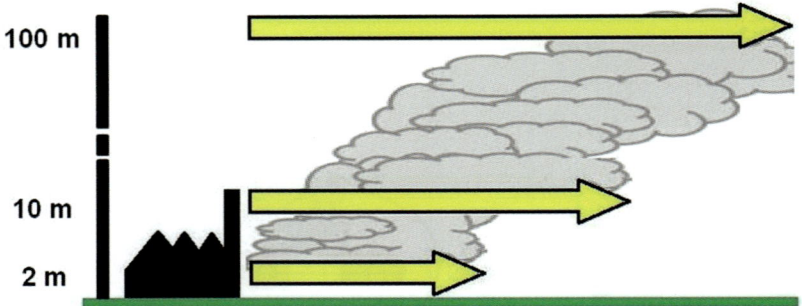

Bild 16: *Ausbreitung einer Schadstoffwolke mit unterschiedlichen Zuggeschwindigkeiten in Abhängigkeit von der Höhe über dem Erdboden*

Grundsätzlich überwiegen stabile Luftschichtungen in den Nachtstunden und während der Wintermonate, wenn der Boden sich aufgrund einer Schneedecke oder höherer Durchfeuchtung weniger erwärmt. Besonders in Tallagen können dabei Inversionswetterlagen auftreten, bei denen eine wärmere Luftschicht auf der kälteren bodennahen Luft aufliegt und dadurch einen vertikalen Luftaustausch verhindert. Stabile Schichtungen führen zu einer geringeren Durchmischung in der bodennahen Atmosphäre. Schadstoffwolken werden dadurch weniger verdünnt und können noch in größeren Entfernungen vom Ort der Freisetzung wirksam sein.

In den Sommermonaten ist tagsüber mit einer labilen Luftschichtung zu rechnen. Eine Wolkendecke verringert die Sonneneinstrahlung, nachts verzögert sie die Abkühlung der bodennahen Luftschicht. Dadurch kommt es in der Atmosphäre zu einer stärkeren Durchmischung. Schadstoffwolken werden schneller verdünnt, wodurch ihre Konzentration absinkt.

Die Umgebungstemperatur beeinflusst auch die Verdampfungsgeschwindigkeit von flüssigen Stoffen. Je höher die Umgebungstemperatur, desto schneller verdampfen freigesetzte Flüssigkeiten. Für Stoffe mit einem Siedepunkt unter 78 °C kann bei 15 °C Umgebungstemperatur angenommen werden, dass nach einer Freisetzung innerhalb von einer Stunde die gesamte ausgetretene Substanzmenge in die Gasphase übergegangen ist. Stoffe mit einem höheren Siedepunkt liegen dagegen nach der Freisetzung längere Zeit an der Austrittsstelle als Flüssigkeit vor. Niederschläge waschen wasserlösliche Gase und Aerosolteilchen aus der Luft aus. Dadurch verringert sich die Ausdehnung des durch Abdrift gefährdeten Bereichs. Allerdings kann es durch ausgewaschene Schadstoffe zu einer Kontamination des Bodens in der Nähe der Freisetzungsstelle kommen.

5.2 Geländeeinflüsse

Biologische Gefahrstoffe werden durch Trockenheit und den UV-Anteil des Sonnenlichts zumeist innerhalb von Stunden inaktiviert. Jedoch bleiben sporenbildende Bakterien und stabile Toxine in der Umwelt auch über längere Zeiträume wirksam.

5.2 Geländeeinflüsse

Die Wettereinflüsse werden durch das Gelände lokal überlagert. Das hat zur Folge, dass die tatsächliche Schadstoffausbreitung örtlich von der vorhergesagten abweichen kann:

- Täler und Straßenzüge kanalisieren die Luftbewegungen. Dadurch erfolgt ein Ablenken der Windrichtung. Die Windgeschwindigkeit wird durch die Kanalisierung erhöht. Hindernisse quer zur Zugrichtung verlangsamen dagegen die Zuggeschwindigkeit.
- Hinter Geländehindernissen bilden sich Turbulenzen, die zu einer Verwirbelung der Schadstoffwolke führen. Daraus resultiert eine Zunahme der vertikalen und horizontalen Ausdehnung der Wolke, wodurch sich die Konzentration verringert.
- Bodenhindernisse, wie Baumreihen oder quer verlaufende Bodenerhebungen, können zu einem Abheben der Schadstoffwolke von der Erdoberfläche führen. Erst in einiger Entfernung hinter dem Hindernis hat die Wolke wieder Bodenkontakt. Diese Hinderniswirkung ist beim Gefahrstoff-Nachweis im Zuge der CBRN-Erkundung zu berücksichtigen.

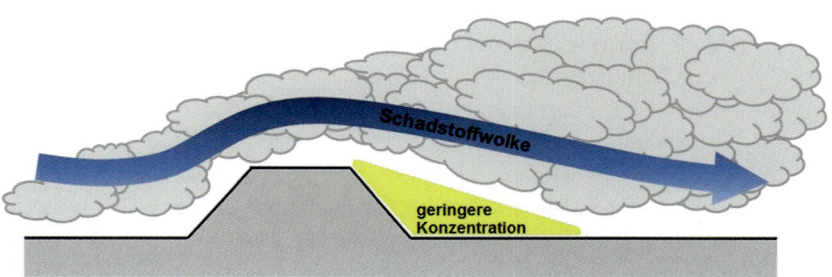

Bild 17: *Verhalten einer Schadstoffwolke nach einem quer verlaufenden Hindernis (Quelle: Benjamin Hövel)*

Durch die unterschiedlich starke Erwärmung verschiedener Geländeformen können lokale Luftbewegungen auftreten, die sich besonders bei Windstille auswirken. Wasserflächen erwärmen sich langsamer als der Erdboden, kühlen aber auch langsamer ab. Bei größeren Gewässern hat das Auswirkungen auf die Windverhältnisse. Während sich die Luft bei Sonneneinstrahlung über Land stärker erwärmt und aufsteigt, strömt kühlere Luft von der Gewässeroberfläche nach (Seewind). Umgekehrt bewegt sich die Luft nachts zum Gewässer hin (Landwind). Vergleichbare Phänomene sind an Berghängen zu beobachten. Bei Sonneneinstrahlung strömt Luft aus dem Tal zum Hang (Talwind), während nachts die Windrichtung wechselt (Bergwind).

In Talkesseln können sich Kaltluftseen bilden, die stabile Wetterbedingungen schaffen. Schadstoffwolken bleiben hier längere Zeit in höherer Konzentration bestehen. Schneebedeckte Flächen erwärmen sich kaum, feuchte Böden nur langsam. Sie begünstigen nicht nur stabile Luftschichtungen, sondern verlangsamen auch die Verdunstung flüssiger Stoffe.

5.2.1 Urbanes Gelände

In urbanen Gebieten ist eine Vorhersage der Ausbreitung äußerst komplex, da sowohl die lokale Windrichtung, als auch das Ausbreitungsverhalten des Gefahrstoffs durch die Bebauung beeinflusst wird. So haben Versuche mit Chlor (zirka 2,5-mal schwerer als Luft) gezeigt, dass bereits zweigeschossige Gebäude nicht überwunden, sondern umströmt werden. In Windzugrichtung verlaufende Straßenzüge kanalisieren abdriftende Schadstoffe. Durch die begrenzte Möglichkeit der horizontalen Ausbreitung, bleibt die Schadstoffwolke über eine größere Distanz kompakt. Quer verlaufende Gebäude verlangsamen die bodennahe Luftströmung und können sie in eine neue Richtung lenken. Die schwierige Vorhersagbarkeit der lokalen Windverhältnisse macht die Beobachtung des lokalen Wetters besonders für den Gefahrstoffnachweis notwendig.

Im Windschatten von Gebäuden, in Innenhöfen und Einfahrten können Schadstoffe längere Zeit in höheren Konzentrationen vorliegen. Bei Freisetzungen im urbanen Gelände muss besonders mit dem Eindringen von Schadstoffen in Kellerräume und in die Kanalisation gerechnet werden. Dies ist bei der CBRN-Erkundung zu berücksichtigen. Aufgrund des verringerten Luftaustauschs steigt die Schadstoffkonzentration in Gebäuden langsamer an, als im Freien. Voraussetzung ist ein frühzeitiges Abschalten der Lüftung und der Klimaanlage sowie das Schließen der Fenster. Allerdings sinkt die Schadstoffkonzentration in Innenräumen auch langsamer als außerhalb.

5.3 Einfluss der Temperatur des freigesetzten Stoffes

Bei vergleichbarer Temperatur von Schadstoff und Umgebungsatmosphäre lässt sich anhand der molaren Masse der freigesetzten Substanz das Ausbreitungsverhalten abschätzen. Als molare Masse der Umgebungsatmosphäre wird dazu die Luftvergleichszahl 29 angesetzt. Gase und Dämpfe, die eine höhere molare Masse aufweisen, sinken nach unten und sammeln sich in Senken, der Kanalisation und in Kellerräumen. Leichtere Gase steigen auf und sind eher in Deckennähe nachzuweisen.

Bei größeren Bränden entsteht aufgrund der Hitze eine Thermik, die luftgetragene Schadstoffe mit höherer molarer Masse mitführen kann. Dadurch wird die Schadstoffkonzentration an der Freisetzungsstelle verringert. Gleichzeitig kann es zu einer Verdriftung über größere Distanzen kommen. Nach Abkühlung sinken die Gefahrstoffe wieder zum Boden. Tiefkalte Gase (Kryo-Gase), die weit unter ihre Siedetemperatur abgekühlt wurden, bilden Wolken, die über einen längeren Zeitraum ihre Geschlossenheit beibehalten, da bei ihnen die vertikale Durchmischung eine geringere Rolle spielt. Diese Wolken sind aufgrund der auskondensierenden Luftfeuchtigkeit erkennbar. Mit zunehmender Distanz zur Freisetzungsstelle gleicht sich die Temperatur des freigesetzten Stoffes der Umgebungsatmosphäre an. Das Verhalten der Wolke wird damit wieder vorrangig durch die physikalischen Eigenschaften des Schadstoffs bestimmt.

Bild 18: *Freisetzung eines tiefkalten Gases aus einem Kesselwagen (Quelle: Roman Sykora, BF Wien)*

5.4 Ausbreitungsabschätzung und -berechnung

Ausbreitungsabschätzungen und -berechnungen dienen
- zur Festlegung des Gefahrenbereichs,
- zur Warnung des gefährdeten Gebiets sowie
- zum gezielten Ansatz von Kräften zur CBRN-Erkundung.

Auf der Basis der dadurch gewonnenen Messergebnisse kann dann wiederum das Ergebnis der Ausbreitungsberechnung überprüft und bei Bedarf aktualisiert werden. Für die Qualifikationsebenen der CBRN-Gefahrenabwehr werden, abhängig von den unterschiedlichen Möglichkeiten und der verfügbaren Zeit, verschiedene Verfahren zur Ausbreitungsabschätzung genutzt. Die ersteintreffenden Kräfte nehmen unter Anwendung der GAMS-Regel eine Festlegung des Gefahrenbereichs mit einer Mindestdistanz um die Gefahrenquelle vor. Die Festlegung erfolgt anhand der vorgegebenen Werte der FwDV 500 (vgl. Kapitel 10.2.2).

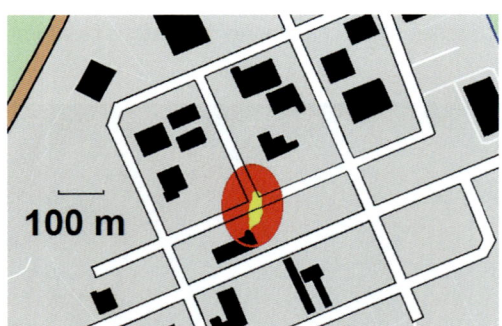

Bild 19: *Festlegung des Gefahrenbereichs in 50 Metern Entfernung um einen freigesetzten Gefahrstoff*

Neben der Festlegung der Gefahrenzone ist die schnelle Abschätzung des Warngebiets erforderlich. Dazu eignen sich einfache Auswerteschablonen, die im benötigten Kartenmaßstab bereits vorgefertigt mitgeführt werden. Die Auswertung erfolgt durch Auflegen der vorbereiteten Schablonen auf die Kartenkoordinate der Austrittstelle und die Ausrichtung nach der Windzugrichtung.

Für eine präzisere Ausbreitungsberechnung ist die Einbeziehung zusätzlicher Parameter erforderlich. Zur Berechnung der Gefährdungsdistanzen spielt die in einer bestimmten Zeitspanne freigesetzte Stoffmenge (Quellstärke) eine wesentliche Rolle.

5.4 Ausbreitungsabschätzung und -berechnung

Bild 20: *Auswerteschablone als Overlay für eine Karte*

Daher ist die austretende Menge abzuschätzen. Die meisten Auswerteprogramme unterstützen den Nutzer bei der Entscheidung durch Vorgabe von Behältergrößen. Eine einfache Gefahrstoff-Datenbank, die eine manuelle Auswertung ermöglicht, stellt das Emergency Response Guidebook (ERG) dar, das aktuell in der Version 2016 vorliegt. Die Datenbank ist frei zugänglich (*www.tc.gc.ca/eng/canutec/menu.htm*)[2] und inzwischen auch als App erhältlich. Allerdings ist sie nur englisch- und spanischsprachig verfügbar. Ein Kapitel des ERG beschreibt die graphische Auswertung anhand der im Programm enthaltenen Stoffparameter. Daneben existieren inzwischen zahlreiche Programme, die eine Berech-

---

2 Stand: 18.12.2019.

nung mit dem PC erlauben. Die Auswerteprogramme fragen die benötigten Stoff- und Wetterinformationen anhand einer Maske ab. Um eine einfache und schnelle Bedienung zu erreichen, bleibt die Topographie weitgehend unberücksichtigt. Das »Modell für Effekte mit Toxischen Gasen« (MET) stellt ein einfach zu handhabendes Auswerteprogramm dar, das in den Feuerwehren genutzt wird. Es berechnet die Effektgrenzen sowohl in Gebäuden als auch für ungeschützte Personen im Freien.

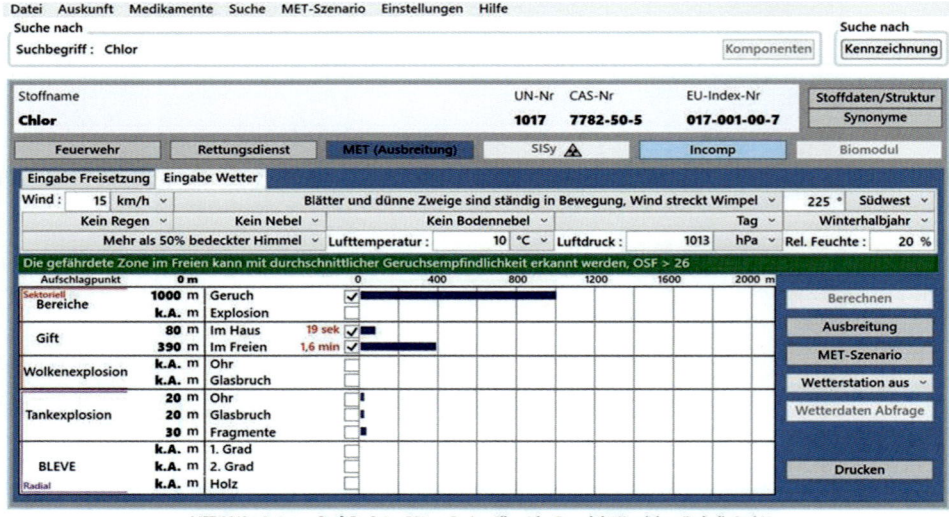

Bild 21: *Eingabemaske des MET-Modul der Gefahrstoffdatenbank MEMPLEX, das eine Berechnung anhand einfach zu erfassender Wetter- und Freisetzungsparameter ermöglicht (Quelle: Firma Keudel)*

In der Bundeswehr wird das Auswerteprogramm NEWS angewendet, das auf den Vorgaben des NATO-Standards ATP-45 basiert und neben der Auswertung eines Einsatzes von ABC-Waffen auch zur Berechnung von unfallbedingten Freisetzungen geeignet ist. Es basiert als militärisches Programm auf dem Grenzwert ID_5 (Incapacitating Dose d. h. die Dosisaufnahme, die bei fünf Prozent der ungeschützten Personen zu einem Ausfall führen würde).

5.4 Ausbreitungsabschätzung und -berechnung

Bild 22: Das Ergebnis der Ausbreitungsberechnung mit MET, das auch maßstabsgerecht als Overlay für Lagekarten ausgedruckt werden kann. (Quelle: Andreas Wilhelm)

Der durch diese Programme berechnete Bereich wird nicht homogen durch die Schadstoffwolke durchzogen. Der Schadstoff wird sich mit einer hohen Wahrscheinlichkeit (> 95 Prozent) innerhalb der errechneten Grenzen bewegen und dabei durch lokale Änderungen der Windrichtung und durch das Gelände beeinflusst. Komplexere Programme erlauben aufgrund der Berücksichtigung der Topographie und weitergehender Wetterdaten eine exaktere Berechnung der Bewegung einer Schadstoffwolke. Dazu zählt das Modul »Schadstoffausbreitung« des Feuerwehr-WetterInformations-System (FeWIS), das durch den Deutschen Wetterdienst (DWD) bereitgestellt wird. Bei Schadensfällen mit einer Freisetzung von Gefahrstoffen kann beim DWD eine Simulation der Ausbreitung unter Nutzung des HEARTS-Systems (Hazard Estimation for Accidental Release of Toxic Substances) angefordert werden, welche die Schadstoffausbreitung in Abhängigkeit von Wettereinflüssen und dem Gelände wiedergibt. Dabei werden die unterschiedlichen Konzentrationsbereiche farbig markiert.

5 Umwelteinflüsse auf die Ausbreitung von Gefahrstoffen

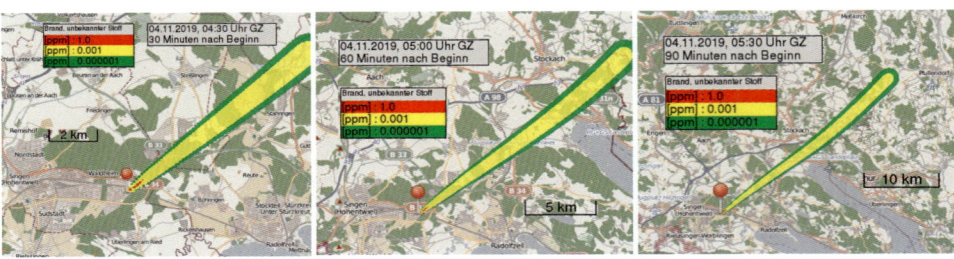

Bild 23: *Ausbreitungsberechnung mit dem Berechnungsprogramm HEARTS des DWD (Quelle: Dr. Kempf, Dr. Wiegand, DWD)*

Für die Berechnung der Ausbreitung werden durch den DWD die folgenden Informationen benötigt:
- Freisetzungszeit,
- Ort der Freisetzung,
- Art der Freisetzung (Dauerquelle, schlagartige Freisetzung, zeitlich begrenzte Freisetzung mit Angabe der Freisetzungsdauer),
- freigesetzter Stoff
- freigesetzte Stoffmenge (in kg),
- Brand (ja/nein, Höhe der Rauchwolke).

Die Ausbreitungsprognosen gelten jeweils für einen Vorhersagezeitraum von sechs Stunden. Eine Anforderung erfolgt entweder online über das Webformular oder als PDF via E-Mail oder Fax. Zusätzlich stehen die Telefonnummern der zuständigen DWD-Außenstelle und der DWD-Zentrale zur Abstimmung bereit. Aktuell benötigt der DWD vom Eingang der Anfrage bis zur Bereitstellung der fertigen Ausbreitungsprognose zirka 20 Minuten.

6 Schutzmöglichkeiten vor CBRN-Gefahren

Primäres Ziel aller Einsatzmaßnahmen bei CBRN-Gefahrenlagen ist der Schutz der Bevölkerung und der Einsatzkräfte vor einer schädlichen Einwirkung durch einen direkten Kontakt mit gefährlichen Stoffen (Kontamination und Inkorporation) oder der von ihnen ausgehenden physikalischen Kräfte (Druck, Hitze, Radioaktivität). Dabei gilt:
- Einwirkungen physikalischer Kräfte sind zu minimieren,
- Kontaminationen sind zu vermeiden,
- Inkorporation ist auszuschließen.

Abhängig von dem Schadstoff und der Freisetzungsart, der Anzahl der gefährdeten Personen sowie dem Freisetzungsort kann dies durch unterschiedliche Schutzmaßnahmen erreicht werden. Grundsätzlich können sie unterschieden werden in:
- Individualschutz: Schutzmöglichkeit für eine Person z. B. der Einsatzkraft durch Verwendung Persönlicher Schutzausrüstung (PSA),
- Kollektivschutz: Schutzmöglichk, eiten für mehrere Personen, z. B. durch Schutzbauten, Gebäude, schutzbelüftete Fahrzeuge,
- Schutz durch Entfernen aus dem Gefahrenbereich.

6.1 Individualschutz – Persönliche Schutzausrüstung

Persönliche Schutzausrüstung (PSA) findet dort Anwendung, wo technische oder organisatorische Maßnahmen zum Schutz der Einwirkung vor atomaren, biologischen oder chemischen Gefährdungen nicht möglich oder nicht ausreichend sind. Dies ist im Allgemeinen bei Hilfseinsätzen zur CBRN-Gefahrenabwehr der Fall, da aufgrund der Besonderheiten des Einsatzes (zumeist unbekannte Risiken, nicht vorhersehbare Örtlichkeiten) weder technische noch organisatorische Schutzmaßnahmen in ausreichendem Umfang umgesetzt werden können. Ausnahme sind Gefährdungen, die von stationären Anlagen (Industrieanlagen, Tankläger, Kraftwerke etc.) ausgehen können, bei denen technische (Bauliche Anlagen, Kühlungsanlagen etc.) oder organisatorische (Vorhalten und Ausgabe von Antidoten etc.) Maßnahmen ausgehend von (bekannten oder möglichen) Schadensszenarien in einem begrenzten Maßstab vorgeplant werden können.

Zur Persönlichen Schutzausrüstung (PSA) gehören alle Ausrüstungsgegenstände, die dazu bestimmt sind, den Träger vor schädlichen Einwirkungen und Gefährdungen

6 Schutzmöglichkeiten vor CBRN-Gefahren

zu schützen. Diese können physikalischer (mechanische Einwirkung, Strahlung, Temperatur), chemischer (Chemikalien), biologischer (Biostoffe), aber auch situativer Art (Wettergeschehen) sein. Dazu zählen:

- Atemschutz (Atemschutzgeräte),
- Körperschutz (Schutzanzüge, Handschuhe, Stiefel, Schürzen),
- sonstige PSA (z. B. Dosimeter).

Vor der Verwendung der PSA ist durch eine Gefährdungsbeurteilung zu klären:

- Art der Gefährdung (physikalisch, biologisch, chemisch, situativ, …),
- Exposition (inhalativ, dermal, oral),
- Gefährdungsausmaß (geringes, mittleres, hohes Risiko),
- voraussichtliche Zeitdauer der Exposition,
- durchzuführende Tätigkeit des PSA-Trägers (Erkundung, schwere körperliche Arbeiten …).

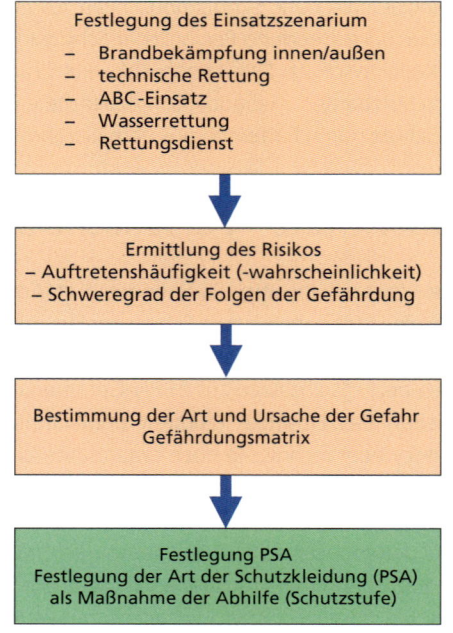

Bild 24: *Ablaufschema der Gefährdungsbeurteilung zur Ermittlung der notwendigen PSA nach DGUV-I 205-014 »Auswahl von persönlicher Schutzausrüstung auf der Basis von einer Gefährdungsbeurteilung für Einsätze bei deutschen Feuerwehren«.*

6.1 Individualschutz – Persönliche Schutzausrüstung

Das Ergebnis dieser Gefährdungsbeurteilung ist die Festlegung der Persönlichen Schutzausrüstung, die notwendig ist, um eine Einsatzkraft vor den konkreten am Einsatzort herrschenden Gefährdungen zu schützen. Dabei ist es durchaus möglich, dass am selben Einsatzort, abhängig von der jeweiligen Einsatzaufgabe, unterschiedliche Schutzstufen der PSA notwendig sind. Allgemein gilt, dass je höher die Schutzstufe ist, desto stärker ist die physische und psychische Belastung des zu Schützenden und desto kürzer muss die Einsatzzeit bemessen sein. Aufgrund der körperlichen Beanspruchung sind Einsätze mit Atemschutz zeitlich zu begrenzen. Das für solche Einsätze vorgesehene Personal muss neben der entsprechenden Ausbildung zum Atemschutzgeräteträger auch die körperliche Eignung durch arbeitsmedizinische Vorsorgeuntersuchungen nachweisen.

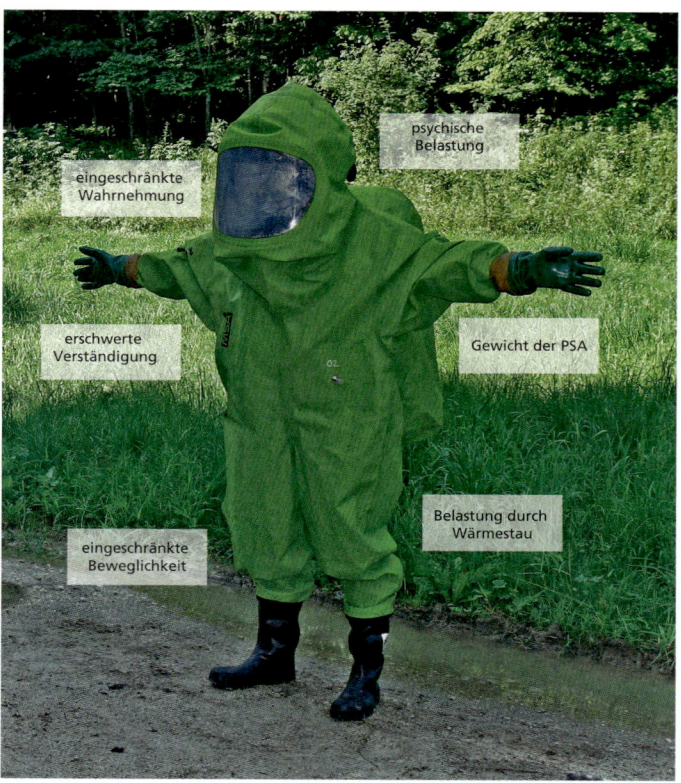

Bild 25: *Belastungsfaktoren beim Tragen von Chemikalienschutzanzügen*

6 Schutzmöglichkeiten vor CBRN-Gefahren

6.2 Atemschutz

Können Einsatzkräfte durch Sauerstoffmangel oder durch Einatmen gesundheitsschädigender Stoffe (radioaktive Partikel, Krankheitserreger, Atemgifte) gefährdet werden, müssen Atemschutzgeräte verwendet werden, die das Personal im Gefahrenbereich gegen diese Risiken schützen.

Atemschutzgeräte werden eingeteilt in:

- von der Umgebungsatmosphäre abhängige Atemschutzgeräte (Filtergeräte) und
- von der Umgebungsatmosphäre unabhängige Atemschutzgeräte (Isoliergeräte).

Atemschutzgeräte bestehen aus dem Atemanschluss (in der CBRN-Gefahrenabwehr zumeist eine Vollmaske, die das gesamte Gesicht umschließt) und einem Filter oder Luftversorgungssystem.

6.2.1 Filtergeräte

Schutzprinzip von Filtergeräten ist das Entfernen schädlicher Luftbegleitstoffe aus der Atemluft durch Adsorption an Filtermaterialien. Filtergeräte dürfen damit nur genutzt werden, wenn der Sauerstoffgehalt der Umgebungsluft dauerhaft größer 17 Vol% ist. Dies ist im Allgemeinen in Außenbereichen gegeben. Bei Freisetzungen innerhalb von umschlossenen Räumen muss bis zum Vorliegen von Messergebnissen von einer niedrigeren Sauerstoffkonzentration ausgegangen werden.

Partikelfiltrierender Atemschutz

Partikelfiltrierender Atemschutz hat die Aufgabe, Feinpartikel und Flüssigkeitsnebel (Fein- und Feinststäube, Biostoffe, Aerosole) aus der Atemluft zu entfernen. Voraussetzung für die Verwendung derartiger Filter ist, dass das Abscheidevermögen dieser Partikel bekannt ist, der Sauerstoffgehalt am Einsatzort immer ausreichend ist und keine weiteren Luftbegleitstoffe in schädlicher Konzentration in der Umgebungsluft vorhanden sind. Entsprechend ihrem Abscheidevermögen werden die Partikelfilter in drei Klassen eingeteilt, von Schutzstufe 1 (geringes Rückhaltvermögen) bis Schutzstufe 3 (hohes Rückhaltvermögen).

6.2 Atemschutz

Tabelle 27: *Kapazität von Partikelfilter*

Partikelfilterklasse	maximale Schadstoffkonzentration	Filtration**	Schutz gegen
P1	5-fache AGW*	80 %	feste Partikel
P2	10-fache AGW	94 %	feste und flüssige Partikel
P3	200-fache AGW	99 %	feste und flüssige Partikel

*Arbeitsplatzgrenzwerte, ** Filtrierung von Partikeln bis zu einer aerodynamischen Größe von 0,6 µm

Partikelfilter finden in zwei Formen Anwendung:
- als (Einmal)-Filtermasken (Filtering Face Piece, FFP), meist sind hier Halbmasken mit einer Bedeckung von Mund und Nase üblich. Partikelfilter gibt es in den Schutzstufen FFP1 bis FFP3. Da bei dieser Maskenart nur Mund und Nase bedeckt ist, ist hier gegebenenfalls ein zusätzlicher Augenschutz (Schutzbrille, Gesichtsschutz) erforderlich.
- als Filter zum Einsatz mit einem Atemanschluss, der Partikelfilter ist hierzu mit einem Schraubgewinde versehen und kann an eine herkömmliche Atemschutzmaske (Halbmaske oder Vollmaske) angeschlossen werden.

Wichtige Einsatzgebiete von partikelfiltrierenden Atemschutzgeräten sind Einsatzorte mit hohem Staubaufkommen, z. B bei einer Freisetzung von pulverförmigen Feststoffen, von denen radiologische oder chemische Gefahren ausgehen können, an abgelöschten und belüfteten Brandstellen, (»kalte Brandstellen«) aber auch im B-Einsatz zum Infektionsschutz vor Biostoffen, für die ein Partikelfilter ausreichend ist. Nachteilig bei dem Gebrauch von Partikelfiltern ist, dass sich mit fortschreitender Nutzung des Schutzfilters infolge seiner Beladung mit staubförmigen Luftbegleitstoffen der Atemwiderstand erhöht und somit eine stärkere Belastung des Atemschutzgeräteträges auftritt.

Gasfiltrierender Atemschutz

Zum Schutz der Einsatzkräfte vor gefährlichen Gasen und Dämpfen können gasfiltrierende Atemschutzgeräte verwendet werden. Diese bestehen aus dem Atemanschluss, in der Regel eine Vollmaske, und dem geeigneten Atemfilter. Voraussetzungen für die Verwendung von umluftabhängigen Atemschutzgeräten sind:

- ein dauerhaft ausreichender Sauerstoffgehalt in der Atemluft (> 17 bis 19 Vol%),
- der gefährliche Luftbegleitstoff ist bekannt und der Atemfilter ist zum Schutz vor diesem geeignet,
- die Schadstoffkonzentration liegt unter der für den Filter zugelassenen Maximalkonzentration.

Bild 26: *Umluftabhängiger Atemschutz*

Der Vorteil von Filtergeräten liegt in dem geringeren technischen und organisatorischen Aufwand im Vergleich mit umluftunabhängigen Atemschutzgeräten. Aufgrund der Beschränkung hinsichtlich der Schadstoffkonzentration und des notwendigen Sauerstoffgehalts der Atemluft können Atemschutzfilter daher im Regelfall nur im Außenluftbereich eingesetzt werden. Ein weiterer Nachteil der Filtergeräte ist die beschränkte Kapazität bezüglich des zu filternden Luftbegleitstoffs. Nach Erschöpfung der Filterkapazität infolge einer zu hohen Schadstoffkonzentration oder einer zu langen Beaufschlagung kommt es zum Durchbruch und damit verbunden zu

6.2 Atemschutz

einem Konzentrationsanstieg des Schadstoffs in der Einatmungsluft. Die Durchbruchszeit ist abhängig von den Umgebungsbedingungen (Lufttemperatur, Luftfeuchte), der Luftkonzentration des zu filtrierenden Luftbegleitstoffes und von der Atemfrequenz und Atemtiefe des zu Schützenden. Eine zeitliche Prognose ist nur schwer möglich. In manchen Atemschutzfiltern sind deshalb unschädliche geruchsintensive Indikatorsubstanzen enthalten, die die Erschöpfung des Filtermaterials anzeigen und damit eine Warnfunktion für den Träger haben.

Tabelle 28: *Bezeichnung und Kennfarbe von Atemschutzfiltern*

Bezeichnung	Kennfarbe	Schutz vor	Kapazität
A	Braun	organischen Gasen und Dämpfen mit Siedepunkt > 65 °C z. B. Lösemittel, Benzin, Xylen, Toluen	**1** 0,1 Vol% **2** 0,5 Vol% **3** 1,0 Vol%
B	Grau	anorganischen Gasen und Dämpfen z. B. Chlor, Schwefelwasserstoff, Cyanwasserstoff	
E	Gelb	sauren Gasen und Dämpfen z. B. Schwefeldioxid, Chlorwasserstoff,	
K	Grün	Ammoniak und anderen organischen Ammoniumverbindungen	
CO	Schwarz	Kohlenmonoxid	unterschiedliche Hersteller-spezifikationen
NO	Blau	nitrosen Gasen (Noxe), Stickstoffmonoxid, Stickstoffdioxid	
Hg	Rot	Quecksilber	
Reaktor	Orange	radioaktivem Jod und Jodmethan	
P	Weiß	Partikeln	siehe Partikelfilter

6 Schutzmöglichkeiten vor CBRN-Gefahren

Der bei der Feuerwehr verwendete Standardfilter ist der ABEK2-Hg-P3-Filter. Sein Schutzumfang umfasst:
- organische Gase und Dämpfe, anorganische Gase und Dämpfe, saure Gase und Dämpfe, Ammoniak und organische Ammoniakverbindungen bis 0,5 Vol%,
- Quecksilberdämpfe,
- Partikelkonzentrationen bis zum 400-fachen (mit Vollmaske) des Grenzwerts.

Eine Variante von Filtergeräten sind so genannte gebläseunterstützte Filtergeräte. Zum Ausgleich des erhöhten Atemwiderstands wird die Atemluft mithilfe eines akkubetriebenen Gebläses durch den Schutzfilter gesaugt. Damit ist der Tagekomfort dieses Atemschutzes gegenüber der nicht gebläseunterstützten Variante wesentlich erhöht. Die Einschränkungen (Sauerstoffgehalt der Atemluft, Schadstoffkonzentration) für Filtergeräte sind hier trotzdem zu beachten.

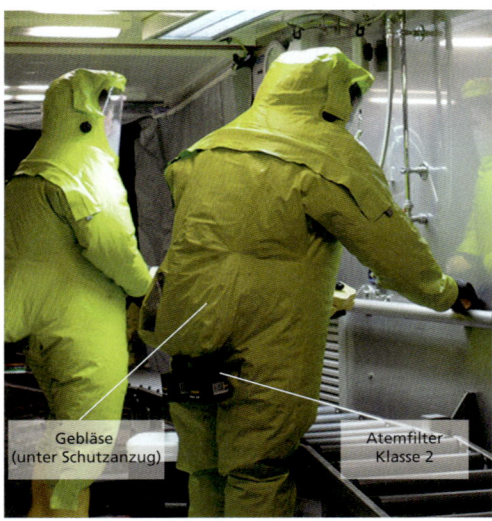

Bild 27: *Gebläseunterstützter Atemschutz; hier in Kombination mit Schutzkleidung der Form 2 nach FwDV 500 bzw. Typ 3 nach EN*

6.2 Atemschutz

6.2.2 Umluftunabhängiger Atemschutz

Als von der Umgebungsatmosphäre unabhängiger Atemschutz werden Atemschutzgeräte bezeichnet, die den Atemschutzgeräteträger vollständig von der Umgebungsluft isolieren. Diese Isoliergeräte bestehen aus einem Atemanschluss (Atemschutzmaske) und einer Luftversorgungseinheit. Neben dem Atemanschluss (Atemschutzmaske) für Normaldruck kommen auch Überdruck-Atemschutzmasken zum Einsatz, die den Vorteil haben, dass bei kleineren Leckagen keine belastete Umgebungsluft in die Atemschutzmaske eintreten kann. Bei Behältergeräten wird der Luftvorrat in Atemluftflaschen mitgeführt. Diese umluftunabhängigen Atemschutzgeräte (Pressluftatmer, PA), mit einem Luftvorrat von zirka 1.640 Litern stellen die Standard-Atemschutzausrüstung bei den Feuerwehren dar.

> Regelausrüstung bei Feuerwehren ist eine Atemluftflasche mit 6 Litern Volumen mit einem Druck von 300 bar. Unter der Voraussetzung der Gültigkeit des idealen Gasgesetzes würde dies ein Luftnormvolumen von 1.800 Liter Luft ergeben. Da Luft sich jedoch bei diesen Drücken bereits nicht mehr ideal verhält, reduziert sich das Luftnormvolumen auf zirka 1.640 Liter. Aufgrund des geringeren Gewichts sind inzwischen bei Feuerwehren auch sogenannte Composite-Flaschen aus Kohlefaserverbundwerkstoff (CFK) mit 6,8 Liter Volumen verbreitet. Das Luftnormvolumen beträgt hier 1.870 Liter (Einflaschengeräte) bzw. 3.740 Liter (sog. Langzeitatmer) bei zwei Composite-Flaschen).

Regenerations-Kreislaufgeräte, welche die Ausatemluft durch Binden von CO_2 und Zuführen des verbrauchten Sauerstoffs aufbereiten, werden vereinzelt als Langzeit-Atemschutzgeräte verwendet. Da sich dabei die Atemluft mit zunehmender Einsatzzeit erwärmt, werden Regenerationsgeräte nicht zusammen mit CSA verwendet. In Industrieanlagen finden auch Schlauchgeräte Anwendung. Dabei wird die Luftversorgung mittels Druck- oder Frischluftschläuchen sichergestellt.

6 Schutzmöglichkeiten vor CBRN-Gefahren

Bild 28: *Umluftunabhängiger Atemschutz, hier Pressluftatmer*

6.3 Körperschutz

In der europäischen Verordnung EU 2016/425 (»PSA-Verordnung«) wird die Persönliche Schutzausrüstung, abhängig vom möglichen Gefährdungsgrad, in drei Kategorien eingeteilt. Aufgrund der besonderen Gefährdungen und Risiken bei dem Feuerwehreinsatz ist hier ausschließlich Schutzkleidung zulässig, die den Kriterien der Kategorie III (komplexe PSA zum Schutz vor tödlichen Gefahren und irreversiblen Gesundheitsschäden) der PSA-Verordnung genügt. Die Kategorie III darf nicht mit der in der FwDV 500 beschriebenen Schutzbekleidung Form 3 verwechselt werden.

Die Feuerwehr-Dienstvorschrift 500 »Einheiten im ABC-Einsatz« zählt zur PSA:
- leichte Schutzkleidung (Einmalschutzanzug) mindestens Kategorie III Typ 4 nach DIN EN 14605,
- Kontaminationsschutzanzüge,
- Chemikalienschutzanzüge (CSA),
- Hitze-/Wärmeschutzschutzkleidung zur Brandbekämpfung,

6.3 Körperschutz

- Kälteschutzkleidung gegen tiefkalte Flüssigkeiten,
- Chemikalienbeständige Schürzen,
- sonstige Schutzausrüstung für besondere Einsätze.

Im gewerblichen Arbeitsschutz wird die Schutzwirkung von Chemikalienschutzanzügen entsprechend der potenziellen Beaufschlagungsquelle gegenüber staubförmigen, flüssigen und gasförmigen Kontaminanten eingestuft. Das bedeutet, dass flüssigkeitsdichte Schutzkleidung, entsprechend ihrer Beständigkeit, Flüssigkeiten zurückhält, unabhängig ob es sich um eine chemische oder biologische Schadstoffquelle handelt. Die Schutzbekleidung der Feuerwehr für spezielle Einsatzlagen, z. B. Kontaminationsschutzanzüge für den Strahlenschutzeinsatz (Schutzkleidung des Typs 4 (partikeldicht)) oder Infektionsschutzanzüge bei Einsätzen mit Biostoffen, sind gemäß der Einteilung der FwDV 500 der Form 2 zugeordnet.

Tabelle 29: *Gegenüberstellung der Normbezeichnungen von Schutzanzügen und der Einteilung gem. FwDV 500 in Körperschutz Form 1 bis 3, beachte: der Typ entspricht nicht der Schutzklasse gem. EN 14325.*

Norm	Typ	Schutzumfang	Einteilung nach FwDV 500	Schutzumfang
DIN EN 943-1 und 943-2	1	CSA gas-, flüssigkeits- und staubdicht Varianten: Typ A: PA wird unter dem CSA getragen Typ B: PA wird auf dem CSA getragen Typ C: CSA mit Druckluftschlauch-versorgung (Einsatz in der Industrie)	Form 3	schützt gegen eine Kontamination mit festen, flüssigen und gasförmigen Stoffen. Typ 1a-ET – »gasdichter« Chemikalienschutzanzug mit einer im Chemikalienschutzanzug getragenen Atemluftversorgung, Typ 1b-ET – »gasdichter« Chemikalienschutzanzug mit außerhalb des Chemikalienschutzanzuges getragenen Atemluftversorgung
-	2	CSA flüssigkeits-, spray- und staubdicht (nicht mehr in der Norm)		

6 Schutzmöglichkeiten vor CBRN-Gefahren

Tabelle 29: *Gegenüberstellung der Normbezeichnungen von Schutzanzügen und der Einteilung gem. FwDV 500 in Körperschutz Form 1 bis 3, beachte: der Typ entspricht nicht der Schutzklasse gem. EN 14325. – Fortsetzung*

Norm	Typ	Schutzumfang	Einteilung nach FwDV 500	Schutzumfang
DIN EN 14605	3	CSA flüssigkeits- und staubdicht, flüssigkeitsdichte Verbindungen	Form 2	schützt ausschließlich gegen Kontaminationen mit festen und begrenzt mit flüssigen Stoffen Kontaminations-, Infektions- oder Flüssigkeitsschutzanzug
DIN EN 14605	4	CSA spray- und staubdicht, sprühdichte Verbindungen		
DIN EN ISO 13982	5	CSA staub- und aerosoldicht	Form 1	schützt gegen Kontaminationen mit festen Stoffen und bietet eingeschränkten Spritzschutz Brandschutzkleidung und Schutzhaube zur Abdeckung des Hals/Kopf-Bereichs
DIN EN 13034	6	CSA eingeschränkt gegen flüssige Chemikalien, sprühdicht)		

6.3.1 Beständigkeit der Schutzbekleidung

Bei Kontakt von Gefahrstoffen mit der PSA können diese durch Permeation, Penetration, und Degradation in das Anzuginnere gelangen.

Permeation ist der Durchtritt von Schadstoffen aufgrund von Diffusion durch den Stoff der PSA. Jede Chemikalie hat ihre spezifische Permeationszeit. Diese ist bei der Einsatzdauer zu berücksichtigen.

Penetration ist der Durchtritt von Schadstoffen durch makroskopische Perforationen im Schutzstoff. Diese können von Fertigungsfehlern aber auch von Beschädigungen (z. B. durch Hinknien) herrühren. Als Degradation wird die Beschädigung der PSA durch die Reaktion von Chemikalien mit dem Anzug- bzw. Handschuhmaterial bezeichnet. Dies kann zum Verlust der Schutzfunktion führen. Muss die PSA erneut eingesetzt werden, ist sie zuvor einer gründlichen Sichtprüfung zu unterziehen, um Anzeichen einer Degradation zu erkennen. Ob die vorhandene PSA Schutz gegen eine bestimmte Chemikalie bietet, kann den Beständigkeitslisten der Hersteller entnommen werden.

6.3 Körperschutz

Bild 29: Dekontamination eines CSA-Trägers, links Schutzbekleidung (rot) der Form 2 nach FwDV 500, rechts CSA Form 3 nach FwDV 500.

Tabelle 30: Klassifizierung der Chemikalienschutzkleidung anhand der Permeation gem. EN 14325 Chemikalien-Schutzkleidung - Testmethoden und Leistungsklassen für Chemikalien-Schutzkleidung

Dauer bis zum Durchtritt einer festgelegten Masse einer Prüfsubstanz in Abhängigkeit von ihrer Toxizität
    Hochtoxische Stoffe (20 ug /cm^2)
    Toxische Stoffe (75 ug /cm^2)
    Sonstige Chemikalien (150 ug /cm^2)
	EN Klasse

> 10 Minuten	1
> 30 Minuten	2
> 60 Minuten	3
> 120 Minuten	4
> 240 Minuten	5
> 480 Minuten	6

6 Schutzmöglichkeiten vor CBRN-Gefahren

Chemikalien-Schutzanzüge können in der Regel bei höheren Temperaturen, wie sie bei Brandeinsätzen auftreten, nicht eingesetzt werden, ebenso sind diese aufgrund der Gefahr einer Versprödung des Anzugsmaterials bei sehr tiefen Temperaturen nicht einsatzfähig. Einmalanzüge werden nach der Beaufschlagung mit Gefahrstoffen als gefährlicher Abfall entsorgt. Wiederverwendbare CSA können nach einer Gefährdungsbeurteilung dekontaminiert (siehe dazu auch Kapitel 8) und unter Auflagen erneut eingesetzt werden.

6.3.2 Semipermeable Schutzbekleidung

Das Bundesamt für Bevölkerungsschutz und Katastrophenhilfe (BBK) hat für den Bevölkerungsschutz Schutzanzüge des Overgarment-Typs beschafft. Im Gegensatz zu impermeablen Schutzanzügen, die den Träger von der Umwelt hermetisieren, beruht die Schutzwirkung auf der Filtration der durchtretenden Umgebungsluft an einer Adsorptionsschicht aus Aktivkohle. Während Dämpfe organischer Schadstoffe an der Adsorptionsschicht gebunden werden, kann Wasserdampf den Anzugstoff durchdringen. Aufgrund dieser semipermeablen Eigenschaften tritt beim Overgarment kein Wärmestau auf. Dadurch entfällt die Tragezeitbeschränkung, die für nicht klimatisierte, gasdichte Anzüge besteht. Der Overgarment verfügt über eine wasser- und ölabweisend imprägnierte Stoffoberfläche, ist jedoch nicht wasserdicht. Die Schutzwirkung des Overgarment ist mit der Schutzwirkung eines CSA der Form 2 (FwDV 500) bzw. Typ 4 (EN) vergleichbar. Im A-Einsatz ist der Schutz vergleichbar der Kontaminationsschutzbekleidung Form 2.

6.3.3 Zusätzliche Komponenten der Schutzkleidung

Je nach Ausstattungsart des Schutzanzugs, z. B. CSA mit oder ohne integrierten Schutzhandschuhen und -stiefeln, sind bei Einsätzen mit CBRN-Gefahrstoffen weitere PSA-Komponenten zu tragen. Diese zusätzlichen PSA-Komponenten müssen dieselben Schutzeigenschaften, insbesondere Chemikalienbeständigkeit, aufweisen wie der eigentliche Schutzanzug.

Schutzstiefel
Schutzstiefel für CBRN-Einsätze müssen neben den grundsätzlichen Ausstattungsmerkmalen für Feuerwehr-Schutzstiefel (elektroisolierende und durchtrittsichere Profilsohle) auch undurchlässig gegen Flüssigkeiten und ausreichend beständig gegen

6.3 Körperschutz

Bild 30: *Permeabler Schutzanzug Overgarment (Quelle: Michael Weigle)*

Chemikalien sein. Über die Chemikalienbeständigkeit geben die von den jeweiligen Herstellern herausgegebenen Beständigkeitslisten Auskunft.

Schutzhandschuhe

Schutzhandschuhe sollen Hände und Unterarme gegen schädliche Einwirkungen schützen. Je nach Gefahrenkategorie werden Schutzhandschuhe eingeteilt in Schutzwirkungen gegen

- mechanische Gefahren,
- chemische und bakteriologischen Gefahren,
- ionisierende Strahlungen sowie
- thermischer Einwirkung durch Wärme und Feuer bzw. durch Kälte.

6 Schutzmöglichkeiten vor CBRN-Gefahren

Die Auswahl des Handschutzes muss sowohl der Gefährdung als auch den taktischen Aufgaben des Trägers gerecht werden:
- Durch die Kombination von Schutzhandschuhen wird der Schutzumfang erhöht, z. B. kann der mechanische oder der thermische Schutz der Butylhandschuhe des CSA durch entsprechende darüber getragen Handschuhe verbessert werden. Da dabei der Bewegungswiderstand zu- und die Taktilität abnimmt, muss immer eine Abwägung zwischen Schutz und Auftragserfüllung getroffen werden.
- Bei der Probenahme wird durch Nitril-Einmalhandschuhe, die über den Handschuhen der PSA getragen und nach jeder genommenen Probe gewechselt werden, die Gefahr einer Kontaminationsverschleppung auf später genommene Proben (Kreuzkontamination) minimiert.
- Die Versorgung kontaminierter Verletzter ist mit ABC-Schutzhandschuhen nur eingeschränkt möglich. Einmalhandschuhe von ausreichender Beständigkeit (siehe Herstellerangaben) ermöglichen hier einen Kompromiss zwischen der Möglichkeit einer Behandlung und dem Schutz des medizinischen Personals.

6.3.4 Einsatzgrundsätze PSA

- Zum Schutz der Einsatzkräfte ist in Zweifelsfällen bei nicht bekanntem/nicht beurteilbarem Gefährdungspotenzial immer von der höchsten Schutzstufe auszugehen.
- Die Persönliche Schutzausrüstung ist von jeder Einsatzkraft zu tragen, die den Gefahrenbereich betritt. Die PSA dient dem Schutz der Person vor Inkorporation und Kontamination.
- Die Einsatzdauer bei Einsätzen in nicht klimatisierten Schutzanzügen ist aufgrund des Wärmestaus auf 30 Minuten zu begrenzen. Zwischen zwei PSA-Einsätzen muss eine Erholungszeit von mindestens 90 Minuten liegen.
- Die Zeit für die Dekontamination ist bei der Abschätzung der Einsatzzeit ausreichend zu berücksichtigen (zirka zehn Minuten).
- Bei Einsätzen in Innenbereichen (Gebäude, Behälter, Silos, Stollen, Schächte u. ä.) müssen umluftunabhängige Atemschutzgeräte verwendet werden, bis sichergestellt ist, dass die Voraussetzungen für den Einsatz von Filtergeräten (Sauerstoffgehalt der Atemluft höher als 17 %, Art und Konzentration der schädlichen Luftbegleitstoffe bekannt) dauerhaft vorliegen.

6.4 Kollektivschutz

- PSA-Träger müssen mindestens zu zweit vorgehen. Bei komplexen Einsatzaufgaben ist der Trupp aufgrund der verminderten Leistungsfähigkeit den Aufgaben entsprechend zu verstärken.
- Eine Atemschutzüberwachung ist streng genommen nur für Einsätze unter umluftunabhängigem Atemschutz erforderlich, sollte jedoch bei jeder Form der PSA erfolgen.

6.4 Kollektivschutz

Kollektivschutz bezeichnet die Nutzung technischer Maßnahmen, die mehreren Personen Schutz bieten, z. B. Gebäude, spezielle Schutzbauten und schutzbelüftete Fahrzeuge. Der Schutz der Insassen erfolgt durch die Barrierewirkung des Gebäudes bzw. Fahrzeugs und, bei Vorhandensein einer Schutzbelüftungsanlage, durch die Überdruckbelüftung mit gefilterter Luft. Das setzt dessen rechtzeitigen Verschluss voraus (Schließen von Fenstern und Türen, Abschalten der Lüftungsanlage). Durch eine zeitgerechte Warnung ist sicherzustellen, dass die Bevölkerung über die Gefährdung und die Schutzmaßnahmen informiert wird.

Da immer auch Leckagen vorhanden sind, erfolgt ein zeitlich verzögerter Anstieg der Schadstoffkonzentration im Innenraum. Schutzbauten und schutzbelüftete Fahrzeuge verfügen daher über eine Schutzbelüftungsanlage, die Außenluft über ein Filtersystem in den Innenraum pumpt und darin einen geringen Überdruck aufbaut. Dieser verhindert bei kleineren Leckagen ein Eindringen von Schadstoffen. Aufgrund des technischen Aufwands ist der Einsatz von Schutzbelüftungsanlagen zumeist auf militärische Fahrzeuge beschränkt. Für gewöhnliche Fahrzeuge ist davon auszugehen, dass innerhalb von 20 Minuten die Schadstoffkonzentration in der Innenluft der in der Umgebungsatmosphäre entspricht.

6.4.1 Schutzwirkung von Gebäuden

Abhängig von der Dichtigkeit und insbesondere der Luftwechselrate haben Räume, auch für längere Zeiträume, gegenüber Schadgasen und partikelgetragenen Schadstoffen eine erhöhte Schutzwirkung.

Innerhalb eines Gebäudes wird, wenn nur für eine begrenzte Zeit eine Freisetzung des Gefahrstoffs erfolgt, in vielen Fällen nur ein Bruchteil der Außenluftkonzentration des Gefahrstoffes erreicht. Wichtiger Parameter zur Beurteilung der effektiven Innenraumluftkonzentration bei einer Außenluftbelastung ist neben stoffspezifischen

6 Schutzmöglichkeiten vor CBRN-Gefahren

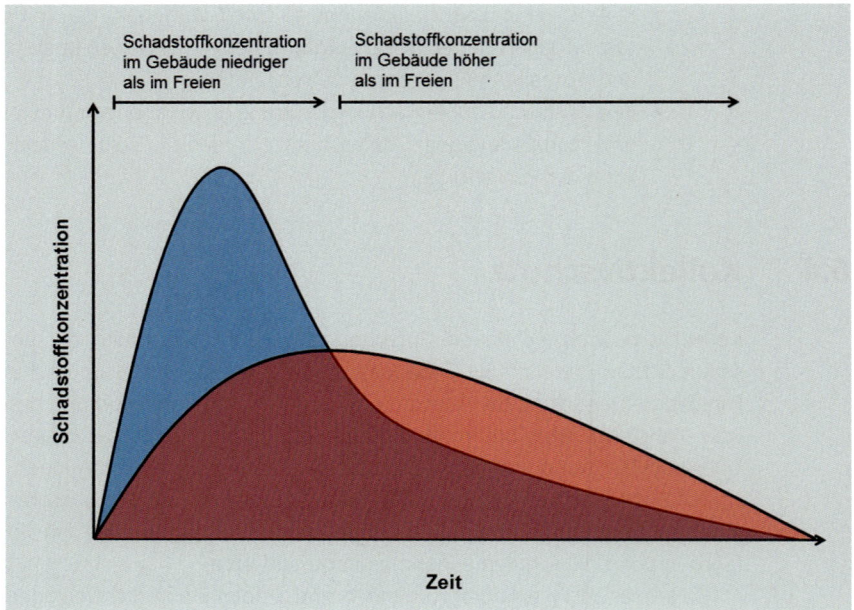

Bild 31: *Konzentrationsverlauf luftgetragener Schadstoffe im Freien (blau) und in Gebäuden (rot) (Quelle: Benjamin Hövel)*

Konstanten, der Quellstärke der Emission und den atmosphärischen Bedingungen, die Luftwechselrate des Schutzraumes. Die Luftwechselrate gibt das Vielfache des Raumvolumens an, das als Zuluft ausgetauscht wird. (Einheit 1/h). Bei den meisten Gebäuden liegt die Luftaustauschrate zwischen 0,1/h und 0,5/h. Das bedeutet, dass das 0,1 bis 0,5-fache des Raumvolumens pro Stunde ausgetauscht wird.

Bei Verbleib innerhalb von Gebäuden können die folgenden Maßnahmen zur Verminderung der Luftaustauschrate getroffen werden:
- Abschalten von klima- und raumlufttechnischen Anlagen und der Heizung.
- Fenster und Türen, auch Innentüren, schließen.
- Möglichst Räume im Gebäudeinneren aufsuchen. In außenwandabgewandten Räumen erreichen die maximalen Innenraumluftkonzentrationen durchschnittlich nur die Hälfte bis zwei Drittel der maximalen Innenraumluftkonzentration des höchstbelasteten Raumes.
- Mögliche Gebäudeöffnungen abdichten (z. B. mit Paketband abkleben), Lüftungs- und sonstige Maueröffnungen, Fenster- und Türfugen u. ä.

6.4 Kollektivschutz

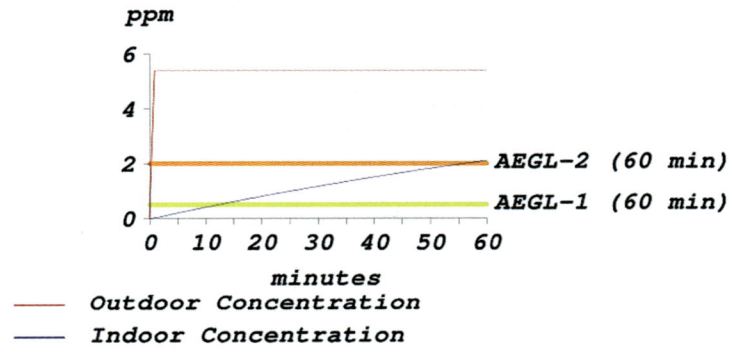

Bild 32: *Modellrechnung der Freisetzung von Chlor (ALOHA V. 5.4.7., EPA). Der Beurteilungswert für nicht anhaltende, reversible Gesundheitseffekte wird im Innenraum erst nach einer Stunde erreicht.*

- Horizontale Evakuierung: Innerhalb der Gebäudeebene (Geschoss) am schlechtesten belüfteten Raum auf der windabgewandten Seite aufsuchen z. B. fensterloser Hauswirtschaftsraum o. ä.
- Vertikale Evakuierung: Bei mehrgeschossigen Gebäuden einen Raum in einem oberen Geschoss aufsuchen. Dies gilt insbesondere dann, wenn die Innentemperatur höher ist als die Außentemperatur. Da die Dichte vieler luftgetragener Schadstoffe größer ist als die der Luft, reichern sich diese in Bodennähe an, daher sind in den oberen Geschossen zumeist niedrigere Außenluftkonzentrationen zu erwarten.

Nach dem Absinken der Gefahrstoffkonzentration im Freien sind Personen in Gebäuden aufzufordern, diese gründlich zu belüften:

- Geschossweise horizontale Querlüftung der Räume (Fenster weit geöffnet; »mit Durchzug«).
- Vertikale Querlüftung: Wohnung – Treppenraum – Ober-/Dachgeschoss; wo immer möglich Dachfenster o. ä. öffnen.

6.4.2 Freisetzung von CBRN-Gefahrstoffen in Gebäuden

Ist eine Gefahrstofffreisetzung in einem Gebäude erfolgt, muss aufgrund der Luftströmung eine Verteilung auf nicht betroffene Bereiche angenommen werden. Für die

6 Schutzmöglichkeiten vor CBRN-Gefahren

im Gebäude befindlichen Personen besteht daher eine hohe Gefährdung, die unmittelbare Einsatzmaßnahmen erforderlich macht:
- Sofortige Räumung des Gebäudes.
- Die Personen sind zu einem Sammelplatz an der windzugewandten Seite des Gebäudes zu leiten.

6.5 Schutz durch Entfernen aus dem Gefahrenbereich

6.5.1 »Stay put (shelter in place)« – Verbleiben im Gebäude

Insbesondere bei einer Freisetzung kleinerer Gefahrstoffmengen oder bei zeitlich begrenzten Gefährdungen hat sich das Aufsuchen und Verbleiben von Personen in Gebäuden als bessere Einsatzmaßnahme erwiesen.

Faustregel: Bis zu drei Stunden nach einer Freisetzung ist die Schadstoffkonzentration im Freien höher als in Gebäuden. Durch Einleitung einer kurzzeitigen Evakuierung (Räumung) würden die Menschen in eine höhere Gefahrstoffkonzentration geführt.

6.5.2 Rettung/kurzzeitige Evakuierung (Räumung)

Vorsorgliches, schnelles und kurzfristiges In-Sicherheit-bringen von Personen aus einem akut gefährdeten Bereich an einen sicheren Ort. Die kurzzeitige Evakuierung ist eine unvorbereitete Maßnahme bei überraschend auftretenden Ereignissen, wie Bränden oder Explosionsgefahr durch Stofffreisetzungen nach Unfällen und Havarien.

6.5.3 Langzeitige Evakuierung

Geplantes, längerfristiges Verbringen von Personen aus einem gefährdeten Bereich an einen sicheren für die Aufnahme vorbereiteten Ort. Evakuierungen werden beispielsweise bei Bombenentschärfungen eingeleitet, da bei diesen Gefährdungen ein ausreichender zeitlicher Vorlauf vorhanden ist, um die notwendige Infrastruktur vorzubereiten. Evakuierungsmaßnahmen sind sehr personalintensiv und müssen umfassend vorgeplant sein.

7 Feststellen von CBRN-Gefahren

Der schnellen und zuverlässigen Feststellung von CBRN-Gefahrstoffen und ihrem Ausbreitungsverhalten kommt bei der Abwehr von CBRN-Gefahrenlagen eine Kernbedeutung zu. Für die Beurteilung einer CBRN-Lage sind die Menge des vorliegenden Schadstoffs bzw. der davon ausgehenden Gefahren, die Art der Freisetzung (schlagartig oder kontinuierlich), die Ausdehnung der Freisetzung und die auf den Schadstoff wirkenden meteorologischen Bedingungen von Bedeutung. Bereits bei Verdacht auf eine Gefahrstofffreisetzung sind Maßnahmen zur CBRN-Erkundung einzuleiten.

Die CBRN-Erkundung kann
- passiv durch das Erkennen von Anzeichen eines CBRN-Ereignisses und das Mitführen von Warngeräten oder
- aktiv durch den Einsatz von Erkundungskräften erfolgen.

Zusätzlich sind weitere zur Verfügung stehende Informationsquellen zu nutzen. Darunter fallen auskunftsfähige Personen, wie Betriebsangehörige oder Gefahrgutfahrer, und die Auswertung von Begleitpapieren oder Datenbanken.

Die CBRN-Erkundung benötigt Zeit. Daher sind frühzeitig Kräfte anzusetzen, um die zur Gefährdungsbeurteilung bzw. für die Einleitung von Folgemaßnahmen erforderlichen Erkenntnisse zu gewinnen. Um eine rechtzeitige Warnung der Bevölkerung zu erreichen, muss diese bereits aufgrund erster Erkenntnisse einer Gefahrstofffreisetzung auf der Basis von Abschätzungen und Berechnungen erfolgen. Die Erkundungsergebnisse dienen dann zur Überprüfung der Warn- und ggfs. Räumungsmaßnahmen. Da CBRN-Lagen häufig eine hohe Dynamik aufweisen, sind Erkundungsmaßnahmen während der gesamten Einsatzdauer weiterzuführen.

Die CBRN-Erkundung umfasst:
- den Nachweis des Gefahrstoffes oder der von ihm ausgehenden Gefahren,
- die Probenahme,
- die Beobachtung von Wetterparametern,
- das Markieren von festgestellten Gefahren,
- das Dokumentieren und Melden der Erkundungsergebnisse.

Nicht alle Tätigkeiten sind zwangsläufig bei jedem Erkundungseinsatz notwendig.

7 Feststellen von CBRN-Gefahren

7.1 Der Nachweis von CBRN-Gefahren

Nach einer Freisetzung eines Gefahrstoffes ist vorrangig festzustellen, um welchen Stoff es sich handelt, in welcher Menge er vorliegt und welche räumliche Ausdehnung die Gefährdung hat bzw. annehmen wird. Um so schnell wie möglich die für eine Lagebeurteilung notwendigen Parameter zu ermitteln, müssen die Einsatzkräfte über Nachweisgeräte verfügen, die bereits an der Einsatzstelle Aussagen über die Art und die Konzentration der beteiligten Gefahrstoffe ermöglichen. Der Nachweis von Gefahrstoffen ist gemäß der vfdb-Richtlinie 10/05 »ABC-Gefahrstoffnachweis im Feuerwehreinsatz« definiert als »Oberbegriff für die Untersuchung von Gefahrstoffen durch Spüren, Messen oder Analysieren«.

Die vfdb-Richtlinie 10/05 unterscheidet vier Stufen des Nachweises durch Kräfte der Gefahrenabwehr:

Tabelle 31: *Nachweisstufen nach der vfdb-Richtlinie 10/05*

Stufe	Nachweis durch	Durchführende Kräfte	Zweck
1	Wahrnehmungen an der Einsatzstelle	Alle Einsatzkräfte	Erkennen einer Gefährdung
2	Spüren	Messtrupps mit Gerät LF/ELW/GW-G/GW-AS	Abschätzen der Gefährdung
3	Messen	CBRN-Erkundungstrupps mit CBRN-ErkW/ GW-Mess	Eingrenzen des Gefahrenbereichs
4	Analysieren	ATF	Identifizieren des Gefahrstoffs

Grundsätzlich ist anzustreben, Messergebnisse durch verschiedene Messmethoden abzusichern. Der Einsatz von Kräften der höheren Qualifikationsstufe dient damit auch zur Bestätigung der bereits gewonnenen Ergebnisse. Unberücksichtigt bleiben hier weiterführende analytische Maßnahmen im Rahmen der Strafverfolgung oder der Therapie.

7.1.1 Wahrnehmen

In der Anfangsphase der Abwehrmaßnahmen liegen häufig keine Informationen vor, die auf eine Freisetzung von Gefahrstoffen schließen lassen. Daher ist das frühzeitige

7.1 Der Nachweis von CBRN-Gefahren

Erkennen einer Beteiligung von CBRN-Stoffen durch Auswertung der eingehenden Meldungen und der Wahrnehmungen der ersten, an der Einsatzstelle eintreffenden Kräfte, ausschlaggebend. Dazu zählen:
- Informationen aus der Bevölkerung mit gleichlautenden Schilderungen von Vergiftungserscheinungen, typischerweise Sehstörungen, Husten, Atemnot, Krämpfe oder Hautreizungen;
- das Erkennen von Gefahrenkennzeichnungen;
- die Bauart beteiligter Behälter oder Fahrzeuge, z. B. Tankfahrzeuge, Druckbehälter, usw.;
- Aussagen von Personen (z. B. Betriebsangehörigen), Vorliegen von Merkblättern, Transportpapieren, ERI-Cards;
- untypische Wahrnehmungen wie ortsfremder Geruch und Nebelbildung.

Hinweise auf eine mögliche Gefahrstoff-Freisetzung im Zusammenhang mit einem Anschlag können sein:
- Beobachtung eines Anschlags oder dessen Vorbereitung, wie das Platzieren verdächtiger Gegenstände;
- Eingehen einer Vorankündigung oder einer Bekennerinformation mit einem Hinweis auf die Beteiligung von CBRN-Gefahrstoffen.

Besteht bereits in der Frühphase des Einsatzes ein Anschlagsverdacht, sind die ersten Kräfte mit Alarmdosimetern und Mehrgasmessgeräten mit breitem Spektrum (VOC, Cyanwasserstoff, Schwefelwasserstoff und Ex-Gefahren) sowie (falls verfügbar) mit einem Ionenmobilitätsspektrometer auszustatten. Ein kontinuierlich messendes Warngerät zur Feststellung von biologischen Gefahrstoffen ist zum jetzigen Zeitpunkt noch nicht verfügbar.

Beobachtungen der Einsatzkräfte, die auf einen Anschlag mit CBRN-Gefahrstoffen hinweisen, können sein:
- mehrere Personen mit vergleichbaren Vergiftungssymptomen, insbesondere
    - Sehstörungen und Miosis,
    - Kopfschmerzen, Übelkeit oder Benommenheit,
    - Verstärkter Nasenausfluss, Speichel- und Tränenfluss
    - Atemnot, Beklemmungsgefühl.
- Fluchtverhalten von Personen weg vom Ereignisort;
- ortsfremde Geruchswahrnehmung (»Chemiegeruch«), beobachtbare Kontaminationen, (z. B. Pulver, Flüssigkeitslachen/-spritzer, Gas- oder Nebelwolke);

7   Feststellen von CBRN-Gefahren

- erkennbare Kennzeichnungen an Behältern bzw. Fahrzeugen (Gefahrensymbole, Gefahrzettel, Gefahrnummer, Stoffnummer).

Merke:
Kontaminationen können häufig nicht direkt erkannt werden.

7.1.2   Spüren

Unter »Spüren« wird der Nachweis durch Methoden verstanden, die eine Gefahrenfeststellung im Sinne einer Ja/Nein-Aussage erlauben. Darunter fallen das Feststellen von radioaktiven Gefahren mit Dosisleistungswarngeräten, der B-Nachweis mit Schnelltests (»Hand Held Testkits«) und der Nachweis chemischer Gefahrstoffe mit kolorimetrischen Verfahren (Prüfröhrchen, Spürpapiere und Spürpulver). Der Vorteil liegt in der schnellen Detektion einer vorliegenden CBRN-Gefahr durch Kräfte der Gefahrenabwehr. Nachteile sind teils vorhandene Querempfindlichkeiten, d. h. das Ansprechen auf andere Stoffe sowie das Problem der geringen Sensitivität unter Feldbedingungen.

7.1.3   Messen

»Messen« bezeichnet die Konzentrationsbestimmung eines Gefahrstoffes oder der von ihm ausgehenden Gefährdung. Darunter fällt im A-Einsatz das Feststellen der Dosisleistung, beim Nachweis chemischer Gefahrstoffe die Konzentrationsbestimmung einer freigesetzten Substanz. Der vom BBK beschaffte CBRN-ErkW ist mit seinen Nachweisgeräten zum Messen befähigt. Aufgrund seiner Geräte-Ausstattung können für zahlreiche Stoffe Messergebnisse mit einer zweiten Messmethode bestätigt werden.

7.1.4   Analysieren

»Analysieren« stellt die höchste Stufe des Nachweises in der Gefahrenabwehr dar. Zur Analyse sind komplexe Nachweismethoden notwendig, die eine Probenvorbereitung erfordern und durch Fachpersonal angewendet werden können. Darunter fällt die Nuklididentifikation bei radiologischen Gefahrenlagen oder die massenspektrome-

7.1 Der Nachweis von CBRN-Gefahren

trische Analyse von Luftproben zum Nachweis chemischer Gefahrstoff-Gemische. In der Gefahrenabwehr sind beispielsweise die »Analytical Task Forces« zum Analysieren von chemischen und radiologischen Gefahrstoffen befähigt.

7.1.5 Unterscheidung der Nachweishöhe gemäß der »Rahmenkonzeption für den CBRN-Schutz im Bevölkerungsschutz«

Die »Rahmenkonzeption für den CBRN-Schutz im Bevölkerungsschutz« unterscheidet zwischen Detektion (vergleichbar dem »Spüren«) und Identifikation. Die Identifikation soll den vorliegenden Schadstoff sowohl qualitativ, als auch quantitativ nachweisen. Ziel ist die zweifelsfreie Bestimmung des freigesetzten Stoffes. Um der abgestuften Verfügbarkeit der unterschiedlich qualifizierten Kräfte Rechnung zu tragen, sieht die Rahmenkonzeption eine »Fähigkeitskette CBRN-Erkundung« von der Detektion bis zum zweifelsfreien Nachweis in einem Labor vor. Diese, auch in der NATO gebräuchliche Einteilung kann analog zum Stufenmodell der vfdb-Richtlinie 10/05 betrachtet werden.

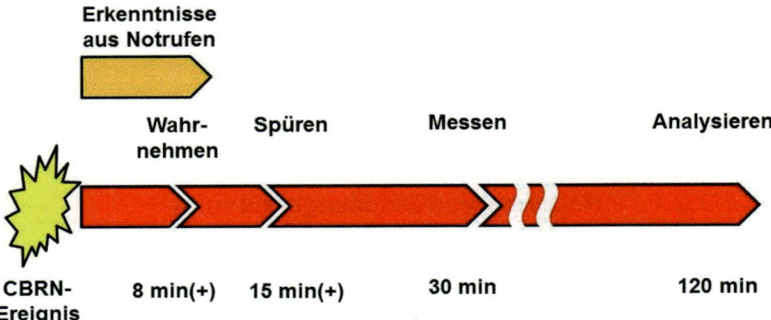

Bild 33: *Die angestrebte Verfügbarkeit von Kräften der unterschiedlichen Nachweisstufen an einer Einsatzstelle*

Das Ausstattungskonzept des Bundes sieht die Verfügbarkeit der Fähigkeit »Messen« innerhalb von maximal 30 Minuten und die Fähigkeitsstufe »Analysieren« bis zu 120 Minuten nach einem Schadenereignis vor.

7.2 Vorgehen beim Nachweis von Gefahrstoffen

Um reproduzierbare aussagekräftige Ergebnisse zu erhalten, sind beim Nachweis von Gefahrstoffen die folgenden Grundsätze einzuhalten. Wird in Oberflächennähe gemessen, ist eine Berührung des Messgeräts mit dem Gefahrstoff zu vermeiden, um eine Kontamination und damit die Beeinflussung folgender Messungen auszuschließen. Die Genauigkeit nimmt mit zunehmender Messzeit bzw. einer zunehmenden Anzahl an Messungen zu. »Ausreißer« unter den Messergebnissen lassen sich dadurch erkennen.

Stehen nur diskontinuierlich messende Systeme, z. B. Prüfröhrchen, zur Verfügung, sollte der Nachweis an einem Nachweisort mit mehreren Messungen durchgeführt werden (die vfdb-Richtlinie 10/05 empfiehlt drei Einzelmessungen pro Nachweisort). Problematisch sind allerdings der höhere Zeitbedarf und die beschränkte Anzahl der verfügbaren Prüfröhrchen.

Die Messzeit für kontinuierlich messende Geräte sollte an jedem Messpunkt zur Messwertermittlung mindestens die doppelte Anstiegszeit betragen. Unter der Anstiegszeit wird der Zeitraum verstanden, der benötigt wird, um einen stabilen Messwert zu erreichen.

Merke:
Für den Gefahrstoffnachweis im Einsatz wird die Anzeige des Messgeräts an einem Messpunkt eine Minute beobachtet und der Mittelwert gebildet.

7.2.1 Nachweis von Strahlengefahren

Grundsätzlich wird die Messung der Gamma-Dosisleistung in zirka einem Meter Höhe durchgeführt. Messungen radioaktiver Kontaminationen erfolgen in zirka zehn Zentimeter Abstand von der Oberfläche zum Nachweis von Beta-Strahlern bzw. in weniger als einem Zentimeter Abstand bei Alpha-Strahlern. Kontaminationen mit Alpha-Strahlern lassen sich aufgrund der geringen Reichweite der Strahlung nur schwer feststellen und unter Einsatzbedingungen kaum messen. Die Gefahr einer Kontamination des Messgeräts ist dabei sehr hoch.

7.2 Vorgehen beim Nachweis von Gefahrstoffen

7.2.2 Nachweis biologischer Gefahrstoffe

Biologische Gefahrstoffe können mit den heute verfügbaren Nachweisgeräten nicht direkt gemessen werden. Zum Nachweis ist eine Probenahme erforderlich.

7.2.3 Nachweis chemischer Gefahrstoffe

Im offenen Gelände werden luftgetragene Schadstoffe in zirka einem Meter Höhe über dem Boden nachgewiesen. In umschlossenen Räumen sind chemische Gefahrstoffe, die eine höhere Dichte als Luft aufweisen, in Bodennähe zu messen, leichtere Stoffe werden eine höhere Konzentration in Deckennähe aufweisen (falls die Raumdecke unerreichbar ist, erfolgt die Messung in Kopfhöhe). Ist das Ausbreitungsverhalten nicht bekannt, müssen Messungen in unterschiedlicher Höhe im Raum durchgeführt werden. Chemische Kontaminationen werden in möglichst geringem Abstand über der Oberfläche nachgewiesen.

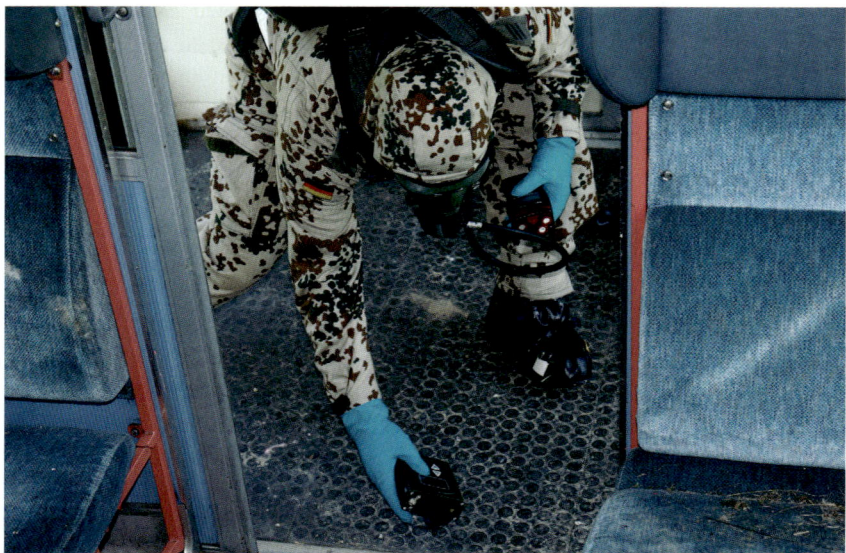

Bild 34: *Aufspüren einer C-Kontamination*

Bei unbekannten chemischen Gefahrstoffen sollte der Nachweis mit zwei unabhängigen Messmethoden erfolgen.

7 Feststellen von CBRN-Gefahren

> **Beispiel für den Nachweis mit zwei unabhängigen Messmethoden:**
> Aus einem abgestellten Fahrzeug tritt eine unangenehm riechende Flüssigkeit aus. Eine erste Orientierung mit angefeuchtetem pH-Papier ergibt eine Blaufärbung, am Prüfröhrchen »Ammoniak« wird ebenfalls eine blaue Verfärbung beobachtet (Beachte: beide basieren auf dem gleichen kolorimetrischen Messprinzip). Die Messung mit einem Gasmessgerät zeigt für die Ammoniak-Messzelle eine deutlich erhöhte Konzentrationsangabe. Durch die sich gegenseitig bestätigenden Ergebnisse zweier unabhängiger Messmethoden gewinnt der Nachweis eine höhere Aussagekraft.

Abweichungen von den Standardverfahren können sich durch die Art und die Eigenschaften des Schadstoffes und die Situation an der Einsatzstelle ergeben.

7.3 CBRN-Probenahme

Selten kann ein Schadstoff mit den Mitteln der Gefahrenabwehr direkt an der Einsatzstelle zweifelsfrei nachgewiesen werden. Hierzu ist eine Laboruntersuchung notwendig, die auf Basis von Proben geschieht. Um zu verhindern, dass die zu untersuchenden Gefahrstoffe aufgrund der Umwelteinflüsse verdünnt, inaktiviert oder chemisch abgebaut werden, hat die Probennahme schnellstmöglich zu erfolgen. Diese umfasst die Entnahme gasförmiger, flüssiger oder fester Proben nach standardisierten Verfahren, die Dokumentation, sowie, falls keine mobile Laborkapazität vor Ort verfügbar ist, den Transport zu einem stationären Labor.

Da Spezialisten der zuständigen Behörden dazu häufig nicht zeitgerecht verfügbar sind, müssen auch Einsatzkräfte in der Lage sein, CBRN-Proben zu nehmen (»Notfall-Probenahme«). Außerdem kann die Feuerwehr Fachbehörden aufgrund des für das Tragen von PSA ausgebildeten Personals bei der Entnahme von Proben in einem kontaminierten Umfeld unterstützen.

7.3.1 Entnahme von CBRN-Proben

Die Probenahme erfolgt bevorzugt an Stellen, an denen bereits Gefahrstoffe nachgewiesen wurden. Ist die Freisetzungsstelle bekannt, wird ein Probenahmeort möglichst in unmittelbarer Nähe in Windzugrichtung festgelegt. Bei Freisetzungen im Zuge einer Explosion (Dirty Bomb-Szenarien) erfolgt die Probenahme außerhalb des durch den Feuerball betroffenen Bereichs, da sich B- und C-Gefahrstoffe darin weitgehend umgesetzt haben. Liegt eine erkennbare Kontamination vor, ist diese möglichst ohne

7.3 CBRN-Probenahme

Verunreinigungen aufzunehmen, um eine zügige Laboranalyse ohne aufwendige Aufreinigung zu ermöglichen. Proben biologischer und chemischer Stoffe sind an Stellen zu nehmen, die keiner direkten Sonneneinstrahlung oder Wärmebeaufschlagung ausgesetzt sind.

An einem Probenahmeort sollten mindestens zwei Proben genommen werden. Werden Luftproben mit Sammelröhrchen genommen, ist ein Röhrchen mit 100 ml Luft und eines mit 1000 ml Luft zu beaufschlagen. Im Falle einer hohen Schadstoffkonzentration wird so ein »Überladen« der zur Analyse verwendeten Messgeräte vermieden. Außerhalb des gefahrstoffbelasteten Bereichs wird zusätzlich eine Kontrollprobe genommen, um falsch positive Ergebnisse, etwa aufgrund früherer Umweltbelastungen, erkennen und ausschließen zu können.

7.3.2 Probenverpackung und Probentransport

Die Probenverpackung hat zwei wesentliche Aufgaben:
- der Schutz der Umwelt vor der potentiell gefahrstoffhaltigen Probe und
- der Schutz der Probe vor Umwelteinflüssen.

Dazu hat sich eine vierstufige Probenverpackung bewährt. Die erste Stufe bildet das Primärgefäß, in das die Probe gefüllt wird. Für chemische Proben ist wesentlich, dass das Primärgefäß gegen die Substanz ausreichend beständig ist. Das Primärgefäß wird anschließend in einen luftdichten Kunststoffbeutel (ZIP-Beutel aus PE) verpackt (zweite Stufe). Dadurch ist im Falle einer Undichtigkeit des Primärgefäßes sowohl ein Austritt von Probengut als auch dessen Schutz vor Dekontaminationsmitteln gewährleistet. So verpackt wird die Probe durch die Erkundungskräfte am Probenübergabepunkt abgegeben.

Zur Ausschleusung der Proben aus dem Gefahrenbereich müssen die verpackten Proben dekontaminiert werden. Dazu hat sich eine Tauchdekontamination bewährt.

Danach wird der PE-Beutel in ein Sekundärgefäß verpackt. Die Umverpackung muss sicherstellen, dass ein gefahrloser Transport für die Umwelt und das Probengut selbst möglich ist. Dazu ist den gültigen Beförderungsrichtlinien entsprechendes Verpackungsmaterial bereitzuhalten. Zum Schutz des Transportpersonals sollten radioaktive Proben ab einer Dosisleistung größer als 5 µSv/h an ihrer Oberfläche in einem Abschirmbehälter transportiert werden. Für den Transport biologischer Proben sind zu deren Schutz vor Wärme Isolierboxen und Kühlelemente zu verwenden, um eine Schädigung des biologischen Materials zu minimieren.

7 Feststellen von CBRN-Gefahren

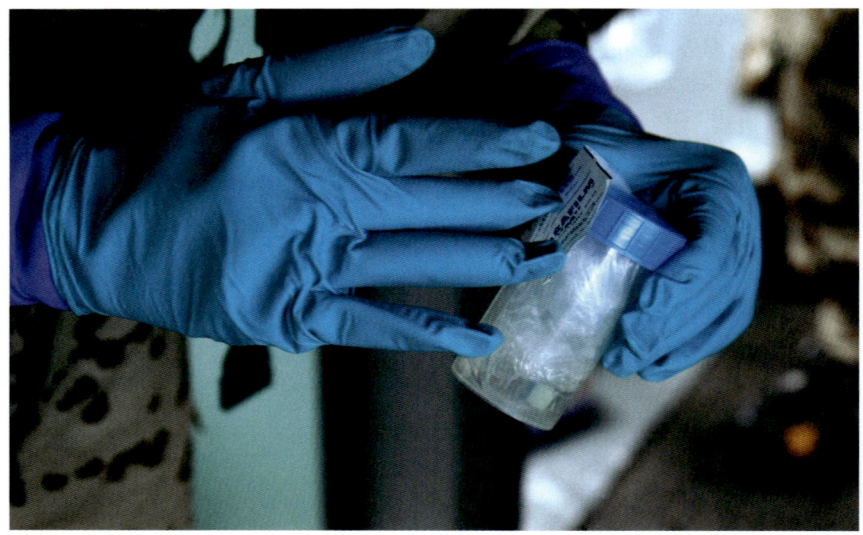

Bild 35: *Primärgefäß mit Probe*

Tabelle 32: *Dekontaminations-Lösungen für Probenverpackungen*

Kontaminationsart	Dekontaminationsmittel
Radioaktiv	1 %ige Netzmittel-Lösung
Biologisch	2 %ige Peressigsäure-Lösung
Chemisch	10 %ige Chloramin T-Lösung

Um eine exakte Auswertung und Zuordnung der Probe zu gewährleisten, ist ein Probenahmeprotokoll beizufügen. Dazu muss das Protokoll natürlich auch aus dem Gefahrenbereich ausgeschleust werden. Eine elegante Methode ist das Abfotografieren am Probenübergabepunkt. Zusammen mit der Fotodokumentation der Probenahme wird das Protokoll auf einen Datenträger gespeichert und zusammen mit dem Sekundärgefäß an das Labor der Wahl versandt.

Der Probentransport kann nicht den Anforderungen eines Gefahrguttransports entsprechen, da der Stoff und seine Konzentration in der Probe nicht zweifelsfrei bekannt sein dürften. Das Mitführen entnommener Proben auf dem für die Erkundung genutzten Fahrzeug fällt als Notfallbeförderung »zur Rettung menschlichen

Lebens oder zum Schutz der Umwelt« unter den Buchstaben e) des Unterabschnitts 1.1.3.1 ADR. Die Ausnahmeregelung entbindet jedoch nicht von einer sorgfältigen Verpackung und Kennzeichnung der Proben.

7.3.3 Probenahmematerial

Das Material zur Probenahme sollte mindestens die Entnahme von Bodenproben, Wischproben und Flüssigkeitsproben ermöglichen. Bei der Beschaffung ist eine enge Kooperation mit den für die spätere Untersuchung vorgesehenen Laboren anzustreben. Durch die Nutzung von Einwegmaterial für die Probenahme und Probenverpackung kann eine gegenseitige Kontamination verschiedener Proben (Kreuzkontamination) ausgeschlossen werden. Es hat sich bewährt, alle für die Entnahme einer Probe benötigten Utensilien bereits komplett, z. B. in einem ZIP-Beutel, zusammenzufassen. Für die während der Probenahme anfallenden Abfälle ist ein PE-Müllbeutel mitzuführen. Dadurch wird das Zurückbleiben von »Artefakten« vermieden, die beispielsweise spätere Ermittlungsarbeiten stören können. Für den Transport des Entnahmematerials und der Proben im Gefahrenbereich ist eine Umhängetasche oder ein einfacher Rucksack nutzbar.

Detaillierte Informationen zur Durchführung der Probenahme enthalten die »Empfehlungen für die Probenahme zur Gefahrenabwehr im Bevölkerungsschutz« des BBK.

7.4 Wetterbeobachtung

Die Erfassung lokaler Wetterdaten ermöglicht das Abschätzen der kleinräumigen Schadstoffausbreitung und liefert die Parameter zur Berechnung des gefährdeten Gebiets mittels Ausbreitungsprogrammen.

Die für eine Berechnung mit Auswerteprogrammen wesentlichen Parameter sind die Windrichtung und die Windgeschwindigkeit, das Auftreten von Niederschlägen und Indikatoren, aus denen die Stabilität der Luftschichtung berechnet werden kann. Dazu zählen die Wolkenbedeckung, die Lufttemperatur und der Bodenzustand (trocken, feucht, schneebedeckt). Die meisten der genannten Punkte lassen sich an der Einsatzstelle mit einfachen Mitteln erfassen (Hand-Anemometer, Kompass, Flatterband). Als Unterstützung kann dazu ein Vordruck »Wetterhilfsmeldung« dienen, der die Wetterdaten umfasst, die für das am Standort genutzte Ausbreitungsprogramm benötigt werden.

7 Feststellen von CBRN-Gefahren

7.5 Markieren

Um zu vermeiden, dass ungeschützte Personen mit freigesetzten Gefahrstoffen in Kontakt geraten, muss der Gefahrenbereich in ausreichendem Abstand gekennzeichnet werden (siehe 10.2.2). Zur Markierung des Gefahrenbereichs dient das auf den Einsatzfahrzeugen mitgeführte Material (Absperrband, Verkehrsleitkegel). Falls Hinweistafeln mit Gefahrensymbolen verfügbar sind, können diese die Markierung ergänzen. Bei Dunkelheit sind Warnleuchten u. ä. zu verwenden.

Nur selten ist es notwendig, den gesamten Gefahrenbereich lückenlos zu markieren (bei einer punktförmigen Kontamination wären dazu bei einem 50 m-Radius 230 m Flatterband notwendig). Wo immer möglich, sind bestehende Barrieren wie Zäune und Mauern einzubeziehen. Sollen bei großflächigen Gefahrenbereichen nur die Zufahrtswege markiert werden, ist eine Markierung über die komplette Straße zu vermeiden. Stattdessen kann diese gut sichtbar an den Straßenrändern vorgenommen werden.

7.6 Dokumentieren und Melden

Die schnelle und sichere Übermittlung der erzielten Erkundungsergebnisse ist wesentlich für deren Nutzbarkeit durch die Einsatzleitung. Beim Absetzen der Meldungen, ob analog mit Vordrucken oder digital, ist zu berücksichtigen, dass die Datenübermittlung zu einer Einschränkung des Funkkanals führt. Bei der Übertragung mittels Sprechfunk verkürzt die Nutzung von Vordrucken mit Kennbuchstaben die Übermittlungszeit. Erkundungsergebnisse, wie Kennzeichnungen auf Behältern, können mittels digitaler Bilder übermittelt werden. Daher sollten Erkundungskräfte über eine Digitalkamera mit dekontaminationsbeständiger Umverpackung (z. B. Kamerataschen für Unterwasseraufnahmen) verfügen.

7.7 Geräte und Mittel zum Nachweis von CBRN-Gefahren

Aufgrund der vielfältigen Eigenschaften von CBRN-Gefahrstoffen ist kein Universalgerät verfügbar, das alle Einsatzsituationen abdeckt. Abhängig von den unterschiedlichen Stoffeigenschaften und der Einsatzsituation sind verschiedene Nachweismethoden notwendig, die darauf basierenden Geräte haben spezifische Vor- und Nachteile.

7.7 Geräte und Mittel zum Nachweis von CBRN-Gefahren

Grundsätzlich können die Geräte in kontinuierlich und diskontinuierlich messende Systeme unterschieden werden. Kontinuierlich messende Geräte eignen sich besonders zur Feststellung von Tendenzen einer Gefahrstoffausbreitung, beispielsweise eines Konzentrationsverlaufs während einer Messfahrt oder bei Durchzug einer Schadstoffwolke. Die im CBRN-Schutz eingesetzten diskontinuierlich messenden Geräte dienen der Identifikation von Gefahrstoffen an einem Messpunkt. Sie sind im Freien nur eingeschränkt zur Messung von Konzentrationen anwendbar. Nicht zu vernachlässigende Faktoren bei der Beschaffung von Messgeräten sind der Ausbildungsaufwand und die erforderlichen Grundlagenkenntnisse des Personals. Im Folgenden werden die in der Gefahrenabwehr genutzten Geräte wiedergegeben und hinsichtlich der kontinuierlichen bzw. diskontinuierlichen Arbeitsweise, der Nachweisstufe auf der sie Verwendung finden sowie der für die Anwendung erforderlichen Ausbildung und der Vorkenntnisse des Personals klassifiziert.

7.7.1 Nachweismethoden für radiologische Gefahrstoffe

Die Beta- und die Gammastrahlung können mit den in der Gefahrenabwehr verfügbaren Messgeräten gut erfasst werden. Dagegen ist die Alphastrahlung aufgrund ihrer geringen Reichweite unter Einsatzbedingungen nur schwer nachweisbar. Es besteht die Gefahr, dass Alphastrahler bei Verwendung der feuerwehrüblichen Messgeräte und ohne ausreichende Erfahrung »übersehen« werden.

Dosimeter
In der Gefahrenabwehr werden zur Erfassung der Gamma-Personendosis sogenannte »Amtliche Dosimeter« und Alarmdosimeter verwendet.

Messung	Nachweisstufe	Ausbildung	Vorkenntnisse
bauartbedingt	2 bis 4	Standort+	Lg GSG

Als amtliche Dosimeter werden meistens Filmdosimeter genutzt. Der darin befindliche Film wird bei der Bestrahlung geschwärzt. Diese Veränderung ist proportional zu der aufgenommenen Strahlendosis. Nach der Entwicklung des Films lässt sich daraus die durch den Träger aufgenommene Dosis errechnen. Amtliche Dosimeter können nicht durch den Träger zurückgesetzt werden.

7 Feststellen von CBRN-Gefahren

Dosiswarngeräte (Alarmdosimeter) dienen dazu, eine Überschreitung der festgelegten Einsatzdosis durch die Einsatzkraft zu vermeiden. Dabei werden die registrierten Impulse aufsummiert und zur Gammadosis umgerechnet. Neben der Anzeige der aufgenommenen Dosis erfolgt bei Erreichen einer einstellbaren Warnschwelle eine optische und akustische Warnung des Trägers. Um das Dosiswarngerät abzulesen und die Warnung wahrnehmen zu können, wird es über der PSA getragen (eine Ausnahme stellt der CSA mit darunter getragenem Atemschutzgerät dar). Für das »Amtliche Dosimeter« schreibt die FwDV 500 das Tragen im Brustbereich unter der Kontaminationsschutzkleidung vor.

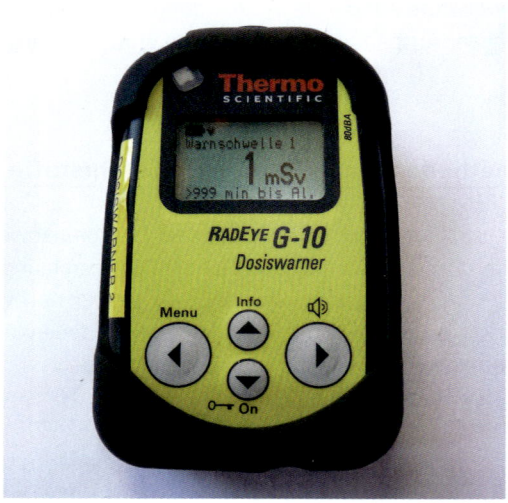

Bild 36: *Dosiswarngerät oder »Alarmdosimeter« (Quelle: Michael Weigle)*

Dosisleistungsmessgeräte

Dosisleistungsmessgeräte werden zur Messung der γ–Ortsdosisleistung, zum Festlegen des Gefahrenbereichs und zum Auffinden von Strahlenquellen eingesetzt. Dosisleistungsmessgeräte, die über eine Dosisleistungs-Warnfunktion verfügen, eignen sich besonders zur Festlegung der Absperrgrenze.

Messung	Nachweisstufe	Ausbildung	Vorkenntnisse
kontinuierlich	2 bis 4	Standort+	Lg GSG

7.7 Geräte und Mittel zum Nachweis von CBRN-Gefahren

Ältere Dosisleistungsmessgeräte arbeiten nach dem Geiger-Müller-Prinzip, während neuere über ein Proportionalzählrohr verfügen. Bei beiden erfolgt die Messung der γ-Strahlung durch Ionisierung eines Zählgases im Zählrohr. Die entstandenen Ionen werden an elektrisch geladenen Platten entladen und der Stromfluss gemessen. In der kurzen Zeitspanne zwischen Ionisierung und Entladung kann keine Messung erfolgen (Totzeit im Bereich von Microsekunden).

In den vergangenen Jahren sind Dosisleistungsmessgeräte auf den Markt gekommen, die mit Halbleitermesszellen (Szintilationsdetektoren) aus Cadmium-Zink-Tellurid (CZT) ausgestattet sind. Diese Zählrohre weisen keine Totzeit auf.

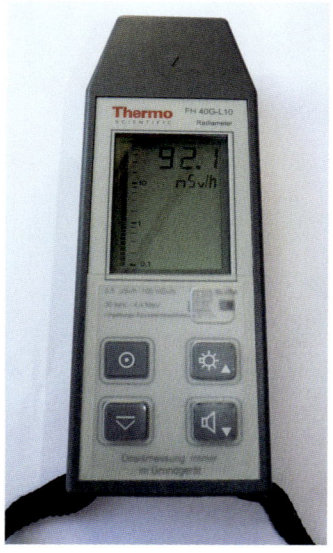

Bild 37: *Dosisleistungsmessgerät (Quelle: Michael Weigle)*

Eine Sonderform stellen Dosisleistungsmessgeräte mit Teleskopverlängerung dar. Sie ermöglichen die Ausnutzung des Abstandsgesetzes und dadurch eine geringere Dosisbelastung der Einsatzkräfte.

Geräte zur Nuklididentifikation und NBR-Sonden
Zur feldmäßigen Nuklidbestimmung werden Szintillations- Zählrohre eingesetzt. NBR (Natural Background Reduction)-Detektoren zum Auffinden von Strahlenquellen arbeiten ebenfalls nach diesem Prinzip. Diese sind in der Lage, radioaktive Quellen von dem natürlichen Strahlungshintergrund zu unterscheiden.

7 Feststellen von CBRN-Gefahren

Bild 38: *Dosisleistungsmessgerät mit Teleskopverlängerung (Quelle: Michael Weigle)*

Messung	Nachweisstufe	Ausbildung	Vorkenntnisse
kontinuierlich	3 bis 4	Lehrgang	Lg GSG

Die Szintillationstechnik basiert auf der Anregung von Elektronen der Atomhülle durch ionisierende Strahlung. Chemische Verbindungen, wie Natriumjodid oder Naphthalin, geben diese Energie als Lichtemission wieder ab (Szintillation). Die abgegebenen Lichtsignale werden registriert und die Dosisleistung errechnet. Mittels

Szintillationszählrohren lässt sich die Energie der abgegebenen γ–Strahlung bestimmen, die für das jeweilige Radionuklid charakteristisch ist.

Bild 39: *NBR-Detektor zum Auffinden von Strahlenquellen*

Kontaminations-Nachweisgeräte bzw. -Außensonden

Für den Nachweis von α- und β-Kontaminationen werden Kontaminationsmonitore und Zusatzsonden für Dosisleistungsmessgeräte eingesetzt.

Messung	Nachweisstufe	Ausbildung	Vorkenntnisse
kontinuierlich	2 bis 4	Standort+	Lg GSG

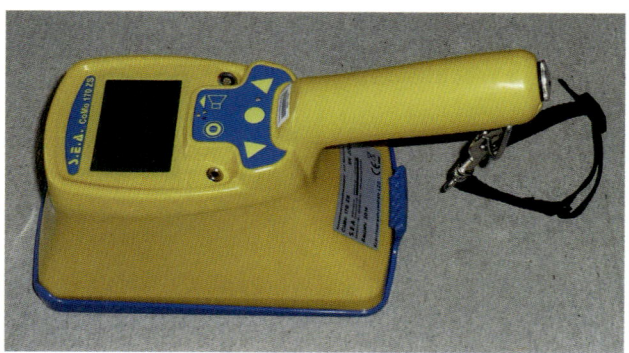

Bild 40: *Kontaminationsnachweisgerät*

Kontaminations-Nachweisgeräte verfügen über großflächige Proportionalzählrohre, teils auch über eine Szintillationssonde. Inzwischen gibt es Zusatzsonden für Dosisleistungsmesser, die deren Einsatz als Kontaminationsnachweisgeräte ermöglichen. Besonders der Nachweis von Alpha-Strahlern erfordert Erfahrung.

7.7.2 Nachweismethoden von biologischen Gefahrstoffen

Der kontinuierliche Nachweis biologischer Gefahrstoffe in Echtzeit unterhalb einer Gefährdungskonzentration (»Detect to warn«) ist mit den heute verfügbaren Nachweismethoden nicht möglich. Außerdem können mit den an der Einsatzstelle nutzbaren Geräten nicht alle Erreger in Konzentrationen unterhalb ihrer infektiösen Dosis nachgewiesen werden. Damit lässt sich ein positives Messergebnis als Hinweis auf das Vorhandensein eines Erregers werten, ein fehlender Nachweis darf dagegen nicht zum Ausschluss einer Gefährdung dienen. Die zweifelsfreie Identifikation erfordert für B-Gefahren deshalb eine Probenahme und die anschließende Laboruntersuchung. Aufgrund des verzögerten Wirkungseintritts von Krankheitserregern steht damit der frühestmögliche Nachweis zur Immunisierung der Betroffenen im Vordergrund (»Detect to treat«).

Immunologische Nachweisreaktionen
Krankheitserreger besitzen auf ihren Oberflächen charakteristische Proteine (Antigene). Für deren Nachweis wurden Reaktionspartner (Antikörper) entwickelt, die spezifisch an den Antigenen eines Erregers ankoppeln.

»Handheld Test Kits« (HHTK)
HHTK dienen zum Nachweis von Erregern in festen (»weißes Pulver«) oder flüssigen Verdachtsproben. Sie sind einfach anwendbar, allerdings wenig sensitiv.

Messung	Nachweisstufe	Ausbildung	Vorkenntnisse
diskontinuierlich	2 bis 4	Standort+	Lg GSG

HHTK bestehen aus einem Flies, das sich in einer Kunststoffkassette befindet. Das Vliesmaterial ist in vier Zonen unterteilt. Die Probe wird in einer isotonischen Lösung aufgenommen und auf die Auftragungszone aufgebracht. Durch Kapillarkräfte wandert die Lösung in die Reaktionszone, in der sich farblich markierte Antikörper befinden. Die Flüssigkeit löst die Antikörper aus dem Vliesmaterial, wobei diese sich an die Antigene der Erreger binden. In der anschließenden Immobilisierungszone befinden sich ebenfalls Antikörper, diesmal jedoch auf dem Vliesmaterial fixiert. Die Erreger werden über ihre freien Antigene in dieser Zone immobilisiert. Da sie bereits farbige Antikörper gebunden haben, erscheint bei positivem Nachweis ein Strich. Ungebundene farbige Antikörper wandern mit der Lösung weiter bis zur Kontrollzone und werden hier durch einen Reaktionspartner an das Vliesmaterial gebunden. In der Kontrollzone muss deshalb bei negativen und positiven Tests ein Strich erscheinen.

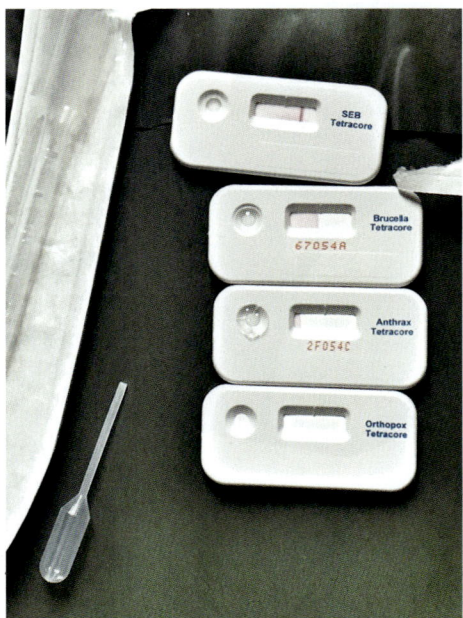

Bild 41: *Immunologischer Nachweis mittels HHTK (Quelle: Henri Derschum)*

Polymerase Chain Reaction (PCR)-Geräte
Mit tragbaren bzw. in Fahrzeugen verbauten PCR-Systemen können Bakterien und Viren spezifisch nachgewiesen werden. Dazu ist ein Erreger-spezifischer Testkit erforderlich.

7 Feststellen von CBRN-Gefahren

Messung	Nachweisstufe	Ausbildung	Vorkenntnisse
diskontinuierlich	4	Firmenausbildung	berufl. Vorbildung

Bei der PCR werden für einen Erreger spezifische DNA-Sequenzen aus seinem Erbgut herausgeschnitten, vervielfacht und deren Vermehrung photometrisch nachgewiesen. Je nach Gerätetyp liegen die Ergebnisse nach 30 – 120 Minuten vor.

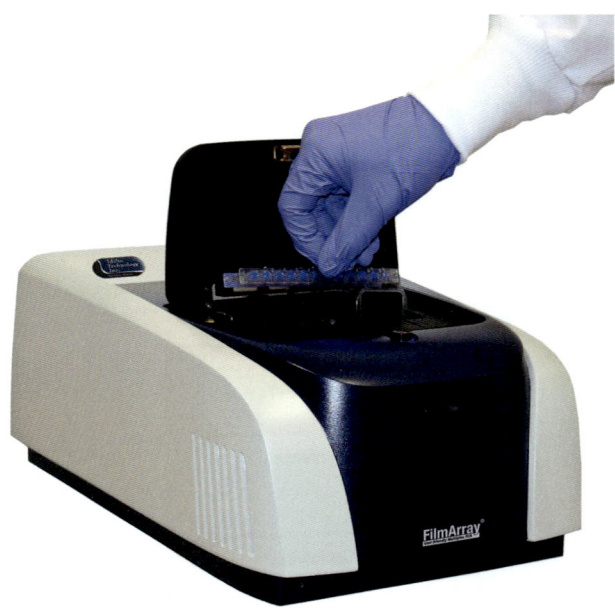

Bild 42: *transportables PCR-Gerät für den Bio-Nachweis (Quelle: Analyticon Instruments GmbH)*

7.7.3 Nachweismethoden von chemischen Gefahrstoffen

Chemische Gefährdungen können durch eine Vielzahl von Stoffen mit unterschiedlichen chemischen und physikalischen Eigenschaften hervorgerufen werden. Der Wirkungseintritt kann bei explosionsfähigen Gemischen von brennbaren Dämpfen mit der Luft in Sekundenbruchteilen erfolgen. Für toxische Stoffe ist die Zeitspanne

7.7 Geräte und Mittel zum Nachweis von CBRN-Gefahren

konzentrationsabhängig. Sollen Messgeräte zur Warnung der Einsatzkräfte dienen, müssen sie nicht nur in der Lage sein, den Stoff nachzuweisen, sondern diesen auch bereits unter der akut gefährlichen Konzentration zu detektieren. Die genauere Identifikation verlangt Messverfahren, die aufgrund des höheren Zeitbedarfs nicht zur Warnung geeignet sind.

Nachweis durch Farbreaktionen
Farbreaktionen finden Verwendung zum Gefahrstoffnachweis mit Prüfröhrchen, bei Indikator- und Testpapieren und im Spürpulver.

Messung	Nachweisstufe	Ausbildung	Vorkenntnisse
diskontinuierlich	1 bis 4	Standort	Truppmannausbildung

Mit Prüfröhrchen können Schadstoffe in der Luft qualitativ erfasst werden. Ein quantitativer Nachweis ist in geschlossenen Räumen möglich, im Freien hat das Ergebnis nur orientierenden Charakter. Indikatorpapiere und Teststreifen werden zur Ermittlung von Stoffkonzentrationen in Lösungen eingesetzt. Spürpulver sowie Testpapiere eignen sich zum Aufspüren chemischer Kontaminationen.

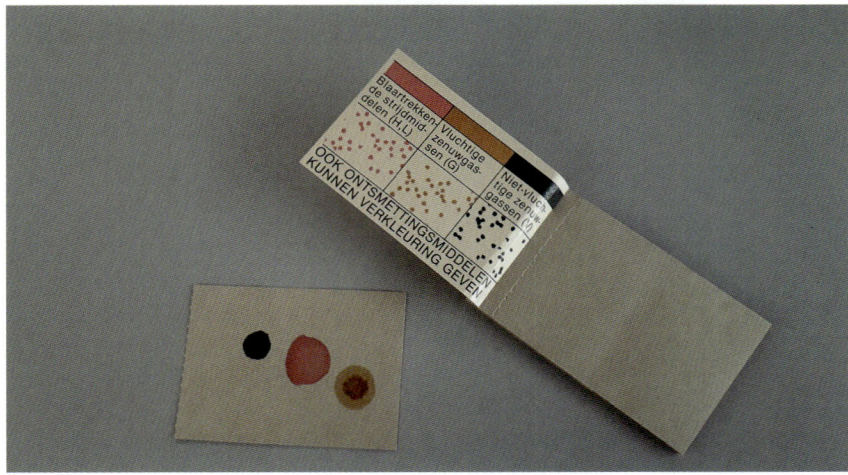

Bild 43: *Beispiele für den Gefahrstoff-Nachweis mit kolorimetrischen Nachweismitteln*

7   Feststellen von CBRN-Gefahren

Der Farbumschlag erfolgt durch eine Reaktion des Detektors mit dem Schadstoff. Die Farbreaktion wird meistens mit dem Auge erfasst, daneben existieren auch automatische Auswertesysteme.

Chemische Messzellen
Diese finden beispielsweise in Ein- und Mehrgasmessgeräten Verwendung und ermöglichen eine kontinuierliche Überwachung der Umgebungsatmosphäre auf das Auftreten toxischer oder explosiver Gase und Dämpfe. Sie können zur Warnung vor auftretenden Gefahrstoffen, zum Abschätzen der Effektgrenzen im freien Gelände und zum Aufspüren von Kontaminationen eingesetzt werden. Mehrgasmessgeräte registrieren nur Schadstoffe, die mit ihren Messzellen erfasst werden können.

Messung	Nachweisstufe	Ausbildung	Vorkenntnisse
kontinuierlich	1 bis 4	Standort+	Truppmannausbildung

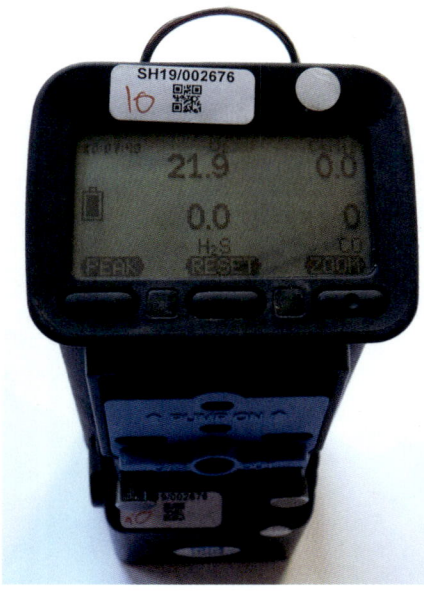

Bild 44: *Messgerät mit Wärmetönungssensor zur Bestimmung von Explosionsgefahren (LEL = UEG) und elektrochemischen Sensoren für den Nachweis verschiedener Gase (Quelle: Michael Weigle)*

7.7 Geräte und Mittel zum Nachweis von CBRN-Gefahren

Die gebräuchlichen Messzellen arbeiten grundsätzlich nach zwei Prinzipien. Der Wärmetönungssensor oxidiert brennbare Dämpfe und Gase katalytisch. Die dabei freigesetzte Wärmeenergie ist zu niedrig, um ein explosionsfähiges Gemisch zu zünden, reicht allerdings aus, um die Leitfähigkeit der Messzelle zu beeinflussen. Diese wird mit einer Vergleichselektrode korreliert und aus der Differenz die Schadstoffkonzentration berechnet.

Elektrochemische Messzellen oxidieren ebenfalls die nachzuweisenden Schadstoffe, allerdings erfolgt dieser Vorgang an zwei getrennten Elektroden. Der zwischen diesen Elektroden gemessene Stromfluss ist proportional der Konzentration des Schadstoffs in der Umgebungsatmosphäre.

Photoionisationsdetektoren (PID)

Der PID dient zur Bestimmung gasförmiger Schadstoffe. PID eignen sich zur Feststellung von Konzentrationsverläufen in der Umgebungsatmosphäre und zum Nachweis von chemischen Kontaminationen mit organischen Substanzen. Sie können auch zum Abschätzen von Effektgrenzen eingesetzt werden, wenn der Schadstoff bekannt ist und das Gerät über den Kalibrierfaktor zur Umrechnung des Messsignals in die Konzentration verfügt.

Messung	Nachweisstufe	Ausbildung	Vorkenntnisse
kontinuierlich	2 bis 4	Standort+	Lg GSG

Die Photoionisation ionisiert Moleküle durch Herausschlagen von Elektronen aus der Atomhülle mit UV-Licht. Da die Bestandteile der Luft eine höhere Ionisierungsenergie benötigen als beispielsweise organische Schadstoffe, können durch die Wahl einer UV-Lampe mit entsprechender Energie selektiv Verunreinigungen in der Atmosphäre erfasst werden. Die ionisierten Moleküle werden an einer Kathode entladen und der Stromfluss gemessen. Liegt ein einzelner bekannter Schadstoff vor, kann dessen Konzentration bestimmt werden, falls der Kalibrierfaktor für die Umrechnung hinterlegt ist. Bei Schadstoffgemischen ist keine Trennung nach einzelnen Bestandteilen möglich. Das PID eignet sich deshalb nicht zur Substanzidentifikation.

7 Feststellen von CBRN-Gefahren

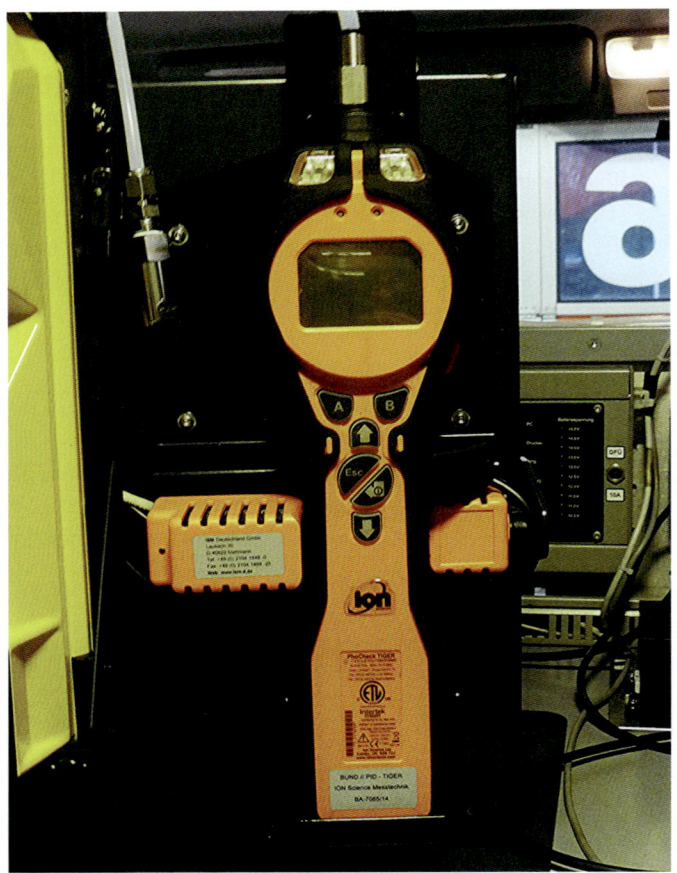

Bild 45: *Photoionisationsdetektor in einem Messfahrzeug*

Ionenmobilitätsspektrometer (IMS)

IMS sind kontinuierlich messende Nachweisgeräte zur Identifikation von organischen Agentien. IMS werden in der mobilen Schadstoffanalytik zum Nachweis von Industriechemikalien, Kampfstoffen und Sprengstoffen eingesetzt. Sie eignen sich als Alarmgerät, z. B. bei Einsätzen an einem Anschlagsort, und zum Aufspüren der Kontaminationsgrenzen. Ferner können IMS zur Kontaminationsüberprüfung an Geräten eingesetzt werden.

7.7 Geräte und Mittel zum Nachweis von CBRN-Gefahren

Messung	Nachweisstufe	Ausbildung	Vorkenntnisse
kontinuierlich	3 bis 4	Standort+	Lg CBRN-Erkundung

Beim Beschuss organischer Moleküle mit Elektronen entstehen für die jeweilige Substanz charakteristische Bruchstücke. Im IMS werden diese elektrisch geladenen Bruchstücke in einer Driftröhre beschleunigt und anschließend registriert. Anhand der charakteristischen Flugzeit der verschiedenen Ionen erfolgt die Identifizierung der Substanz. Das Verfahren hat eine sehr kurze Ansprechzeit, allerdings nur mit kleinen Datenbanken.

Bild 46: *Ionenmobilitätsspektrometer (Quelle: Bruker Daltonik GmbH)*

Infrarot (IR)-Spektrometrie

IR-Spektrometer dienen zur Analyse von festen und flüssigen Verbindungen. Mit IR-Spektrometern (zumeist in der Bauart der Fourier-Transformationsgeräte FT-IR) können wasserfreie Gefahrstoffproben vor Ort untersucht werden.

Messung	Nachweisstufe	Ausbildung	Vorkenntnisse
diskontinuierlich	3 bis 4	Lehrgang (+)	Lg CBRN-Erkundung

Infrarotstrahlung regt in Molekülen Schwingungen der Bindungen an. Bei dieser Anregung wird, abhängig von der chemischen Zusammensetzung, IR-Strahlung bestimmter Wellenlängen absorbiert. IR-Spektrometer bestrahlen das Probenmaterial mit IR-Strahlung unterschiedlicher Wellenlänge und messen die Energieabsorption. Das aufgezeichnete Absorptionsspektrum ist charakteristisch für eine Substanz. Die Identifizierung erfolgt durch Vergleich mit abgespeicherten Spektren. Substanzen ohne Molekülbindungen (z. B. Kochsalz) sind für IR-Geräte nicht sichtbar.

Bild 47: *tragbares FT-IR-Spektrometer (Quelle: Smiths Detection)*

Raman-Spektroskopie

Raman-Spektrometer ermöglichen die Identifikation von festen und flüssigen, auch wasserhaltigen, chemischen Proben, die Molekülbindungen aufweisen. Mit Raman-Spektrometern können Gefahrstoffe vor Ort identifiziert werden. Der Nachweis funktioniert auch für Substanzen, die in Glas- oder Kunststoffflaschen verpackt sind.

7.7 Geräte und Mittel zum Nachweis von CBRN-Gefahren

Messung	Nachweisstufe	Ausbildung	Vorkenntnisse
diskontinuierlich	3 bis 4	Lehrgang(+)	Lg CBRN-Erkundung

Bild 48: *Raman-Spektrometer (Quelle: Smiths Detection)*

Die Messung basiert auf der Bestrahlung der Probe mit Laser-Licht. Ein geringer Anteil des Lichts wird durch unelastische Streuung zurückgeworfen. Bei diesem Vorgang verändert sich die Wellenlänge in einer, für den jeweiligen Stoff charakteristischen, Weise. Das so erhaltene Spektrum wird aufgezeichnet und mit einer Spektrenbibliothek verglichen. Stoffe, die keine Molekülbindungen aufweisen (z. B. Natriumchlorid) oder dunkel gefärbt sind, werden nicht nachgewiesen. Reaktive Stoffe, wie Nitrocellulose oder Schwarzpulver können durch den Laserstrahl entzündet werden.

7 Feststellen von CBRN-Gefahren

Gaschromatographie-Massenspektrometer-Kopplungen (GC/MS)

GC/MS werden zur Analyse von organischen Verbindungen eingesetzt. Mit tragbaren bzw. in Fahrzeugen verbauten GC/MS können gasförmige und verdampfbare flüssige organische Substanzen direkt vor Ort analysiert werden.

Messung	Nachweisstufe	Ausbildung	Vorkenntnisse
bauartabhängig	4	Firmenausbildung	berufl. Vorbildung

Ein GC/MS-System stellt eine Kombination zweier unterschiedlicher Nachweissysteme dar. Der Gaschromatograph (GC) besteht aus der beheizten Kapillare, deren Innenseite mit Silikonöl (stationäre Phase) beschichtet ist. Die zu untersuchenden Substanzen werden verdampft und mithilfe eines Trägergases (mobile Phase) durch die Kapillare transportiert. Werden verschiedene Substanzen zum gleichen Zeitpunkt in das Messgerät eingebracht, wandern diese mit der mobilen Phase durch die Kapillare. Aufgrund der unterschiedlich starken Wechselwirkung mit der stationären Phase ist deren Wanderungsgeschwindigkeit verschieden groß. Dadurch werden Substanzgemische aufgetrennt und die Einzelsubstanzen können nach Passieren der GC-Säule einzeln mit dem Massenspektrometer analysiert werden.

Nach Passieren der GC-Säule werden die Substanzen über ein Einlasssystem in das Massenspektrometer (MS) eingeschleust. Die Substanzmoleküle werden durch Beschuss mit Elektronen in ionisierte Molekülbruchstücke zerlegt, beschleunigt und fokussiert. Ein anschließender Separator (Quadrupol-Filter oder Ion-Trap) erlaubt zu einem festen Zeitpunkt jeweils nur Bruchstücke einer definierten Masse zu passieren, welche dann an einer Kathode entladen werden. Der dabei auftretende Stromfluss ist proportional der Anzahl der Massenbruchstücke. Die so nach Art und Anzahl getrennt nachgewiesenen Bruchstücke sind als Massenspektrum charakteristisch für die jeweilige Substanz.

7.7 Geräte und Mittel zum Nachweis von CBRN-Gefahren

Bild 49: *GC/MS für den fahrzeuggestützten Einsatz (Quelle: Bruker Daltonik GmbH)*

IR-Fernerkundung

IR-Ferndetektionsgeräte dienen dem kontinuierlichen Nachweis von luftgetragenen Gefahrstoffen. Sie bieten die Möglichkeit, Gefahrenschwerpunkte (z. B. Sportstadien) sowie das Abdriftverhalten von Gefahrstoffwolken oder beschädigte Produktionsanlagen, aus denen eine Freisetzung droht, zu überwachen.

Bild 50: *IR-Ferndetektionsgerät (Quelle: Fa. Brucker Daltonik GmbH)*

7 Feststellen von CBRN-Gefahren

Der Sensor des Gerätes erfasst die IR-Abstrahlung der Schadstoffwolke und führt eine Identifikation anhand der für den jeweiligen Stoff charakteristischen IR-Signatur durch. Für die Geräte werden Reichweiten bis zu zehn Kilometer angegeben, allerdings können Umwelteinflüsse, wie Niederschläge, diese Distanz deutlich verringern. IR-Ferndetektionsgeräte werden von Kräften der Nachweisstufen 4 eingesetzt. Die Ausbildung zur Handhabung sollte lehrgangsgebunden erfolgen.

8 Die Dekontamination von CBR-Gefahrstoffen

Von Kontaminationen können, abhängig von dem verursachenden Stoff, Risiken ausgehen, welche die Maßnahmen der Gefahrenabwehr erheblich beeinflussen. Für jeden Einsatz mit gefährlichen Stoffen gilt daher der Grundsatz der Kontaminationsvermeidung. Er muss für ungeschützte Personen uneingeschränkt angewendet werden. Um eine Gefährdung durch den Kontakt mit kontaminierten Oberflächen zu minimieren, bzw. eine Verschleppung von Gefahrstoffen außerhalb des eigentlichen Gefahrenbereichs zu vermeiden, sind Kontaminationen umgehend durch Dekontaminationsmaßnahmen zu entfernen oder zumindest deren Ausmaß auf ein Minimum zu verringern. Dabei muss verhindert werden, dass es zu einer Kontaminationsverschleppung aus dem Gefahrenbereich heraus kommt, beispielsweise durch kontaminierte Abwässer.

8.1 Die Dekontamination in der Gefahrenabwehr

Die FwDV 500 definiert die Dekontamination als Reduzierung einer auf der Oberfläche von Lebewesen, Gegenständen oder Bodenflächen befindlichen Kontamination. In der Gefahrenabwehr wird zwischen der Dekontamination von geschütztem Personal in PSA (Dekon P), ungeschützten Personen ohne sichtbare Verletzungen und kontaminierten Verletzten (Dekon V) sowie von Geräten, Infrastruktur und der Umwelt (Dekon G) unterschieden. Die Dekontamination von Personen hat grundsätzlich die höchste Priorität.

Die FwDV 500 unterscheidet zwei qualitativ unterschiedliche Niveaus der Dekontamination:

- Die Grobdekontamination (Grobreinigung): Sie verringert das Kontaktrisiko. Beim Umgang mit grob dekontaminierten Materialien müssen, abhängig vom vorliegenden Schadstoff, jedoch weiterhin Schutzmaßnahmen getroffen werden.
- Die gründliche Dekontamination (Feinreinigung): Sie soll die Gefährdung so weit minimieren, dass gesetzliche Grenzwerte unterschritten werden und das dekontaminierte Material bzw. die dekontaminierte Infrastruktur ohne Auflagen genutzt werden kann.

8 Die Dekontamination von CBR-Gefahrstoffen

Bild 51: *Grobdekontamination eines CSA-Trägers vor dem Ablegen der Schutzbekleidung (Quelle: OWR GmbH)*

Bild 52: *Gründliche Dekontamination im Rahmen der Tierseuchenbekämpfung*

8.1 Die Dekontamination in der Gefahrenabwehr

Kräfte der Feuerwehr führen die Dekontamination als Grobreinigung durch. Weitergehende Dekontaminationsmaßnahmen sowie die Freigabe dekontaminierter Geräte und Infrastruktur obliegen den zuständigen Fachbehörden. Diese können dazu durch die Feuerwehr in Amtshilfe unterstützt werden.

8.1.1 Dekontamination von geschütztem Personal (Dekon P)

Die Dekon P dient der Beseitigung einer Kontamination des unter PSA eingesetzten Personals. Sie erfolgt auf einem dazu eingerichteten Dekontaminationsplatz. Der Schwerpunkt der Dekon P liegt auf dem Ablegen der PSA, unter Vermeidung einer Kontaminationsverschleppung auf den Anzugträger. Um das Risiko während des Ablegens zu minimieren wird bei biologischen und chemischen Gefahrstoffen eine Vordekontamination der Außenflächen der PSA durchgeführt. Bei Einsätzen mit radioaktiven Gefahrstoffen ist eine Kontaminationskontrolle an dem eingesetzten Personal vorzunehmen. Besteht der Verdacht einer Hautkontamination des PSA-Trägers, muss dieser nach den Grundsätzen der Dekon V dekontaminiert werden.

8.1.2 Dekontamination von ungeschützten Personen und Verletzten (Dekon V)

Werden nicht ausreichend geschützte Personen im Gefahrenbereich angetroffen, ist von einer Kontamination der Körperoberfläche auszugehen. Abhängig von der Art des Gefahrstoffs kann dies in kurzer Zeit zu schweren Gesundheitsschäden führen. Deshalb müssen Personen, bei denen eine Kontamination der Körperoberfläche nicht ausgeschlossen werden kann, als Verletzte eingestuft werden. Die Dekon V muss in enger Zusammenarbeit zwischen der medizinischen Notfallversorgung und den für die Dekontamination verantwortlichen Kräften (zumeist der Feuerwehr) erfolgen. Kontaminierte Personen sind, soweit medizinisch möglich und erforderlich, noch an der Einsatzstelle unter Anleitung und in Verantwortung des Rettungsdienstes zu dekontaminieren, um neben dem Schutz der Betroffenen auch eine Kontaminationsverschleppung in Rettungsfahrzeuge und Behandlungseinrichtungen auszuschließen. Müssen lebensrettende Sofortmaßnahmen vor der Dekontamination eingeleitet werden, ist der Eigenschutz des Sanitätspersonals zu beachten.

8.1.3 Dekontamination von Geräten, Fahrzeugen und Infrastruktur (Dekon G)

Unter dem Begriff Dekon G fallen die Dekontamination von PSA, Kleingeräten, Kraftfahrzeugen sowie von Infrastruktur und der Umwelt. Die FwDV 500 unterscheiden zwischen der eigenen Ausrüstung und fremdem Material. Für kontaminiertes Gerät ist an der Einsatzstelle eine »Grobreinigung« vorgesehen, um dieses gefahrlos abtransportieren zu können. Das weitere Vorgehen, wie die gründliche Dekontamination oder die Entsorgung, ist mit der zuständigen Fachbehörde abzustimmen. Eine Ausnahme stellen Großschadenslagen dar, die den erneuten Einsatz von grob dekontaminierten Geräten erforderlich machen.

Fremdes Material und Infrastruktur werden durch die Feuerwehr nur dekontaminiert, wenn es zur Gefahrenabwehr notwendig ist. Eine gründliche Dekontamination von fremdem Gerät und Infrastruktur kann jedoch im Zuge der Amtshilfe erfolgen, etwa bei der Tierseuchenbekämpfung.

8.1.4 Das Stufenkonzept der Dekontamination

Die FwDV 500 sieht für die Personen-Dekontamination ein dreistufiges Konzept vor:

Dekon-Stufe I – Not-Dekontamination
Die Notdekontamination wird erforderlich, wenn Personen ohne PSA mit schnell wirkenden Gefahrstoffen kontaminiert wurden oder ein Notfall von Einsatzkräften in PSA eingetreten ist. Sie muss mit dem Tätigwerden der ersten Einsatzkräfte im Gefahrenbereich sichergestellt sein. Die Notdekontamination schließt die zeitliche Lücke zwischen den ersten Einsatzmaßnahmen unter PSA und der Einsatzbereitschaft eines »Standard-Dekonplatzes«.

Dekon-Stufe II – Standard-Dekontamination
Die Standard-Dekontamination ist bei einem Tätigwerden von Kräften unter PSA sicherzustellen. Der Dekon-Platz P muss 15 Minuten nach dem ersten Anlegen einer persönlichen Sonderausrüstung (Anschluss des Pressluftatmers) betriebsbereit sein. Eine Ausnahme davon ist nur zur Menschenrettung zulässig und durch den Einsatzleiter anzuordnen.

8.1 Die Dekontamination in der Gefahrenabwehr

Bild 53: *Notdekontamination (Quelle: Florian Brutscher)*

Bild 54: *Standard-Dekonplatz (Quelle: Feuerwehr Freiburg, Abt. 18 ABC)*

8 Die Dekontamination von CBR-Gefahrstoffen

Dekon-Stufe III – Erweiterte Dekontamination
Müssen eine größere Anzahl von Personen und/oder schwer lösliche Verschmutzungen dekontaminiert werden, sind erweiterte Dekontaminationsmaßnahmen erforderlich. Die Dekontamination von mehreren nicht gehfähigen Personen im Rahmen der Dekon V stellt beispielsweise eine Dekontaminationsmaßnahme der Stufe III dar.

Bild 55: *Dekon Platz V für gehfähige und nicht-gehfähige Verletzte (Quelle: OWR GmbH)*

8.2 Kontaminationen und ihre Eigenschaften

Die vfdb-Richtlinie 10/04 definiert eine Kontamination als »die Verunreinigung der Oberfläche von Lebewesen, des Bodens, eines Gewässers und/oder von Gegenständen mit radioaktiven, biologischen oder chemischen Gefahrstoffen, oder durch mit ABC-Gefahrstoffen verunreinigte Flüssigkeiten«.

8.2.1 Physikalische Eigenschaften von Kontaminationen

Maßgeblich für das Verhalten einer Kontamination ist der Aggregatzustand des verursachenden Gefahrstoffs. Feststoffe können sich an Oberflächen durch Adhäsion anhaften, dringen aber kaum in diese ein. Damit verbleibt die Kontamination auf der Oberfläche. Allerdings ist ein Einschwemmen von Feststoffen in poröse Materialien, Risse in Lackschichten usw., z. B. durch Regen oder Dekontaminationsflüssigkeiten, möglich. Da Feststoffe, wenn überhaupt, einen sehr geringen Dampfdruck aufweisen, kann ihre Verdunstung unter Einsatzbedingungen nicht zur Dekontamination genutzt werden.

Das Umweltverhalten von Flüssigkeiten wird u. a. durch ihren Siedepunkt bestimmt. Kontaminationen von Flüssigkeiten mit einem Siedepunkt unter 80°C sind bei 20°C Umgebungstemperatur i. d. R. innerhalb einer Stunde verdunstet. Dadurch kontaminieren sie Oberflächen nur kurzzeitig, können aber schnell höhere Konzentrationen in der Umgebungsatmosphäre erreichen. Höhersiedende Flüssigkeiten verdunsten langsamer und können Oberflächen über einen längeren Zeitraum kontaminieren.

Flüssigkeiten treten, abhängig von ihren physikalischen Eigenschaften, mit Oberflächen in engen Kontakt. Dadurch wird es Schadstoffteilchen erleichtert, die Phasengrenze zwischen der Flüssigkeit und der Materialoberfläche zu überwinden und mit dieser in Wechselwirkung zu treten. Dabei ist die Polarität der beteiligten Stoffe ausschlaggebend. Stark polare Flüssigkeiten, wie Wasser, haben eine hohe Oberflächenspannung. Wasser zieht sich deshalb zu einem Tropfen zusammen und perlt auf wenig polaren Lackoberflächen ab. Unpolare Flüssigkeiten, z. B. Benzin, sind dagegen aufgrund ihrer geringeren Oberflächenspannung in der Lage, diese zu benetzen. In Flüssigkeiten können gasförmige und feste Schadstoffe gelöst vorliegen.

Gase führen nur in wenigen Fällen zu einer Oberflächenkontamination. Das hängt damit zusammen, dass die Stoffkonzentration in Gasen weit geringer ist als in Flüssigkeiten gleichen Volumens. Folgendes Beispiel macht das deutlich: Ein Liter Wasser ergibt 1700 Liter Wasserdampf. Umgekehrt enthält ein Liter Wasserdampf bei Normaldruck nur 1/1700 der Teilchenmenge, die in einem Liter Wasser im flüssigen Aggregatzustand vorhanden sind. Kontaminationen durch Gase können zumeist durch Lüften entfernt werden.

Aerosole nehmen eine Zwischenstellung im System der Aggregatzustände ein. Es handelt sich bei ihnen um fein verteilte kleinste Feststoffteilchen (Staub, Rauch) oder Flüssigkeitstropfen (Nebel) in einem Gas. Die Aerosolpartikel bewegen sich ungerichtet, dieses Verhalten kann gut an der Bewegung von Staubteilchen in einem Sonnenstrahl beobachtet werden. Da das Absetzen von Aerosolen auf Oberflächen durch Sedimentation aufgrund der Schwerkraft erfolgt, scheiden sich schwerere Partikel schneller ab, als leichtere Aerosolteilchen.

8.2.2 Wechselwirkungen zwischen Kontamination und Oberfläche

Bei Kontakt eines Schadstoffs mit einer Oberfläche kommt es zu Wechselwirkungen, die von den physikalischen und chemischen Eigenschaften der beteiligten Stoffe abhängig sind. Treten zwischen einer Kontamination und einer Oberfläche nur schwache Bindungskräfte auf, entsteht nur eine lockere Anhaftung (Adhäsion) auf dem Oberflächenmaterial. Kontaminationen, die nur durch Adhäsionskräfte gebunden sind, lassen sich meist problemlos mechanisch entfernen.

Kann sich ein Schadstoff dagegen mit der Oberfläche verbinden, oder in sie eindringen, wird die Entfernung wesentlich erschwert. Grundsätzlich lassen sich dabei zwei Mechanismen unterscheiden. Adsorption bezeichnet die physikalische Bindung der Schadstoffteilchen auf der Oberfläche durch elektrostatische Wechselwirkungen. Dies ist etwa bei einer Kontamination mit radioaktiven Partikeln der Fall. Radionuklide liegen in einer Kontamination meist als elektrisch geladene Ionen vor, die mit entgegen gesetzten Ladungen auf Oberflächen in Wechselwirkung treten können. Sind Radionuklide in Flüssigkeiten gelöst, ist eine Bindung an der Oberfläche durch Ionenaustausch möglich. Die aus diesen elektrostatischen Wechselwirkungen resultierende Bindung durch Adsorption ist deutlich stabiler als die Adhäsion.

Dringt der Schadstoff in die Oberfläche ein, stellt dies eine Absorption dar. Dabei wandern Schadstoffe aufgrund von Kapillarkräften und Diffusionsprozessen in tiefere Schichten des kontaminierten Materials. Dichte geschlossene Oberflächen widerstehen dem Eindringen von Gefahrstoffen besser, als poröse. Da diese Wanderung ungerichtet verläuft, können in das Material eingedrungene Schadstoff-Teilchen aus diesem wieder an die Oberfläche gelangen und an die Umgebung abgegeben (desorbiert) werden. Diese Abgabe an die Umgebungsatmosphäre kann auch dann noch erfolgen, nachdem die Kontamination bereits entfernt wurde. Daraus resultiert ein Inhalationsrisiko, etwa nach dem Auspacken grob dekontaminierter Schutzbekleidung. Da sich Atome und Moleküle mit zunehmender Temperatur schneller bewegen, führt eine Erwärmung des kontaminierten Materials dazu, dass darin befindliche Schadstoffteilchen dieses schneller verlassen. Dieser Sachverhalt kann für die Dekontamination genutzt werden.

8.2.3 Chemische Wechselwirkungen

Neben diesen physikalischen Prozessen sind auch chemische Reaktionen mit dem kontaminierten Material möglich. Darunter fallen beispielsweise Korrosionsschäden durch das Einwirken von Säuren auf Metalle. In Polymermaterialien (Lacke, Kunststoffe, Materialien der PSA) können Schadstoffe in Wechselwirkung mit darin enthaltenen Weichmachern oder Klebstoffen treten. Diese Reaktionen führen u. U. zu Veränderungen der Materialeigenschaften, wie Versprödung, Quellung oder Verfärbung, sowie dem Lösen von Klebenähten.

8.3 Gefahren durch Kontaminationen

Neben der primären Gefährdung durch das unmittelbare Einwirken eines Schadstoffes auf den Körper besteht auch das Risiko der Übertragung über die von ihm kontaminierten Oberflächen. Durch kontaminierte Personen, Geräte oder kontaminierte Flüssigkeiten (z. B. Löschwasser) kann es zu einer Verschleppung der Gefahrstoffe außerhalb des ursprünglichen Gefahrenbereichs kommen. Die von einer Kontamination ausgehende Gefährdung resultiert aus dem Kontakt mit kontaminierten Flächen durch Berührung (Kontaktrisiko) und durch das Einatmen von ausgasenden, abdampfenden oder reaerosolisierten Gefahrstoffen (Inhalationsrisiko). Kontaminationen können durch die Gefahr der Inhalation oder der Aufnahme über die Haut immer auch Quellen einer Inkorporation darstellen.

8.3.1 Das Kontaktrisiko

Durch das Berühren kontaminierter Oberflächen kann der Gefahrstoff mit der Haut direkt in Kontakt kommen oder für diese indirekt durch eine Kontaminationskette über die Bekleidung und Gebrauchsgegenstände eine Kontaminationsgefahr dar-

8 Die Dekontamination von CBR-Gefahrstoffen

stellen. Das Kontaktrisiko ist, neben den toxikologischen Eigenschaften des Gefahrstoffs, wesentlich durch die Größe der kontaminierten Oberfläche bestimmt, die während der Handhabung eines Gerätes oder Fahrzeugs berührt wird. Gerade das Risiko des zufälligen Kontakts durch Sitzen, Anlehnen usw. darf nicht vernachlässigt werden.

Die Bekleidung bietet einen vorübergehenden Schutz gegen den direkten Kontakt mit einer Kontamination. Ist sie selbst kontaminiert, erhöht sich jedoch das Kontaktrisiko. Deshalb stellt das Ablegen kontaminierter Bekleidung einen entscheidenden Schritt der Dekontamination dar.

Merke:
Durch Ablegen der Oberbekleidung lassen sich bereits 50 bis 90 Prozent der Kontamination entfernen.

Bild 56: *Abschätzung der durch Ablegen der Oberbekleidung entfernten Kontamination (Quelle: M. Weigle)*

8.3 Gefahren durch Kontaminationen

Kontaminationen der Körperoberfläche mit radioaktiven Stoffen können auf der Haut Strahlenschäden (so genannte »Beta-Burns«) verursachen und über die Atemwege, den Oralbereich und über Hautverletzungen inkorporiert werden. Biologische Gefahrstoffe können die intakte Haut in der Regel nicht durchdringen. Eine Bio-Kontamination der Körperoberfläche bildet jedoch eine Inkorporationsquelle. Im Gegensatz zu den radioaktiven und biologischen Gefahrstoffen können chemische Substanzen einen schnellen Wirkungseintritt hervorrufen. Ätzende und reizende Verbindungen wirken häufig unmittelbar nach dem Kontakt mit der Körperoberfläche auf diese ein. Bei chemischen Gefahrstoffen kann als Anhalt davon ausgegangen werden, dass Säuren und Laugen sowie Atemgifte mit reizender Wirkung, die die oberen Atemwege angreifen, wasserlöslich sind.

8.3.2 Das Inhalationsrisiko

Von kontaminierten Oberflächen abdampfende bzw. ausgasende Schadstoffe und reaerosolisierte Gefahrstoffpartikel stellen besonders in geschlossenen Räumen, wie Fahrzeuginnenbereichen, eine nicht unerhebliche Inhalationsgefahr dar. Die Abdampfrate ist abhängig vom Schadstoff, vom Oberflächenmaterial und der Temperatur. Sie gilt streng genommen nur für die oberflächennahe Materialschicht. Tiefer eingedrungene Schadstoffmoleküle, die erst durch Diffusion an die Oberfläche gelangen müssen, treten langsamer aus, führen aber zu einer langanhaltenden Gefährdung. Deshalb sollte, anstelle der zur Abschätzung einer akuten Gefährdung genutzten Einsatztoleranzwerte, die Bewertung der von einer chemischen Kontamination ausgehenden Gefährdung anhand des Arbeitsplatzgrenzwertes vorgenommen werden.

Radioaktive und biologische Kontaminationen können durch eine Reaerosolisierung Quelle eines Inhalationsrisikos sein. Allerdings sind hierzu keine Grenzwerte in der Atemluft gegeben, die mit den in der Gefahrenabwehr vorhandenen Nachweisgeräten ermittelt werden können.

8.3.3 Gefährdung von Material und Umwelt

Neben der gesundheitlichen Schädigung können chemische Kontaminationen auch Schäden an Geräten, der Infrastruktur sowie in der Umwelt hervorrufen. Ätzende und oxidierende Chemikalien führen zu Korrosionsschäden. Organische Lösemittel können in Kunststoffe und Lackierungen eindringen und z. B. Quellungen oder Ab-

8 Die Dekontamination von CBR-Gefahrstoffen

lösungen von Klebeverbindungen zur Folge haben. Zum Abschätzen der Umweltgefährdung eines Schadstoffs und durch damit kontaminierte Dekontaminationsabwässer kann die Wassergefährdungsklasse (WGK) herangezogen werden.

Tabelle 33: *Abschätzung der Umweltgefährdung anhand der Wassergefährdungsklasse*

WGK	Bezeichnung	Einleitung in die Kanalisation zulässig?
1	schwach wassergefährdend	Ja, in 1 %iger Verdünnung
2	deutlich wassergefährdend	Ja, in 0,3 %iger Verdünnung
3	stark wassergefährdend	Nein

In jedem Fall sind vor einer Einleitung die zuständige Wasserbehörde und Kläranlagen zu informieren.

8.4 Dekontamination

Die Dekontamination umfasst das Entfernen radioaktiver Substanzen (Entstrahlung), die Beseitigung von Krankheitserregern (Entseuchung bzw. Desinfektion) und deren Überträgern (Entwesung) sowie das Entfernen oder Umsetzen von chemischen Gefahrstoffen (Entgiftung). Sie wird im Wesentlichen durch die Art der Kontamination und die zu dekontaminierende Oberfläche bestimmt. Die vollständige Beseitigung einer Kontamination durch Dekontaminationsmaßnahmen ist nur im Idealfall zu erreichen. In der Realität muss mit einem Zurückbleiben von Restkontaminationen gerechnet werden. Ziel der Dekontaminationsmaßnahmen ist es, die Konzentration eines Gefahrstoffs soweit zu verringern, dass sowohl ein gesundheitliches Risiko als auch die Gefahr einer Kontaminationsverschleppung beseitigt oder zumindest minimiert werden.

8.4.1 Die Dekontaminationsarten

Die Dekontamination radioaktiver Gefährdungen erfolgt allein durch Entfernen von der Oberfläche. Da sich der radioaktive Zerfall nicht beeinflussen lässt, kann die Radioaktivität nicht durch die Reaktion mit einem Dekontaminationsmittel »vernichtet« werden. Es ist nur eine Verlagerung in Bereiche möglich, in denen sie keine akute

8.4 Dekontamination

Gefährdung darstellt. Bei kurzlebigen Nukliden ist abzuwägen, ob deren Aktivität nach mehreren Halbwertzeiten so weit abgesunken ist, dass sich eine Dekontamination erübrigt.

Bei der Bekämpfung biologischer Gefahren zielen die Dekontaminationsmaßnahmen darauf ab, die Infektionskette zu unterbrechen. Die Desinfektion setzt die Konzentration der pathogenen Erreger auf einer Oberfläche herab. Im Gegensatz zur Sterilisation wird hierbei jedoch keine Keimfreiheit erreicht. Um eine zuverlässige Desinfektion zu gewährleisten, muss das Desinfektionsmittel gegen den Erreger ausreichend wirksam sein.

Bei chemischen Gefahrstoffen kann eine Dekontamination durch Entfernen von der Oberfläche oder durch eine chemische Umsetzung in weniger gefährliche Produkte erfolgen. Da zahlreiche Schadstoffe mit Oberflächenmaterialien reagieren oder in sie eindringen können, ist eine Dekontamination schnellstmöglich einzuleiten.

8.4.2 Die Dekontaminationsverfahren

Die in der Dekontamination angewendeten Methoden lassen sich in physikalische und chemische Verfahren unterscheiden. Daneben finden Kombinationen beider Verfahren Anwendung.

8.4.2.1 Physikalische Dekontaminationsverfahren

In der zivilen Gefahrenabwehr werden aktuell vorwiegend physikalische Dekontaminationsverfahren angewendet. Sie führen zum Entfernen der Schadstoffe von den kontaminierten Oberflächen. Es findet jedoch keine Umwandlung in ungefährliche Stoffe statt. Der Gefahrstoff wird damit räumlich in Bereiche verlagert, in denen er für die Gefahrenabwehr eine geringere Bedeutung hat. Das stellt im Grundsatz eine kontrollierte Kontaminationsverschleppung dar, beispielsweise von einer Person auf das Duschwasser.

Lösen und Abwaschen von Kontaminationen

Das Entfernen von Gefahrstoffen durch Abwaschen ist das gebräuchlichste Dekontaminationsverfahren neben dem Einsatz von Bindemitteln. Dabei wird ein anhaftender Gefahrstoff durch ein Lösemittel absorbiert und zusammen mit diesem von der kontaminierten Oberfläche entfernt. Die verwendeten Lösemittel lassen sich in polare

(Wasser) und unpolare (Waschbenzin, »Bremsenreiniger«) Flüssigkeiten unterscheiden. Wasser besitzt gute Lösungseigenschaften gegenüber hydrophilen Verschmutzungen. Es ist ungiftig, nicht brennbar und in Deutschland fast überall verfügbar. Aufgrund seines chemischen Aufbaus kann es jedoch hydrophobe Stoffe, wie z. B. Kraftstoffe, nur schlecht lösen. Elektronische Geräte werden bei Eindringen von Wasser zerstört. Bei Temperaturen unter 0°C gefriert Wasser und kann dadurch eine Gefährdung für den Verkehr darstellen.

Der Reinigungseffekt von Wasser gegenüber hydrophoben Stoffen wird durch Erhöhung des Drucks, der Wassertemperatur und durch Zumischen von Tensiden verbessert. Die Erhöhung des Drucks verstärkt die mechanische Wirkung des Wasserstrahls. Da durch die Druckerhöhung auch die Gefahr einer Schädigung des zu reinigenden Objekts zunimmt, lässt sich der Druck nicht unbegrenzt steigern. Die Erhöhung der Temperatur setzt die Oberflächenspannung des Wassers herab. Gleichzeitig werden höhere viskose Kontaminationen, z. B. Fette, dünnflüssig und lassen sich leichter mechanisch entfernen. Tenside, wie Reinigungs-, Spül- oder Schaummittel, setzen ebenfalls die Oberflächenspannung des Wassers herab und erleichtern so das Lösen und Abwaschen von hydrophoben Verschmutzungen. Gleichzeitig verhindern sie ein erneutes Absetzen der gelösten Schmutzpartikel auf der Oberfläche.

Bild 57: *Einsatz eines Dekontaminationsmoduls, das Druckerhöhung, Temperaturerhöhung und den Zusatz von Netzmitteln ermöglicht (Quelle: Kärcher Futuretech GmbH)*

8.4 Dekontamination

Unpolare Lösemittel eignen sich besonders zum Entfernen von lipophilen Verschmutzungen (Fette, Öle, chemische Kampfstoffe). Zumeist handelt es sich dabei um organische Lösemittel wie Waschbenzin, Aceton oder Polyethylenglycol (PEG). PEG 400 ist eine viskose Flüssigkeit, die aufgrund ihrer guten Lösemitteleigenschaften und ihrer Hautverträglichkeit Bestandteil verschiedener Haut-Entgiftungsmittel ist. Aufgrund der Umweltbelastung, der möglichen Brandgefahr der organischen Lösemittel sowie des Preises ist ihre Verwendung auf Spezialgebiete, z. B. die Dekontamination von wasserempfindlichen Kleingeräten, wie Computer und Telekommunikationsausstattung, beschränkt.

In die Materialoberfläche eingedrungene oder adsorbierte Schadstoffe lassen sich durch Abwaschen nicht ausreichend beseitigen. Daher ist dieses Verfahren allein für eine gründliche Dekontamination von Material selten ausreichend. Da die gelösten Gefahrstoffe nicht umgesetzt werden, bleiben sie im Lösemittel wirksam. Dadurch besteht die Gefahr der Kontaminationsverschleppung über die ablaufende Dekontaminationsflüssigkeit. Dieser Umstand muss bei der Planung und Durchführung von Dekontaminationsmaßnahmen berücksichtigt werden.

Anwendung findet das Lösen / Abwaschen bei der Personendekontamination, bei der Grobdekontamination von Gerät an der Einsatzstelle und bei der Nachreinigung von Fahrzeugen und Geräten im Zuge einer gründlichen Dekontamination.

Verdunsten von Kontaminationen

Flüssige Schadstoffe mit niedriger Siedetemperatur können durch Beaufschlagen mit einem Luftstrom verdunstet werden. Dazu eignen sich Überdrucklüfter der Feuerwehr oder Heizgebläse. Letztere sind aufgrund der höheren Temperatur effektiver. Bei einem Verdunsten von Kontaminationen muss beachtet werden, dass ein schadstoffhaltiger Luftstrom entsteht, der explosible Atmosphären bilden kann und aus dem sich Gefahrstoffe niederschlagen können. Daher ist für ausreichende Belüftung zu sorgen. Diese Methode eignet sich besonders für die Beseitigung flüchtiger Gefahrstoffe aus kontaminierten Textilien und Kfz-Innenräumen. Feste Schadstoffe werden dagegen kaum entfernt. Damit ist eine Nutzung zur Entstrahlung nicht sinnvoll.

Für die Dekontamination von PSA sind Dekontaminationssysteme verfügbar, die Heißdampf einsetzen. Die Verwendung von Wasserdampf führt, neben dem Verdampfen der Kontamination, zur hydrolytischen Umsetzung vieler chemischer Gefahrstoffe. Den guten Ergebnissen bei der Dekontamination chemischer Kontaminationen steht allerdings ein erheblicher Aufwand bezüglich des Dekontaminationsgeräts und der Ausbildung des Personals gegenüber.

8 Die Dekontamination von CBR-Gefahrstoffen

Bild 58: *Dekontamination von Schutzbekleidung in einer Dampfkammer (Quelle: Kärcher Futuretech GmbH)*

Dekontamination durch Adsorption

Stoffe mit einer großen spezifischen Oberfläche, wie z. B. Aktivkohle oder Chemikalienbinder, können flüssige und gasförmige Substanzen an ihrer Grenzfläche adsorbieren. Flüssige Gefahrstoffe lassen sich durch Bindemittel in unterschiedlicher Form aufnehmen. Bindemittel-Granulate werden besonders für das Entfernen von Mineralölprodukten auf Verkehrsflächen genutzt. Nach dem Ausbringen müssen sie durch

8.4 Dekontamination

mechanische Bearbeitung (»Besenarbeit«) mit der Kontamination in intensiven Kontakt gebracht werden.

Als Würfel oder Schlängel dienen »Ölbinder« zum Aufnehmen von Kraft- und Schmierstoffen auf Gewässern. Bindetücher eignen sich zur gezielten Aufnahme kleinerer Stoffmengen, beispielsweise bei der Grobdekontamination von Geräten. Da die Bindung mit dem aufgenommenen Gefahrstoff reversibel ist, wird verdunstender Schadstoff desorbiert und kann aufgrund der vielfach vergrößerten Oberfläche leichter in die Dampfphase übertreten. Die Anwendung erfolgt bei der Grobdekontamination von Gebäuden und Verkehrswegen, die mit chemischen Gefahrstoffen verschmutzt sind, bei der Grobdekontamination von Kleingeräten sowie auf Gewässern.

Dekontamination durch mechanisches Entfernen
Abtragen von Kontaminationen:
Das Ablegen der kontaminierten PSA bzw. kontaminierter Bekleidung ist ein wesentlicher Schritt bei der Dekontamination von Einsatzkräften und Verletzten. In das Erdreich oder in poröse Oberflächen, z. B. in Baustoffe (Holz, Putz, Beton), eingedrungene flüssige oder in Flüssigkeiten gelöste Schadstoffe (z. B. Radionuklide in Form wässriger Lösungen) können meist nur durch Abtragen der oberen Materialschichten zuverlässig entfernt werden. Das Entfernen von kontaminiertem Material findet beispielsweise bei der Bodensanierung nach Freisetzung von Mineralölprodukten Anwendung, um eine Gefährdung des Grundwassers auszuschließen.

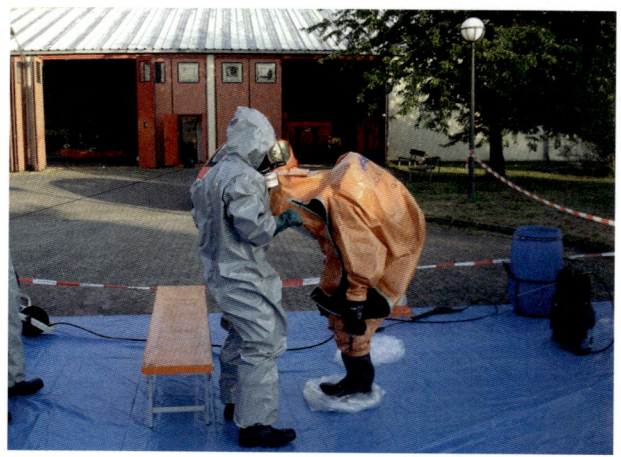

Bild 59: *Entfernen der Kontamination durch sorgfältiges Ablegen der PSA*

Absaugen:
Gefahrstoffe, die nur schwach an Oberflächen gebunden sind, wie etwa Stäube, können durch Abklopfen, Wegblasen oder Absaugen von diesen abgelöst werden. Das Absaugen besitzt den Vorteil, dass die Kontamination im Staubsauger gesammelt wird und sich nicht erneut in der Umgebung niederschlägt. Voraussetzung ist ein Gerät mit entsprechend leistungsfähigem Partikelfilter, der eine Verteilung des Gefahrstoffs in Form von Aerosolen verhindert. Das Absaugen eignet sich zur Dekontamination von Fahrzeug-Innenräumen und zur Grobdekontamination von Textilien bei radioaktiven Kontaminationen und Verschmutzungen mit faserförmigen Gefahrstoffen (z. B. Asbest oder Carbonfasern).

Abdecken von Material und Kontaminationen
Das Abdecken kontaminierter Flächen kann eine unmittelbare Gefährdung durch Kontakt mit diesen beseitigen und ein mögliches Inhalationsrisiko minimieren. Durch Verpacken von Geräten, die im Gefahrenbereich eingesetzt werden sollen, kann deren Kontamination verhindert, bzw. die Dekontamination erleichtert werden. Vor der Verwendung ist sicherzustellen, dass das Abdeckmaterial gegen den vorliegenden Gefahrstoff beständig ist. Abdeckmaterialien sollten nach dem Einsatz schnellstmöglich entfernt und der Entsorgung zugeführt werden.

Auf Oberflächen befindliche Stäube lassen sich durch Auftragen von Sprühklebern binden. Der Sprühkleber ist so aufzutragen, dass eine Aufwirbelung vermieden wird. Dieses Vorgehen hat sich bei der Bergung von verbrannten Karbonfaser-Bauteilen bewährt. Schadstoffkonzentrationen in der Luft, die durch die Verdunstung flüssiger Gefahrstoffe entstehen, können kurzzeitig durch Abdecken der kontaminierten Geländeoberfläche mit Mittel- oder Schwerschaum verringert werden. Der Effekt ist identisch mit der Minimierung der Brand- und Explosionsgefährdung durch das Abdecken brennbarer Flüssigkeiten. Es besteht jedoch die Gefahr der Kontaminationsverschleppung durch kontaminierte Schaummittelrückstände.

8.4 Dekontamination

Bild 60: *Schutz einer Messsonde durch Abdeckung mit einem Plastikbeutel*

8.4.2.2 Chemische Dekontaminationsverfahren

Chemische Dekontaminationsverfahren führen zu einer Umsetzung des Schadstoffs. Sie werden in der zivilen Gefahrenabwehr seltener genutzt. Eine Ausnahme stellt die Anwendung von Desinfektionsmitteln dar.

Nutzung von Desinfektionsmitteln

Die aktiven Komponenten der Desinfektionsmittel (zumeist Oxidationsmittel, Aldehyde, Alkohole oder organische Säuren) führen über die Einwirkung auf die Zellstruktur oder den Stoffwechsel eines Erregers zu dessen Inaktivierung. Neben den im Rettungsdienst eingesetzten relativ milden Desinfektionsmitteln auf Alkoholbasis kommen in der Gefahrenabwehr Ameisensäurepräparate für die Tierseuchenbekämpfung und die Peressigsäure zur Anwendung. Peressigsäure besitzt ein breites Wirkspektrum gegen Bakterien, Sporen und Viren und ist auch bei tieferen Temperaturen einsetzbar. Aufgrund ihrer Korrosivität erfolgt der Einsatz zur Fahrzeug- und

8 Die Dekontamination von CBR-Gefahrstoffen

Gerätedesinfektion in Form eines Kombipräparats zusammen mit einer Base. Bei der Desinfektion ist die Eignung des Desinfektionsmittels für den zu bekämpfenden Erreger wesentlich. Ferner ist das Ansetzen der Desinfektionslösung in der vorgeschriebenen Konzentration und die Einhaltung der vorgegebenen Einwirkzeit zu beachten. Während der Einwirkzeit ist die zu desinfizierende Oberfläche ständig mit der Desinfektionslösung benetzt zu halten. Sonneneinstrahlung und Wind beschleunigen die Verdunstung und machen ggfs. eine Nachbelegung mit Desinfektionslösung notwendig. Niederschläge können zur Verdünnung der Desinfektionslösung und damit zur Herabsetzung der Wirksamkeit führen.

Einige Desinfektionsmittel, z. B. formaldehydhaltige Präparate verlieren unterhalb einer Temperatur von 10°C ihre Wirksamkeit (Kältefehler). Um eine Wirkstoffzehrung durch Reaktionen des Desinfektionsmittels mit Schmutzpartikeln (Eiweißfehler) zu vermeiden und das ungehinderte Einwirken auf die Erreger sicherzustellen, müssen zu desinfizierende Oberflächen vor der Desinfektion gründlich gereinigt werden.

Verdünnung und Neutralisation
Ein großer Anteil der bei Gefahrstoffunfällen freigesetzten Stoffe entfällt auf Säuren und Basen (Laugen). Ihre schädigende Wirkung hängt von ihrer Stärke und Konzentration ab und wird in wässrigen Lösungen durch den pH-Wert beschrieben. Nach einer Freisetzung einer Säure oder Base kann diese durch Verdünnen mit Wasser oder Neutralisation auf einen pH-Wert um den Neutralpunkt (pH 7) gebracht werden. Verdünnen verringert die Konzentration der Säure oder Base. Da der pH-Wert eine logarithmische Größe ist, werden jedoch große Mengen Wasser benötigt, um eine Änderung herbeizuführen.

Bei der Neutralisation erfolgt die Umsetzung einer Säure mit einer Base (und umgekehrt). Dabei entstehen Wasser und Salze. Bei Zusatz äquivalenter Mengen kann der pH-Wert auf 7 gebracht werden (unter Einsatzbedingungen sind pH-Werte von 5 bis 9 realistisch). Säuren können durch Zugabe von wässriger Calciumhydroxid (»gelöschter Kalk«)-Lösung oder Natriumcarbonat (»Soda«)-Lösung neutralisiert werden. Analog lassen sich Basen durch eine wässrige Zitronensäurelösung neutralisieren. Im Vergleich zur Verdünnung wird dabei eine deutlich geringere Wassermenge benötigt. Konzentrierte Säuren und Laugen reagieren bei der Verdünnung und Neutralisation unter starker Wärmeabgabe, die Wasser zum Sieden bringen kann. Daher sollte das Verfahren nur unter Aufsicht einer fachkundigen Person mit großer Vorsicht unter geeigneter PSA angewendet werden.

Verdünnen und Neutralisieren werden bei der Dekontamination von Gerät und Infrastruktur angewendet.

8.4 Dekontamination

Komplexbildung

Chemische Komplexe bestehen aus einem elektrisch geladenen Metall-Atom (Metall-Ion), das von einem oder mehreren so genannten Liganden umgeben ist. Werden z. B. Metall-Ionen in Wasser gelöst, umgeben die Wassermoleküle die Metall-Ionen wie eine Hülle und bilden einen Metall-Wasserkomplex.

Radioaktive Kontaminationen werden zumeist durch Metallionen verursacht, die sich an Oberflächen anhaften. Sind die dabei auftretenden Bindungskräfte stärker als die Stabilität des Metall-Wasserkomplexes, so gibt die Oberfläche während eines Waschvorgangs kaum Metall-Ionen an das Wasser ab. Daher können radioaktive Kontaminationen durch Abwaschen mit Wasser häufig nicht ausreichend entfernt werden. Um einen Dekontaminationserfolg zu erzielen, muss den Metall-Ionen ein stärkerer Komplexpartner angeboten werden, der in der Lage ist, die Metall-Oberflächenwechselwirkung zu überwinden. Solche Komplexbildner sind die Natriumsalze des EDTA (Ethylendiamintetraessigsäure) und der Zitronensäure. Beispielsweise ist der EDTA-Komplex mit Strontium-Ionen rund 4.000.000.000-mal stabiler als der Strontium-Wasserkomplex. Da die Metall-EDTA- bzw. Metall-Zitrat-Komplexe wasserlöslich sind, können sie mit einer Tensid-Wasserlösung abgespült werden.

Das Verfahren der Komplexbildung wird bei der gründlichen Dekontamination radioaktiv kontaminierter Oberflächen angewendet. Es kann nach Bereitstellung der Dekontaminationsmittel auch durch Kräfte der Gefahrenabwehr angewendet werden.

Hydrolyse von Gefahrstoffen

Viele chemische Verbindungen zersetzen sich in wässrigen Lösungen. Bei dieser als Hydrolyse bezeichneten Reaktion kommt es zur Aufspaltung chemischer Bindungen unter Einfügung von Wassermolekülen. Die Hydrolyse verläuft unterschiedlich schnell und wird durch Temperatur und pH-Wert beeinflusst. So wird in Wasser gelöstes Parathion (Wirkstoff des Insektizids E 605®) bei einem neutralen pH-Wert mit einer Halbwertszeit von 99 Tagen hydrolysiert. Bei einem pH-Wert von 10 wird Parathion in wenigen Minuten abgebaut. Voraussetzung für eine schnelle Hydrolyse ist die ausreichende Wasserlöslichkeit des Gefahrstoffs.

Für die Dekontamination chemischer Kampfstoffe wurden organische Basen entwickelt, die gegenüber den Kampfstoffen gute Lösemitteleigenschaften zeigen (z. B. das GDS 2000). Die gelösten Moleküle werden dann in einer hydrolyseartigen Reaktion abgebaut.

8 Die Dekontamination von CBR-Gefahrstoffen

Oxidation

Im Zuge der oxidativen Dekontamination erfolgt die Übertragung von Sauerstoff oder Chlor von einem Oxidationsmittel auf einen Schadstoff. Dadurch lassen sich toxische Gefahrstoffe zu weniger giftigen Substanzen umsetzen. Bei der direkten Einwirkung starker Oxidationsmittel (z. B. der Hypochlorite) auf organische Verbindungen kann es zu sehr heftigen Reaktionen kommen! Daher werden Oxidationsmittel zumeist als wässrige Lösungen eingesetzt, in denen das Wasser die freiwerdende Reaktionswärme aufnimmt. Oxidierende Dekontaminationsmittel können zu Korrosionsschäden an Aggregaten und den behandelten Oberflächen führen. Pumpen, Armaturen und Schläuche sowie dekontaminierte Geräte sind nach jedem Einsatz gründlich mit Wasser zu spülen. Chemische Umsetzungsreaktionen führen zur Bildung von Nebenprodukten, die ebenfalls toxische Eigenschaften aufweisen können. Das beschränkt die Anwendung auf besondere Dekontaminationssituationen, z. B. die Entgiftung von Kampfstoffen.

8.4.2.3 Kombinationen physikalischer und chemischer Dekontaminationsverfahren

Physikalische und chemische Dekontaminationsverfahren haben für sich allein spezifische Vor- und Nachteile. Die physikalischen Verfahren entfernen Gefahrstoffe von Oberflächen, können deren Eigenschaften aber nicht verändern. Die chemischen Verfahren führen zu einer Umsetzung der vorliegenden Gefahrstoffe, können sie aber häufig nicht lösen. Um einen Dekontaminationserfolg sicherzustellen, werden deshalb Kombinationen physikalischer und chemischer Verfahren angewendet.

Hautentgiftungsmittel

Moderne Hautentgiftungsmittel stellen eine Kombination aus einem Lösemittel (PEG 400) und einer aktiven Substanz dar. Während das Lösemittel auf der Haut befindliche organische Schadstoffe löst, setzen die aktiven Substanzen die im PEG gelösten Schadstoffe zu weniger giftigen Substanzen um. Als aktive Wirkstoffe werden beispielsweise Oxime zugesetzt, die phosphororganische Insektizide und Nervenkampfstoffe abbauen.

Entstrahlungslösungen

Entstrahlungslösungen bestehen aus wässrigen Lösungen von Komplexierungsmitteln und Tensiden. Das Komplexierungsmittel bindet auf der kontaminierten Oberfläche adsorbierte Radionuklide durch Bildung wasserlöslicher Komplexe. Diese werden danach durch die Tensid-Lösung von der Oberfläche abgewaschen.

Entstrahlungslösungen werden zur gründlichen Dekontamination von radioaktiv kontaminierten Geräten genutzt.

8.5 Methoden der Ausbringung von Dekontaminationsmitteln

Zur Ausbringung von Dekontaminationsmitteln werden unterschiedliche Methoden angewendet. Die Auswahl ist abhängig von der Größe und der Beschaffenheit der kontaminierten Oberfläche sowie den Eigenschaften des Schadstoffs.

Sprühdekontamination
Dazu wird das Dekontaminationsmittel auf die Oberfläche aufgesprüht. Wesentlich für den Dekontaminationserfolg ist die Bildung eines geschlossenen Flüssigkeitsfilms auf dieser. Die Sprühdekontamination wird bei größeren Oberflächen, z. B. Kfz, genutzt.

Scheuer- und Wischdekontamination
Das Dekontaminationsmittel wird mit einem Lappen oder einer Bürste aufgetragen und auf der Oberfläche verrieben. Die Anwendung erfolgt auf glatten Oberflächen, z. B. Kunststoff- und Metallflächen von Kfz-Innenräumen.

Tauchdekontamination
Unempfindliche Geräte und Textilien können durch Einlegen in die Dekontaminationslösung dekontaminiert werden. Die Flüssigkeit ist dabei regelmäßig umzurühren.

Aerosoldekontamination
Bei dieser Methode wird das Dekontaminationsmittel mit einem Nebelgerät ausgebracht. Die Aerosoldekontamination eignet sich sehr gut für Innenbereiche (Fahrerhäuser, Container, Gebäude). Voraussetzung ist die Aerosolisierbarkeit des Dekontaminationsmittels.

Tabelle 34: Anhalt zur Auswahl von Dekontaminationsmethoden und -mitteln in Abhängigkeit von der Kontamination und der zu dekontaminierenden Oberfläche (Zahlen geben eine Reihenfolge vor, ein Querstrich bedeutet: Auswahl in Abhängigkeit von der zu dekontaminierenden Oberfläche und den Schadstoffeigenschaften). Nach der Anwendung von Dekontaminationsmittellösungen sollte immer eine Nachwäsche erfolgen, um diese zusammen mit den Umsetzungsprodukten der Kontaminanten zu entfernen.

	A		B					C
	Staub	Flüssig	Staub	Hydrophile Flüssigkeit	Hydrophobe Flüssigkeit	zähflüssig	Gas	Chemische Kampfstoffe
Personen	1. Abwaschen 2. Duschen mit pH-neutraler Seife	1. Abwaschen mit 0,2%ige PES-Lösung 2. Duschen mit pH-neutr. Seife	1. Abwaschen 2. Duschen mit pH-neutraler Seife	1. Binden 2. Abwaschen 3. Duschen mit pH-neutraler Seife	1. Binden 2. Abwaschen 3. Duschen mit pH-neutraler Seife	1. Binden 2. Abwaschen 3. Duschen mit pH-neutraler Seife	Duschen mit pH-neutraler Seife	1. Behandeln mit Haut-Entgiftungsmittel 2. Abwaschen 3. Duschen mit pH-neutraler Seife
Fahrzeug-Innenräume	Absaugen / Abwischen mit Entstrahlungslösung	Abwischen mit 1%ige PES-Lösung	Absaugen / Abwischen mit Netzmittel-Lösung	1. Binden 2. Abwischen mit Wasser / Neutralisationsmittel	1. Heißluft / Binden 2. Abwischen mit Netzmittel-Lösung	1. Abschaben 2. Abwischen mit Lösungsmittel 3. Abwischen mit Netzmittel-Lösung	Lüften	1. Einsprühen mit Entgiftungsmittel 2. Abwischen mit Netzmittel-Lösung

8.5 Methoden der Ausbringung von Dekontaminationsmitteln

Tabelle 34: Anhalt zur Auswahl von Dekontaminationsmethoden und -mitteln in Abhängigkeit von der Kontamination und der zu dekontaminierenden Oberfläche – Fortsetzung

	A		B	C					
	Staub	Flüssig		Staub	Hydrophile Flüssigkeit	Hydrophobe Flüssigkeit	zähflüssig	Gas	Chemische Kampfstoffe
Fahrzeug-Außenflächen und Laderäume	Abwaschen mit Entstrahlungslösung	Abwaschen mit Entstrahlungslösung	Abwaschen mit 1 %ige PES-Lösung	Abwaschen mit Netzmittel-Lösung	Abwaschen mit Netzmittel-Lösung	Abwaschen mit Netzmittel-Lösung	1. Abschaben 2. Abwischen mit Lösungsmittel 3. Abwaschen mit Netzmittel-Lösung	Lüften	1. Einsprühen mit Entgiftungsmittel 2. Abwaschen mit Netzmittel-Lösung
Unempfindliches Material	Abwaschen mit Entstrahlungslösung	Abwaschen mit Entstrahlungslösung	Einlegen mit 1 %ige PES-Lösung	Abwaschen mit Netzmittel-Lösung	Abwaschen mit Wasser / Neutralisationsmittel	Abwaschen mit Netzmittel-Lösung	1. Abschaben 2. Abwischen mit Lösungsmittel 3. Abwischen mit Netzmittel-Lösung	Lüften	1. Einsprühen mit Entgiftungsmittel 2. Abwaschen mit Netzmittel-Lösung
Empfindliches Material	1. Absaugen 2. Abwischen mit Entstrahlungslösung	1. Binden 2. Abwischen mit Entstrahlungslösung	Abwischen mit 1 %ige PES-Lösung	1. Absaugen 2. Abwischen mit Netzmittel-Lösung	1. Binden 2. Abwischen mit Wasser / Neutralisationsmittel	1. Binden / Heißluft 2. Abwischen mit Netzmittel-Lösung	1. Abschaben 2. Abwischen mit Lösungsmittel 3. Abwischen mit Netzmittel-Lösung	Lüften	1. Binden 2. Einsprühen mit Entgiftungsmittel 3. Abwaschen mit Netzmittel-Lösung

Tabelle 34: Anhalt zur Auswahl von Dekontaminationsmethoden und -mitteln in Abhängigkeit von der Kontamination und der zu dekontaminierenden Oberfläche – Fortsetzung

	A		B	C					
	Staub	Flüssig		Staub	Hydrophile Flüssigkeit	Hydrophobe Flüssigkeit	zähflüssig	Gas	Chemische Kampfstoffe
Bekleidung	1. Absaugen 2. Waschen	Waschen	Einlegen in 1 %ige PES-Lösung	1. Absaugen 2. Waschen	Waschen	1. Heißluft 2. Waschen	1. Reinigen mit Lösungsmittel 2. Waschen	1. Lüften 2. Waschen	1. Heißluft 2. Waschen
PSA	Abwaschen mit Entstrahlungslösung	Abwaschen mit Entstrahlungslösung	Einlegen in 1 %ige PES-Lösung	Abwaschen mit Netzmittel-Lösung	Abwaschen mit Neutralisationsmittel	Abwaschen mit Netzmittel-Lösung	1. Abschaben 2. Abwischen mit Netzmittel-Lösung	Lüften	1. Binden 2. Einsprühen mit Chloramin-Lösung 3. Abwaschen mit Netzmittel-Lösung
Verkehrswege	Abwaschen mit Entstrahlungslösung	Abwaschen mit Entstrahlungslösung	Abwaschen in 1 %ige PES-Lösung	1. Mechanisch entfernen 2. Abwaschen mit Wasser / Neutralisationsmittel	1. Binden 2. Abwaschen mit Wasser / Neutralisationsmittel	Binden	1. Mechanisch entfernen 2. Binden	-	1. Einsprühen mit Entgiftungsmittel 2. Abwaschen mit Netzmittel-Lösung

8.6 »How clean is clean?« – die Überprüfung des Dekontaminationserfolges

Die tatsächliche Wirksamkeit der Dekontaminationsmaßnahmen kann mit den vor Ort zur Verfügung stehenden Mitteln nur im Strahlenschutzeinsatz und eingeschränkt auch bei chemischen Kontaminationen festgestellt werden. Für den Nachweis biologischer Gefahren gibt es noch keine mobilen Geräte, die einen Kontaminationsnachweis ermöglichen.

8.6.1 Die Bewertung radioaktiver Kontaminationen

Wird die dreifache Nullrate überschritten, gilt eine Oberfläche als kontaminiert. Der Kontaminationsnachweis wird bei einer Kontamination mit β-Strahlern in etwa 10 cm Abstand von der kontaminationsverdächtigen Oberfläche durchgeführt. Um einer möglichen Kontamination des Zählrohrs vorzubeugen, kann dieses bei der Messung einer Beta-Kontamination mit einer dünnen Kunststoff-Folie abgedeckt werden.

Der Nachweis von α-Kontaminationen ist unter Einsatzbedingungen problematisch. Die Messung muss in zirka drei bis fünf Millimetern Abstand erfolgen, was nur bei ebenen Flächen möglich ist. Daher führen Alpha-Kontaminationsmessungen an der Bekleidung von Personen leicht zur Kontamination des Messgeräts. Die Möglichkeit eines Schutzes des Zählrohrs besteht nicht, da die Alpha-Teilchen diese Barriere nicht durchdringen können.

Wird nach der Dekontamination die dreifache Nullrate überschritten, ist die Dekontamination zu wiederholen. Dies kann solange geschehen, bis die Reduzierung des Messwertes weniger als zehn Prozent beträgt.

8 Die Dekontamination von CBR-Gefahrstoffen

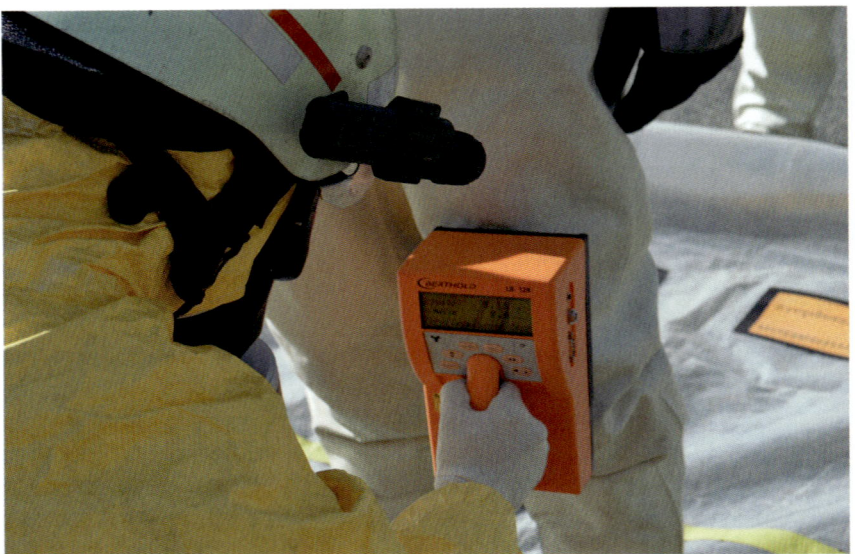

Bild 61: *Kontaminationsnachweis an einer Einsatzstelle, der Nachweis einer Kontamination mit α-Strahlern ist unter Einsatzbedingungen kaum möglich (Quelle: Feuerwehr Bruchsal)*

Herleitung der »dreifachen Nullrate«

In der Anlage III der Strahlenschutzverordnung sind für unterschiedliche Nuklide Grenzwerte der Oberflächenkontamination aufgeführt. Dieser Grenzwert beträgt beispielsweise (außerhalb eines Strahlenschutzbereiches) für Jod-131 10 Bq/cm^2 und für Caesium-137 1 Bq/cm^2. Während die Strahlenschutzverordnung alle Werte in Becquerel angibt, nutzen die Feuerwehren Kontaminationsnachweisgeräte, die Impulse pro Sekunde (Ips) messen. Daher wurde für den Feuerwehr-Einsatz als Grenzwert einer Kontamination die dreifache Nullrate festgelegt. Diese Festlegung erscheint aufgrund der regional schwankenden Untergrundstrahlung willkürlich. Allerdings beinhaltet diese Vereinfachung einen ausreichenden Sicherheitszuschlag wie das folgende Beispiel zeigt.

Im Zuge eines Einsatzes mit Cobalt-60 (Grenzwert 1 Bq/cm^2) wird eine Nullrate von 11 Ips gemessen.

Die Umrechnung der Messwerte von Ips in Bq/cm^2 erfolgt anhand der Formel:

$$AF = \frac{RM - RO}{W \cdot F}$$

AF = Oberflächenaktivität in Bq/cm^2
RM = Messrate in Impulse pro Sekunde

8.6 »How clean is clean?« – die Überprüfung des Dekontaminationserfolges

RO = Nullrate in Impulse pro Sekunde
W = Wirkungsgrad des Gerätes in % bezogen auf ein bestimmtes Radionuklid
F = Messfläche des Gerätes (in cm²)

Das verwendete Kontaminationsnachweisgerät hat eine Zählrohrfläche von 160 cm² und einem Wirkungsgrad von 24 Prozent für Cobalt-60. Für die dreifache Nullrate beträgt die Aktivität der Oberflächen

$$AF = \frac{(33-11) Ips}{24 \frac{Ips}{Bq} \% \times 160 cm^2} = 0{,}57\ Bq/cm^2$$

Die dreifache Nullrate entspricht damit einer Aktivität von ~ 0,6 Bq/cm².

8.6.2 Die Bewertung biologischer Kontaminationen

In der Desinfektion steht momentan noch keine Nachweismethode zur Verfügung, die es unter Einsatzbedingungen erlaubt, eine Restkontamination mit Krankheitserregern festzustellen. Zugelassene Desinfektionsverfahren und -mittel müssen bei sachgerechter Anwendung eine sichere Inaktivierung der Erreger gewährleisten (»Die Sicherheit liegt im Verfahren«). Für die Desinfektion kann davon ausgegangen werden, dass die durch die entsprechenden Forschungsinstitute, wie dem Robert Koch Institut oder der Deutschen Veterinärmedizinischen Gesellschaft, gelisteten Desinfektionsmittel und -verfahren zuverlässig wirken.

8.6.3 Die Bewertung chemischer Kontaminationen

Mit den in der Gefahrenabwehr nutzbaren Dekontaminationsverfahren kann eine vollständige Dekontamination nicht garantiert werden. Auf der Oberfläche anhaftende flüssige Kontaminationsreste lassen sich je nach Schadstoff mit Indikatorpapier (zum Nachweis wässriger Säuren und Basen), mit Öltestpapier oder dem Kampfstoff-Spürpapier (zum Nachweis organischer Flüssigkeiten) feststellen. Dabei muss zuvor getestet werden, ob nicht auch eingesetzte Dekontaminationsmittel einen positiven Nachweis liefern. Ein Nachweis der Gefährdung durch die Desorption ist mit den verfügbaren Nachweismitteln der Feuerwehr vor Ort nur eingeschränkt möglich. Ist der erneute Einsatz von dekontaminiertem Gerät notwendig, sollte zuvor eine Abschätzung des von einer Desorption ausgehenden Inhalationsrisikos erfolgen. Dazu kann folgendes Verfahren angewendet werden:

8 Die Dekontamination von CBR-Gefahrstoffen

- Kleingeräte und Schutzbekleidung werden in einen PE-Beutel verpackt und erwärmt. Bei größeren Oberflächen z. B. von Fahrzeugen kann ein Karton über die kontaminationsverdächtige Fläche gestülpt werden. Fahrzeuginnenräume werden geschlossen und mit der Heizung erwärmt.
- Nach 30 Minuten wird die Luft in dem PE-Beutel bzw. Karton mit Prüfröhrchen oder automatischen Messgeräten auf das Unterschreiten des Arbeitsplatzgrenzwertes geprüft. Bei CSA erfolgt zusätzlich eine Prüfung der Luft im Anzugsinneren.
- Danach ist eine Sichtprüfung auf Materialschäden vorzunehmen.

Dieses Verfahren eignet sich nicht zur Ermittlung exakter Messwerte. Bei Unterschreitung des Arbeitsplatzgrenzwertes kann aber davon ausgegangen werden, dass bei Nutzung des Geräts kein akutes Inhalationsrisiko vorliegt.

9 Führen im CBRN-Einsatz

CBRN-Einsätze können sich zum Teil erheblich von Einsätzen in der »alltäglichen« Gefahrenabwehr unterscheiden:

- Die Art und Ausbreitung der Gefährdung sind zumeist nicht mit den Sinnesorganen wahrnehmbar.
- Die zum Schutz notwendige PSA belastet die Einsatzkräfte zusätzlich zu den psychischen Belastungen eines Einsatzes durch Bewegungseinschränkungen, Gewicht und die eingeschränkte Wärmeabfuhr.
- Die PSA schränkt die Wahrnehmung der Umwelt und die Kommunikation ein, Auftragserteilung und Rückmeldungen werden dadurch verlangsamt. Diese Faktoren verstärken die psychischen Belastungen einer Tätigkeit mit unbekannten Gefahren.
- Häufig ist eine große Zahl an Betroffenen zu versorgen, wobei nicht alle durch den Gefahrstoff geschädigt sein müssen.
- Die Gefährdung kann länger andauern. Dadurch werden logistische Maßnahmen und die Planung der Personalablösung erforderlich.
- Gefahrstoffeinsätze sind im Vergleich zum herkömmlichen Einsatzgeschehen weniger häufig und werden deshalb seltener geübt. Dadurch fehlt die Routine der Bekämpfung.

Aufgrund der Dynamik einer Gefahrstofffreisetzung und der zumeist nur mittelbar mit Messgeräten erfassbaren Gefahr stellen CBRN-Einsätze erhebliche Anforderungen an das Führungspersonal.

Innerhalb der Feuerwehr erfolgt die Einsatzleitung auf der Grundlage der FwDV 100 »Führung und Leitung im Einsatz«. Das darin festgelegte Führungssystem steht auf den drei Säulen

- Führungsorganisation,
- Führungsvorgang und
- Führungsmittel.

Im Folgenden werden bei CBRN-Einsätzen auftretende Besonderheiten beschrieben.

9 Führen im CBRN-Einsatz

9.1 Die Führungsorganisation in CBRN-Lagen

Gefahrstoffeinsätze, die gemäß der FwDV 500 der Gefahrengruppe I zugeordnet werden, können mit der gleichen Führungsorganisation bestritten werden wie sie bei Brandeinsätzen genutzt wird. Das Hinzuziehen fachkundiger Personen ist anzustreben. Bei komplexeren Lagen wird die Einsatzleitung durch die Bildung von Einsatzabschnitten (EA) für spezifische Aufgaben sowie hinzutretende Verbindungsorgane, z. B. der Polizei, und Fachkundige erweitert.

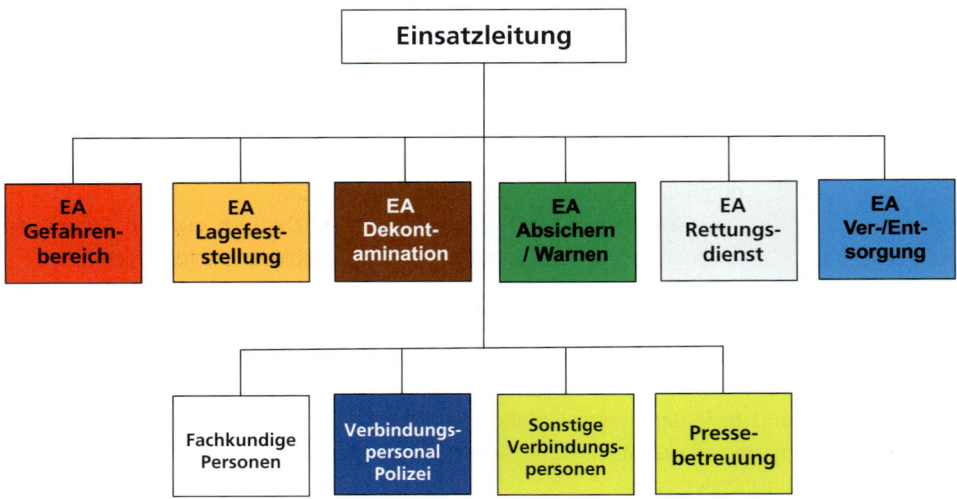

Bild 62: *Einsatzleitung mit nachgeordneten Einsatzabschnitten, diese werden bedarfsorientiert gebildet.*

9.2 Der Führungsvorgang in CBRN-Lagen

9.2.1 Lagefeststellung

Informationen zu den vorliegenden Gefahrstoffen und den daraus resultierenden Gefährdungen bilden die Entscheidungsbasis für die zu treffenden Einsatzmaßnahmen. Die Gewinnung der für die Lagefeststellung notwendigen Informationen geschieht durch:

9.2 Der Führungsvorgang in CBRN-Lagen

- Erkundung (eigene Wahrnehmungen),
- CBRN-Erkundung (Gefahrstoffnachweis und Feststellung der für die Ausbreitungsberechnung relevanten Wetterdaten),
- Nutzung von Informationsquellen (Begleitpapiere, Gefahrstoff-Informations- und Auswerteprogramme, fachkundige Personen).

Die umfassende Lagefeststellung erfordert einen ausreichenden Zeitansatz. Um dennoch schnell erste Maßnahmen einleiten zu können, erfolgt die Informationsgewinnung in einem abgestuften System, welches die Basis für die in der jeweiligen Einsatzphase notwendigen Maßnahmen schafft. Zur Beseitigung einer unmittelbaren Bedrohung von Personen, werden erste Einsatzmaßnahmen anhand der standardisierten GAMS-Regel getroffen, zu deren Anwendung nur wenige Erkenntnisse (Vorliegen eines Gefahrstoffs, Austrittsort) erforderlich sind. Im Zuge des Einsatzes müssen die gewonnenen Erkenntnisse systematisch erweitert und überprüft werden.

Tabelle 35: *Um eine zeitgerechte Lagebeurteilung zu gewährleisten, erfolgt die Nutzung von Informationsquellen abgestimmt auf den für die jeweilige Führungsstufe notwendigen Informationsbedarf.*

Stufe	Informationsstand	Durchführende Kräfte	Zweck	Informationsquellen
1	Sofortinformationen	Alle Einsatzkräfte	Feststellen einer Gefährdung	Gefahrstoff-Kennzeichnung, ERI-Card, Feuerwehrpläne
2	Kurzinformationen	Führungskräfte	Abschätzen der Gefährdung	Gefahrstoff-Apps, Auswerteschablonen, Sicherheitsdatenblätter
3	Detaillierte Informationen	Führungskräfte ABC-Einsatz/ Fachberater	Eingrenzen des Gefahrenbereichs	Gefahrstoffprogramme, Auswerteprogramme, TUIS
4	Experten-Informationen	Fachpersonal ATF/ TUIS	Bewertung von Gefährdungsverlauf und Umweltverhalten	Berechnungsprogramme des Wetterdienstes

Die Lagefeststellung liefert Informationen zu den folgenden Fragen bezüglich der CBRN-Gefährdung:

9 Führen im CBRN-Einsatz

- Wo liegen CBRN-Gefahren vor?
- Welche Nuklide/Gefahrstoffe/Erreger liegen vor?
- Welche physikalischen Eigenschaften (Aggregatzustand, Temperatur) haben sie?
- Welche Risiken gehen von ihnen aus?
- Wie werden sie aufbewahrt (Druckbehälter, Gefrierschrank, Abschirmbehälter) und wie ist der Zustand des Aufbewahrungsbehälters?
- Hat bereits eine Freisetzung stattgefunden, in welcher Menge?
- Besteht die Gefahr der Ausbreitung (Brandrauch, Löschmittel)?
- Sind funktionsfähige Rückhalteeinrichtungen / Schleusen vorhanden?
- Schützt die verfügbare PSA?
- Kann der Gefahrstoff nachgewiesen werden?
- Welche Löschmittel sind geeignet?
- Welche Dekontaminationsmittel sind notwendig (sind diese an der Einsatzstelle vorhanden)?

Für Betriebe und Lagerstätten im eigenen Ausrückebereich können einsatzrelevante Informationen bereits im Vorfeld zusammengestellt werden. Dadurch lässt sich die für die Lagefeststellung notwendige Zeit wesentlich verkürzen. Ab Gefahrengruppe II müssen Feuerwehrpläne und Einsatzpläne vorliegen.

9.2.2 Lagebeurteilung

Die Lagebeurteilung bei CBRN-Einsätzen basiert auf den im Zuge der Lagefeststellung gewonnenen Informationen zu den vorliegenden Gefahrstoffen, den auf sie einwirkenden Umweltbedingungen und den Schutzgütern, die möglicherweise durch eine sich daraus ergebenden Gefährdung betroffen sind. Zur Bewertung der von den vorliegenden Stoffen ausgehenden Gefahren müssen deren physikalischen und physiologischen Eigenschaften, ihre Auswirkungen auf die Umwelt sowie die vorliegende Stoffmenge und die Freisetzungsrate betrachtet werden.

9.2.2.1 Vorgabe von Maßnahmen anhand der Gefahrengruppen

Betriebsbereiche und Einrichtungen mit Gefahrstoff-Inventar werden gemäß der FwDV 500 Gefahrengruppen zugeordnet, aus denen sich bestimmte Einsatzmaßnahmen ableiten.

9.2 Der Führungsvorgang in CBRN-Lagen

Tabelle 36: *Übersicht der den Gefahrengruppen zugeordneten Einsatzmaßnahmen nach FwDV 500*

	Gefahrengruppe I	Gefahrengruppe II	Gefahrengruppe III
Atemschutz	ja	ja	ja
Körperschutz	empfohlen	ja	ja
Fachkundige Person	Hinzuziehung nicht erforderlich	empfohlen	ja
Dekontamination	erwägen	ja	ja
Einheitsstärke*	Gruppe mit Sonderausrüstung	Zug mit Sonderausrüstung	Einheiten über Zugstärke mit Sonderausrüstung

*Die in der DV 500 genannten Mindeststärken der zur Schadensbekämpfung erforderlichen Einheiten stellen einen Anhalt dar. Die tatsächlich erforderlichen Kräfte ergeben sich aus der Lagebeurteilung.

Transportunfälle werden gemäß Gefahrengruppe II bewertet bis Erkenntnisse vorliegen, die eine andere Eingruppierung erfordern. Bei Einsätzen mit terroristischem Hintergrund sieht die FwDV 500 ein Vorgehen analog der Gefahrengruppe III vor (wobei die Autoren ein erhebliches Problem darin sehen, seitens des Verursachers eine fachkundige Person benannt zu bekommen).

9.2.2.2 Beurteilungskriterien für CBRN-Gefahrstoffe

Zur Beurteilung einer Gefährdung werden Sicherheitstechnischen Kennzahlen zusammen mit den herrschenden Umweltbedingungen herangezogen.

Sicherheitstechnischen Kennzahlen des Ausbreitungsverhaltens
Nach einer Freisetzung ist das Ausbreitungsverhalten vom Aggregatzustand abhängig. Daher ist abzuschätzen wie der Stoff vorliegen wird.

Schmelzpunkt
Ist der Schmelzpunkt einer Substanz höher als die Umgebungstemperatur, so liegt diese Substanz nach der Freisetzung als Feststoff vor. Erhitzt verflüssigte Feststoffe erstarren nach der Abkühlung.

Siedepunkt
Ist der Siedepunkt einer freigesetzten Substanz niedriger als die Umgebungstemperatur, so liegt die Substanz als Gas vor. Tiefkalt oder unter Druck verflüssigte Gase gehen nach der Freisetzung schnell in die Gasphase über. Damit ist an der Freisetzungsstelle mit Bildung einer Dampfwolke zu rechnen. Flüssigkeiten verdampfen auch bei Umgebungstemperaturen unterhalb des Siedepunktes.

Aggregatzustand
Feststoffe breiten sich ohne Witterungseinflüsse nicht aus – falls möglich abdecken. Flüssigkeiten bewegen sich zum tiefsten Punkt – eindeichen, Eindringen in Kanalisation und Keller vermeiden. Gase bewegen sich in Windrichtung, bei Windstille erfolgt die langsame Ausbreitung um die Austrittsstelle.

Dampfdichte/Molare Masse von Gasen und Dämpfen
Gase mit einer molaren Masse unter 20 steigen auf (Methan - molare Masse 16). Gase und Dämpfe mit einer molaren Masse über 40 sinken nach unten (Kohlendioxid -molare Masse 44) und können sich dabei wie Flüssigkeiten ausbreiten. Gase mit einer molaren Masse vergleichbar der Luftvergleichszahl verhalten sich wie diese (Kohlenmonoxid – molare Masse 28).

Merke:
Brennbare Flüssigkeiten haben eine größere Dampfdichte als Luft

Wasserlöslichkeit
Gut wasserlösliche Stoffe können mit Sprühstrahl aus der Luft (teilweise) niedergeschlagen werden. Stoffe, die in eine Wassergefährdungsklasse eingestuft sind, müssen so behandelt werden, dass damit kontaminiertes Lösch- oder Regenwasser nicht unkontrolliert abfließen kann.

9.2.2.3 Sicherheitstechnischen Kennzahlen des Gefährdungspotenzials

Explosionsgrenze
Wesentlich für die Bewertung ist die Untere Explosionsgrenze (UEG).

9.2 Der Führungsvorgang in CBRN-Lagen

Merke:
Die UEG bezeichnet den für eine Explosion notwendigen Mindestanteil eines Gases an der Atmosphäre in Volumen-%. Dagegen beschreibt die Anzeige eines Explosionswarngeräts die aktuelle Konzentration in Prozent der UEG. Die erste Warnschwelle der Messgeräte liegt in der Werkseinstellung bei 10 Prozent der UEG.

Je niedriger der Siedepunkt, umso höher die Gefahr der Bildung explosiver Atmosphären.

Flammpunkt
Liegt der Flammpunkt einer freigesetzten Substanz unterhalb der Umgebungstemperatur, besteht ein hohes Risiko einer Entzündung. Merke: Je niedriger der Flammpunkt, desto höher die von dem Stoff ausgehende Brandgefahr.

pH-Wert
Für eine Einleitung von Flüssigkeiten in die Kanalisation gelten bestimmte Grenzwerte des pH-Werts, die regionale Unterschiede aufweisen. Vor einer Einleitung muss durch Verdünnung oder Neutralisation ein zugelassener pH-Wert erreicht werden. Hierbei zuvor unbedingt Verbindung mit der zuständigen Wasserbehörde aufnehmen.

Merke:
Je weiter der pH-Wert von 7 entfernt ist, umso aggressiver ist eine vorliegende Säure bzw. Lauge.

9.2.2.4 Beurteilung der Umweltgefährdung

Die Umweltgefährlichkeit eines Stoffes kann anhand der Wassergefährdungsklasse (WGK) abgeschätzt werden.

Merke:
Stoffe der WGK 1 und 2 können (nach Rücksprache mit den zuständigen Behörden) stark verdünnt in die Kanalisation abgegeben werden. Stoffe der WGK 3 dürfen nicht in die Umwelt gelangen.

9.2.2.5 Beurteilungswerte zur Abschätzung der gesundheitlichen Risiken

Zur Abschätzung der von Schadstoffen ausgehenden gesundheitlichen Risiken können toxikologische Beurteilungswerte herangezogen werden. Das setzt voraus, dass die Konzentration der vorliegenden Stoffe bzw. die von ihnen ausgehende physikalische Wirkung messbar ist.

Tabelle 37: *die maßgeblichen Beurteilungswerte zur Abschätzung der von einem Gefahrstoff ausgehenden gesundheitlichen Risiken*

Gefährdung		Beurteilungswert	Maßeinheit	Nachweis
A	Bestrahlung	Dosisleistung	mSv/h	Dosisleistungsmesser
	Kontamination	Oberflächenaktivität (gemäß Strahlenschutzverordnung)	Bq/cm^2	Kontaminations-Sonde
		Oberflächenaktivität (in der Gefahrenabwehr)	Ips (»dreifache Nullrate«)	
B	Erkrankung	Minimale Infektionsdosis	Anzahl Erreger	Aktuell messtechnisch nicht direkt erfassbar
C	Vergiftung	Einsatztoleranzwert (ETW) AEGL-2 für vierstündige Exposition Arbeitsplatzgrenzwert (AGW)	ppm	PID, Prüfröhrchen, Gasmessgeräte

9.2.2.6 Gefahrstoffmenge

Eine Abschätzung des vorliegenden Mengengerüsts kann anhand der Behältergröße erfolgen.

9.2 Der Führungsvorgang in CBRN-Lagen

Tabelle 38: *Abschätzung des Gefahrstoffvolumens (Quelle: vfdb-Richtlinie 10/05, März 2016)*

Lager-/Transportbehälter	Stoffmenge
Kleingebinde, Flasche	bis 10 Liter
Kanister	10 bis 50 Liter
Fass	bis 200 Liter
Gitterbox mit Tankblase	600 bis 1.000 Liter
Kammer Straßentankwagen	3.000 bis 6.000 Liter
Straßentankzug	30.000 Liter
Eisenbahnkesselwagen	10.000 bis 80.000 Liter
Binnenschiffe	bis 1.000 m³

9.2.2.7 Quellstärke

Die Quellstärke beschreibt die freigesetzte Stoffmenge pro Zeit (i. d. R. in Liter / Minute). Anhand der Quellstärke in Verbindung mit dem Zeitpunkt des Freisetzungsbeginns kann die Menge des Gefahrstoffs abgeschätzt werden, die innerhalb der Freisetzungszeit in die Umwelt gelangt ist.

Tabelle 39: *Quellstärke unterschiedlicher Leckagen (Quelle: vfdb-Richtlinie 10/05, März 2016)*

Freisetzung		Quellstärke
Tropfleckage		1 Liter/min
Flanschleckage		Rohrdurchmesser = Quellstärke Beispiel Nennweite 50 mm = 50 Liter/min
Leitungsabriss oder Behälterleckage	Fingerbreite (zirka 25 mm)	125 Liter/min
	Unterarmdicke (zirka 80 bis 100 mm)	2.000 Liter/min
	Handbreite (zirka 120 mm)	3.000 Liter/min

9.2.2.8 Abschätzung der zeitlichen Entwicklung

Bei der Lagebeurteilung ist auch eine mögliche Lageentwicklung zu betrachten. Hierbei ist zu berücksichtigen, wie sich ein freigesetzter Gefahrstoff bei den vorherrschenden Einflüssen des Wetters und der Topographie und unter Berücksichtigung der Einsatzmaßnahmen im zeitlichen Verlauf verhalten wird.

> **Beispiel**
> Bei einer Chlorwasserstofffreisetzung aus einer technischen Anlage beginnen die Einsatzkräfte durch Vornahme eines Hohlstrahlrohrs mit dem Niederschlagen des Gases. Die dabei entstehende Salzsäure sammelt sich in einer Wartungsgrube (Fassungsvermögen zirka 3 m^3) an der Anlage. Noch bevor die Freisetzung beendet werden konnte, beginnt die Grube überzulaufen.

9.2.3 Befehlsgebung

CBRN-Einsätze sind häufig von einem unklaren Lagebild geprägt. Um dem Informationsbedarf der eigenen Kräfte gerecht zu werden, ist dem Einsatzauftrag eine knappe Lagedarstellung mit Angaben zu den vorliegenden Gefahren und deren räumlichen Ausbreitung voranzustellen. CBRN-Erkundungskräfte erhalten lageabhängig einen weitergefassten Auftrag. Auf der Basis der Erkundungsergebnisse kann für die mit der Gefahrenabwehr und der Dekontamination betrauten Kräfte ein Befehl nach dem klassischen Schema erteilt werden.

Bei komplexeren Einsätzen ist der Befehl durch Skizzen zu ergänzen (Raumordnung der Einsatzstelle, Spürwege der CBRN-Erkundungsteams usw.). Werden mehrere Einheiten/Teileinheiten mit gleichem Auftrag parallel eingesetzt, sind deren Einsatzräume exakt abzugrenzen. Angaben zur Versorgung und zu den Kommunikationsverbindungen sind bei Bedarf zu ergänzen.

9.3 Führungsmittel

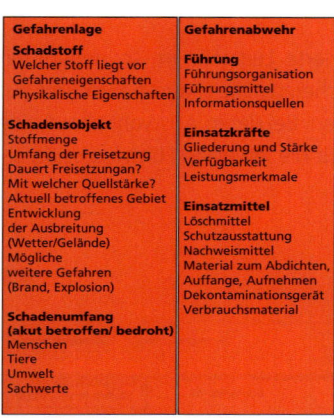

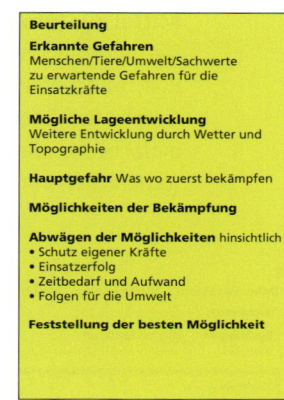
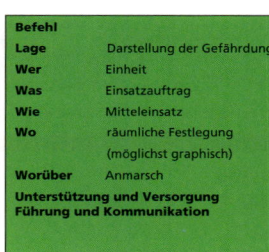

Bild 63: *Der Führungsvorgang im Gefahrstoffeinsatz*

9.3 Führungsmittel

Grundsätzlich unterscheiden sich die Führungsmittel nicht von der in der allgemeinen Gefahrenabwehr genutzten Ausstattung.

Kommunikationsmittel

Für die im Gefahrenbereich eingesetzten Kräfte ist es wesentlich, dass die mitgeführten Funkgeräte mit der PSA kompatibel sind (Nutzung von Sprechgarnituren). Werden Funkgeräte nicht unter der PSA getragen, sind sie gegen Kontamination zu schützen. Wenn immer möglich ist für die Übertragung umfangreicherer Informationen, z. B. Stoffdaten, Datenfunk zu nutzen.

9 Führen im CBRN-Einsatz

Mittel zur Informationsgewinnung

Die Informationsgewinnung kann über die Integrierte Leitstelle im so genannten Reach-Back-Verfahren und, um eine Redundanz sicherzustellen, durch Rückgriff auf Gefahrstoffdatenbanken an der Einsatzstelle erfolgen. Bei deren Auswahl ist auf eine einfache Handhabung und die Verfügbarkeit der für die jeweilige Führungsstufe erforderlichen Informationen zu achten.

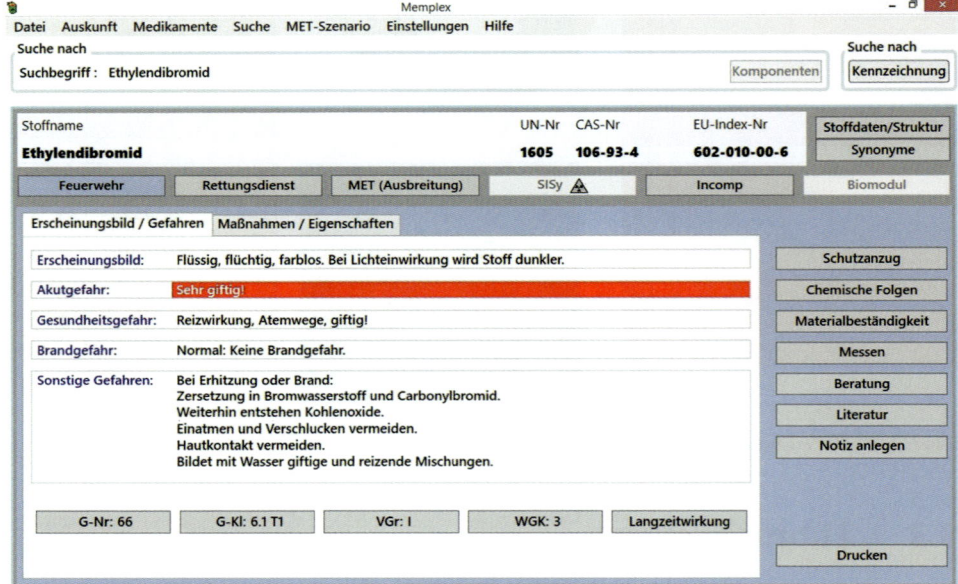

Bild 64: *Eingabemaske einer für die Gefahrenabwehr konzipierten Datenbank zur spezifischen Bereitstellung von Stoffinformationen. (Quelle: Keudel av-Technik GmbH)*

Mittel zur Lagedarstellung

Das klassische Medium der Lagedarstellung ist, ob analog oder digital, die Lagekarte. Neben den allgemeinen Informationen, wie Platz der Einsatzleitung der Patientenablage oder dem Bereitstellungsraum, sind bei CBRN-Lagen zusätzliche Informationen aufzunehmen. Dazu zählen:

- der Ort der Freisetzung,
- festgestellte Kontaminationen,

9.3 Führungsmittel

- durch Abdrift gefährdete Gebiete,
- die Grenzen des Gefahren- und des Absperrbereichs,
- die Dekontaminationseinrichtungen,
- die Spürwege von CBRN-Erkundungskräften.

Aus Gründen der Übersichtlichkeit empfiehlt es sich, Messwerte und deren Tendenzen (steigend, fallend, gleichbleibend) in einer weiteren Lagekarte darzustellen. Die Ergänzung durch Informationen zum Schadstoff, Sicherheitsdatenblättern, Übersichten der verfügbaren CBRN-Einheiten und einsetzbarem Spezialpersonal, z. B. CSA-Träger, sowie der logistischen Lage (PSA, Auffangkapazität für kontaminierte Abwässer) kann sinnvoll sein.

10 CBRN-Einsatzmaßnahmen

CBRN-Einsätze sind in der Anfangsphase häufig durch eine unklare Gefährdungslage gekennzeichnet. Wesentlich für den Einsatzerfolg sind die systematische Vorbereitung und eine über die gesamte Einsatzdauer hinweg durchzuführende Erkundung und Bewertung der Gefahrenlage. Alle Maßnahmen der Gefahrenabwehr müssen sich am vorrangigen Schutzziel orientieren: dem Schutz von Menschen vor Inkorporation und/oder Kontamination mit Gefahrstoffen und der Einwirkung physikalischer Kräfte. Die Tätigkeiten in einem CBRN-Einsatz lassen sich in sechs Gruppen zusammenfassen:

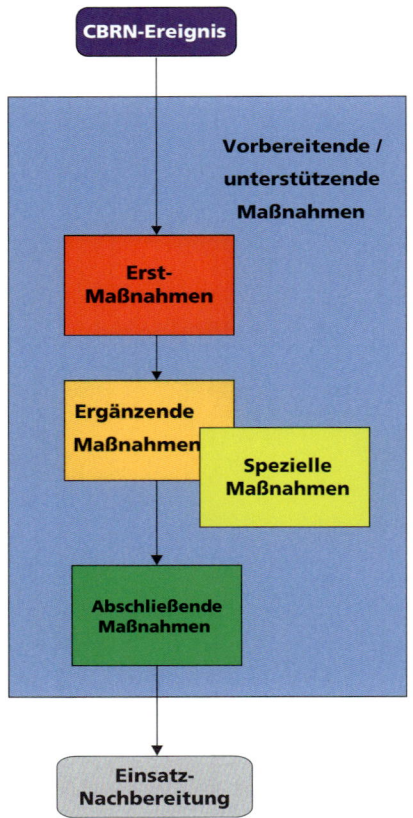

Bild 65: Übersicht über die Maßnahmen im CBRN-Einsatz

10.1 Vorbereitende/unterstützende Einsatzmaßnahmen

Die Auflistung stellt keine chronologische Abfolge dar, stattdessen kann es notwendig sein, Tätigkeiten parallel ablaufen zu lassen oder vorzuziehen. Nicht jeder Einsatz erfordert die Durchführung aller Maßnahmen.

10.1 Vorbereitende/unterstützende Einsatzmaßnahmen

Das Ziel ist das Schaffen der Voraussetzungen für die erfolgreiche Einsatzdurchführung. Die vorbereitenden/unterstützenden Maßnahmen orientieren sich an der Kenntnis der Schadenslage. Im optimalen Fall sind die anrückenden Kräfte bereits mit der Alarmierung über das mögliche Vorliegen von Gefahrstoffen informiert worden. Andernfalls besteht bis zum Erkennen des Vorliegens von CBRN-Stoffen eine erhebliche Gefährdung der eigenen Kräfte.

Die vorbereitenden/unterstützenden Einsatzmaßnahmen umfassen:
- den Aufbau der Einsatzleitung,
- die Festlegungen zum Schutz der eigenen Kräfte,
- die räumliche Organisation der Einsatzstelle,
- die Sicherstellung der Ver- und Entsorgung.

10.1.1 Aufbau der Einsatzleitung

Den zuerst eintreffenden Kräften fällt, neben den Erstmaßnahmen die Aufgabe zu, durch Rückmeldungen an die Leitstelle die für eine Nachalarmierung von CBRN-Einheiten notwendigen Lageinformationen zu liefern. Im Zuge des Einrichtens der Führungsorganisation werden dann lageabhängig Einsatzabschnitte gebildet. Ferner muss die Einsatzleitung für die Planung über Zugriff auf die notwendigen Fachinformationen verfügen und auf Fachberater zurückgreifen können. Die Kräfte der unmittelbaren Gefahrenabwehr werden durch die örtlichen Feuerwehren und den regionalen Rettungsdienst gestellt. Da die CBRN-Kräfte häufig überörtliche Einheiten sind, muss sichergestellt sein, dass diese bei ihrem Eintreffen aufgenommen und in Lage und Auftrag eingewiesen werden. Ein wesentlicher Punkt ist die Sicherstellung der Kommunikationsverbindungen zwischen örtlichen und überörtlichen Kräften. Gleiches gilt für die unterschiedlichen Einsatzabschnitte.

10 CBRN-Einsatzmaßnahmen

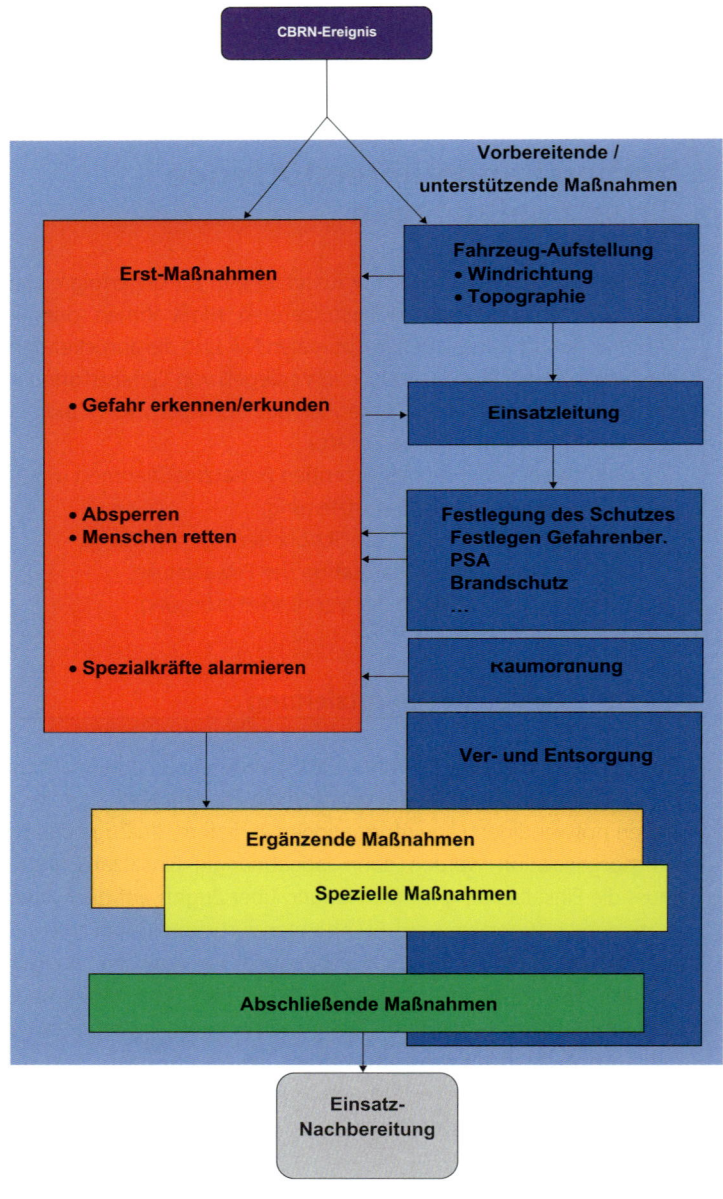

Bild 66:   *Vorbereitende und unterstützende Maßnahmen an der Einsatzstelle*

10.1 Vorbereitende/unterstützende Einsatzmaßnahmen

10.1.2 Festlegung des Schutzes eigener Kräfte

Das CBRN-Risiko für die eigenen Kräfte wird durch Schutzmaßnahmen minimiert. Dazu zählen:
- Festlegen des Gefahrenbereichs,
- Atemschutzüberwachung,
- Festlegen der PSA,
- Bereitstellung von Rettungstrupps (in geeigneter PSA),
- Sicherstellung des Brandschutzes,
- Sicherstellung der Notdekontamination,
- Sicherstellung der notfallmedizinischen Versorgung,
- Maßnahmen des Explosionsschutzes.

Festlegen der persönlichen Schutzausrüstung
Die zu verwendende PSA wird durch die FwDV 500 anhand der Einsatzsituation vorgegeben. Diese Vorgaben basieren auf der Gefährdungsbeurteilung zur Ermittlung der notwendigen PSA nach DGUV-I 205-014 (siehe Kapitel 6). Zur Menschenrettung kann der Einsatzleiter lageabhängig davon abweichen.

Als Atemschutz ist das Tragen von Isoliergeräten festgelegt. Ausnahmen davon sind Bereiche, in denen Filtergeräte einen zuverlässigen Schutz bieten:
- Gefahrengruppe IIB, falls keine Brandbekämpfung notwendig ist (Atemfilter ABEK2-P3),
- Tätigkeiten an der Patientenablage,
- auf Dekontaminationsstellen,
- bei der CBRN-Erkundung zur Feststellung der Ausdehnung eines durch Abdrift gefährdeten Gebiets.

Vorbereitung der Brandbekämpfung
Besteht das Risiko einer Entzündung von Gefahrstoffen muss eine unmittelbare Brandbekämpfung sichergestellt sein.

Die Auswahl der Löschmittel richtet sich nach den Eigenschaften des Gefahrstoffs und den mit dem Löschmitteleinsatz verbundenen Nebenfolgen, wie einer möglichen Ausweitung des Gefahrenbereichs.

Droht die Gefahr eines Entstehungsbrands, ist der unter PSA vorgehende Trupp mit einem geeigneten Kleinlöschgerät auszustatten.

10 CBRN-Einsatzmaßnahmen

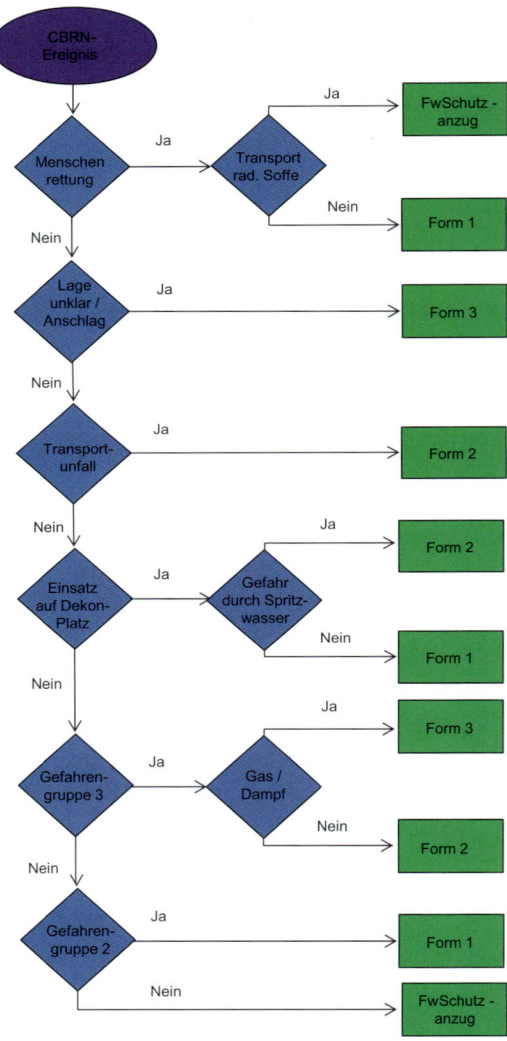

Bild 67: *Auswahl des Körperschutzes in Anlehnung an die FwDV 500, dabei ist zu beachten, dass an einer Einsatzstelle verschiedene Formen der PSA abhängig von der Aufgabe der Träger verwendet werden können. Im Zuge der Lagebeurteilung ist es u.U. erforderlich, von dem Schema abzuweichen (beispielsweise kann auch bei Transportunfällen Körperschutz Form 3 notwendig sein). Grundsätzlich wird empfohlen, als Form 1 einen Spritzschutzoverall Typ 6 zu nutzen, insofern keine Brandbekämpfung durchgeführt werden muss.*

10.1 Vorbereitende/unterstützende Einsatzmaßnahmen

Tabelle 40: *Grundsätze zur Auswahl von Löschmitteln bei der Brandbekämpfung an Einsatzstellen mit gefährlichen Stoffen*

Vorliegender Gefahrstoff	Löschmittel
Brennbare flüssige Kohlenwasserstoffe	kein Wasser (Gefahr der Brandausbreitung)
Wasserunverträgliche Stoffe (z. B. Alkalimetalle) und Metallbrände	kein Wasser und kein Schaum (Gefahr der heftigen Reaktion)
Konzentrierte Säuren, gebrannter Kalk	Vorsicht bei Kontakt mit Wasser oder Schaum (starke Hitzentwicklung)
Alkohole	Alkoholbeständige Schaummittel
Biologische Gefahrstoffe	bei Entstehungsbränden Kohlendioxid

Neben der unmittelbaren Brandbekämpfung kann der Löschmitteleinsatz weitere Aufgaben erfüllen:
- Verhinderung der Brandausbreitung durch Kühlen von gefährdeten Objekten in der Nachbarschaft,
- Niederschlagung von wasserlöslichen Gasen und Dämpfen sowie von Stäuben,
- Abdecken von verdampfenden Flüssigkeiten mit Schaum.

Explosionsschutz

Ist im Gefahrenbereich mit Explosionsgefahren durch brennbare Gase und Dämpfe brennbarer Flüssigkeiten, brennbare Stäube sowie Explosivstoffe zu rechnen, müssen Ex-Schutzmaßnahmen getroffen werden:
- Feststellen von Explosionsgefahren durch die Erkundung der Einsatzstelle (Beobachtung von Gefahrstofffreisetzungen, Feststellung anhand der Kennzeichnung, Überwachung der Umgebungsatmosphäre mit Ex-Warngeräten),
- Einsatz nicht funkenreißender Werkzeuge und ex-geschützter Elektrogeräte (einschl. Handfunkgeräte),
- Kein Einsatz von Verbrennungsmotoren im Gefahrenbereich,
- Erdung der Pumpen, der Armaturen und der Lagerbehälter beim Umfüllen brennbarer Flüssigkeiten,
- Vermeidung elektrostatischer Aufladungen, beispielsweise durch Feuchthalten von Oberflächen der PSA.

Bild 68: *Brandschutz und Schutz vor elektrostatischer Aufladung an einer Einsatzstelle*

10.1.3 Räumliche Organisation der Einsatzstelle

Eine zweckmäßige Raumordnung stellt einen wesentlichen Faktor für die erfolgreiche Einsatzdurchführung dar. Bei unklaren Gefahrenlagen, z. B. Anschlagsszenarien, verlangt die Gefährdung eigener Kräfte bereits einen ausreichenden Abstand vom Schadensobjekt (die FwDv 500 sieht in diesen Fällen einen Mindestabstand von 50 m vor). Ergeben sich Hinweise auf das Vorhandensein von CBRN-Stoffen, kann die räumliche Organisation der Einsatzstelle ohne großen Aufwand an die neue Situation angepasst werden.

Der Aufstellungsbereich ist in der Absperrzone auf der windzugewandten Seite der Einsatzstelle festzulegen. Eine Aufstellung in Senken unterhalb der Austrittsstelle ist zu vermeiden, da Gefahrstoffdämpfe schwerer als Luft sind und sich an tiefer gelegenen Geländepunkten sammeln können.

10.1 Vorbereitende/unterstützende Einsatzmaßnahmen

Eine zu nahe Aufstellung an der Gefahrenquelle kann die unangenehme Folge haben, dass Personal und Material sich im Gefahrenbereich befinden, und damit bis zur Freigabe durch eine Fachbehörde als kontaminiert gelten. Gerät, das im Gefahrenbereich steht, darf vor der Freigabe nicht außerhalb dieses Bereichs genutzt werden!

Folgende räumliche Festlegungen sind lageabhängig zu treffen:

Im Absperrbereich:
- Einsatzleitung
- Atemschutz-Sammelplatz
- (Not-)Dekontaminationsplatz bzw. Kontaminationsnachweisplatz
- Behandlungsplatz zur medizinischen Versorgung / Rettungsdienst
- Betreuungsplatz für dekontaminierte Personen
- Ver- und Entsorgung
- Kfz-Abstellflächen
- Bereitstellungsraum für weitere Kräfte (möglichst außerhalb des Absperrbereichs)

Beachte:
Der Dekontaminationsplatz bzw. Kontaminationsnachweisplatz liegt im Absperrbereich, sein Schwarzbereich ist aber Teil des Gefahrenbereichs!

An der Grenze zum Gefahrenbereich:
- Zugang Personal
- Ausgang Personal (mit austrassiertem Weg zum Dekon-Platz)
- Übergabepunkt für Verletzte
- Geräteablage für Gerät, das im Gefahrenbereich benötigt wird
- Geräteablage für kontaminiertes eigenes Gerät (falls nicht am Dekon-Platz)
- Anschlusspunkt Strom, Wasser usw.

Innerhalb des Gefahrenbereichs:
- Patientenablage für kontaminierte Personen (am Rand des Gefahrenbereichs in Nähe zur Dekontaminationsstelle)
- sichtgeschützter Bereich zur Ablage von kontaminierten Todesopfern
- Ablageplatz für möglicherweise kontaminierte Ausrüstung und Bekleidung

In der Raumordnung sind An- und Abmarschwege für Hilfeleistungs-Fahrzeuge zu berücksichtigen. Der Dekontaminationsplatz und die Verletztensammelstelle sollten mit Fahrzeugen erreichbar sein. Aufgrund des Einsatzgrundsatzes, dass sich alle Einrichtungen auf der windzugewandten Seite einer Freisetzungsstelle befinden sollen, ist der verfügbare Platz zumeist begrenzt. Es hat sich bewährt, die Raumordnung graphisch darzustellen und als Ausdruck an nachrückenden Einheiten auszugeben.

10.1.4 Sicherstellung der Ver- und Entsorgung

Die Versorgung ist in der ersten Einsatzphase nicht priorisiert. Im weiteren Einsatzverlauf muss jedoch die Versorgung mit für die Einsatzdurchführung benötigtem Material sichergestellt werden. Dazu gehören:
- Löschwasser/Trinkwasser (für Personendekontamination),
- Verbrauchsmaterial und Dekontaminationsmittel,
- Ersatz-PSA,
- Ersatzbekleidung,
- Verpflegung (vor allem Getränke).

Bei der Entsorgung sind vorrangig zu berücksichtigen:
- Entsorgung von kontaminiertem Wasser und
- Entsorgung von kontaminiertem Material und kontaminierter PSA/Bekleidung.

Werden Maßnahmen der Brandbekämpfung oder Dekontamination durchgeführt, ist die Rückhaltung bzw. die Entsorgung des kontaminierten Löschwassers frühzeitig sicherzustellen (Ausnahme: Dekontamination zur Menschenrettung). Für kontaminiertes Material reicht es zumeist, dieses bis zur Entscheidung über Dekontamination oder Entsorgung an der Grenze des Gefahrenbereichs abzulegen.

Macht der weitere Einsatzverlauf den Abtransport der noch verbliebenen Gefahrstoffe notwendig, ist dieser in Abstimmung mit den zuständigen Behörden zu veranlassen.

10.2 Erstmaßnahmen an der Einsatzstelle

Bild 69: *Organisation der Versorgung (links) und der Entsorgung (rechts) an einer Fahrzeugschleuse zur Tierseuchenbekämpfung*

10.2 Erstmaßnahmen an der Einsatzstelle

Das Ziel ist die Abwendung einer unmittelbaren Gefährdung.

Die Erstmaßnahmen sind nach der GAMS-Regel standardisiert und werden unmittelbar nach dem Eintreffen an der Einsatzstelle bzw. nach Feststellen von Anzeichen einer CBRN-Gefahr getroffen.

Erstmaßnahmen:
- **G**efahr erkunden
- **A**bsperren
- **M**enschenrettung (hat Vorrang)
- **S**pezialkräfte alarmieren

Die Reihenfolge der Maßnahmen ergibt sich aus der Einsatzlage. Steht ausreichend Personal zur Verfügung, können diese parallel durchgeführt werden.

Die GAMS-Regel sollte von allen Einsatzkräften angewendet werden können.

10 CBRN-Einsatzmaßnahmen

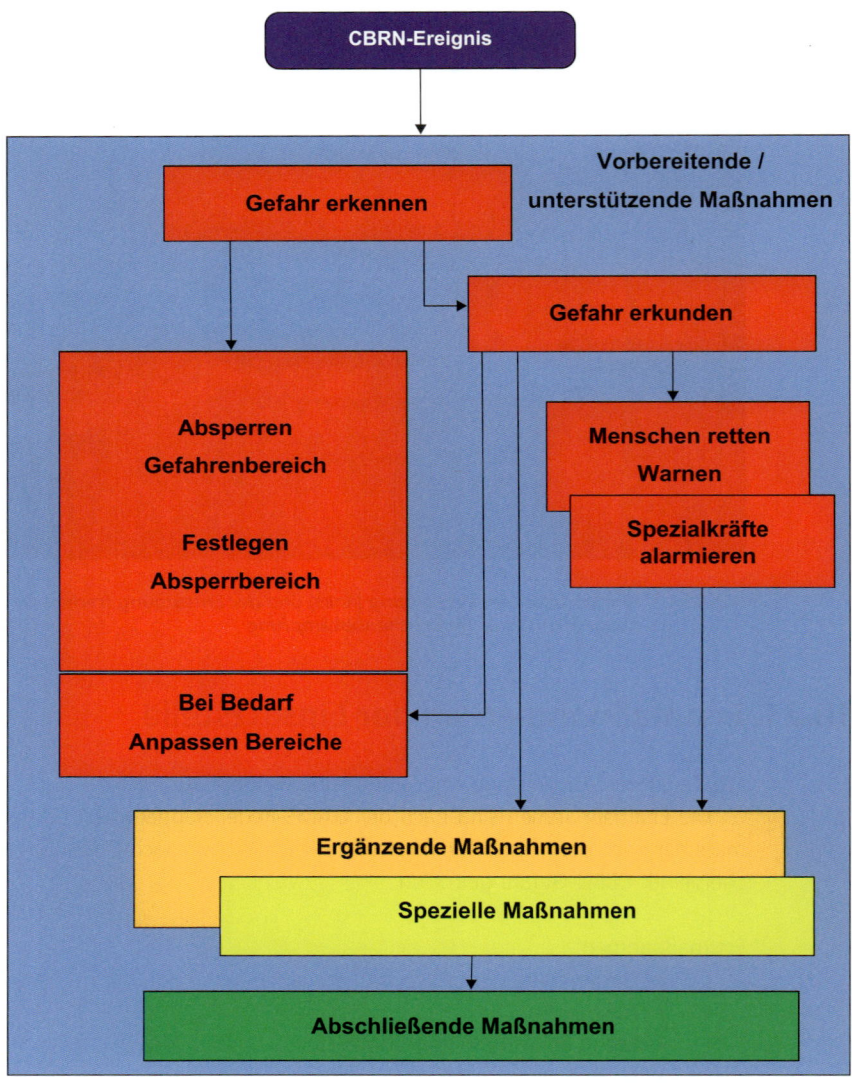

Bild 70: *Erstmaßnahmen nach der GAMS-Regel*

10.2 Erstmaßnahmen an der Einsatzstelle

10.2.1 Gefahr erkunden

Die Erkundung im Zuge der Erstmaßnahmen beschränkt sich auf das frühzeitige Wahrnehmen einer CBRN-Gefährdung und deren Ausbreitung (Wind, Gelände) und der Feststellung, ob sich noch Personen im Gefahrenbereich befinden (siehe auch Kapitel 9.2.1). Neben den Erstmaßnahmen basieren auf ihr die im Zuge der Vorbereitenden/unterstützenden Maßnahmen zu treffenden Festlegungen.

10.2.2 Absperren

Der Gefahrenbereich wird gemäß FwDV 500 festgelegt und gekennzeichnet. Im Zuge der Erstmaßnahmen wird der Gefahrenbereich mindestens 50 Metern vom Schadensobjekt bzw. von der festgestellten Schadstoff-Freisetzung/Kontamination markiert. Die Festlegung und Markierung des Gefahrenbereichs werden von der Feuerwehr durchgeführt. Der Absperrbereich wird in einem Mindestabstand von 50 Metern um den Gefahrenbereich festgelegt. Dessen Markierung und Sicherung erfolgt in der Regel durch die Polizei. Bei Vorliegen von Flüssiggasen oder Sprengstoffen müssen der Gefahrenbereich sowie der Absperrbereich erweitert werden.

Tabelle 41: *Mindestabstände des Gefahren- und des Absperrbereichs gemäß FwDV 500*

	A	B	C	
			Explosionsgefahr	Sonstige Gefahren
Gefahrenbereich	50 Meter oder 25 µSv/h	50 Meter	druckverflüssigte Gase (mehrere m^3): 300 Meter Sprengstoffe: 500 Meter	50 Meter
Absperrbereich	50 Meter von der Grenze des Gefahrenbereichs	100 Meter	1.000 Meter	100 Meter

Der Gefahrenbereich ist während des Einsatzes regelmäßig zu überprüfen und ggfs. anzupassen. Dabei ist auf mögliche Ausbreitungspfade zu achten:

10 CBRN-Einsatzmaßnahmen

- Abdrift mit dem Wind (bzw. in Gebäuden durch Belüftungsmaßnahmen),
- Abfließen von Flüssigkeiten, Dämpfen und Schwergasen in tieferliegende Geländebereiche und die Kanalisation,
- Verschleppung über den Abfluss von Löschmitteln in Gewässer,
- Verschleppung über kontaminierte Personen und Geräte, die den Gefahrenbereich unkontrolliert verlassen.

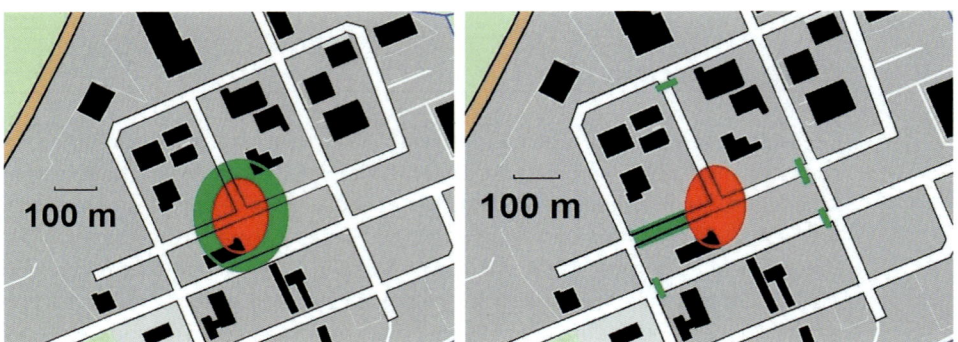

Bild 71: *Gefahrenbereich und Absperrbereich ideal (links) und angepasst an die örtlichen Verhältnisse (rechts)*

Stehen Messgeräte zur Verfügung, muss die Schadstoffkonzentration außerhalb des Gefahrenbereichs niedriger als der vorgegebene Richtwert sein. Aufgrund von Erkundungsergebnissen kann der Gefahrenbereich (nach Rücksprache mit einer fachkundigen Person) bis auf 5 m um das Gefahrenobjekt verringert werden.

Der Gefahrenbereich darf nur durch Einsatzkräfte betreten werden:
- die einen Einsatzauftrag haben.
- die korrekte PSA tragen.
- die der Atemschutzüberwachung unterliegen.

Diese Regelungen gelten dienstgradunabhängig. Um ein unbefugtes Betreten auszuschließen, ist ein Zugangspunkt zum Gefahrenbereich sowie einen Ausgang festzulegen (letzterer führt über den Dekontaminations- bzw. Kontaminations-Nachweisplatz). Es hat sich bewährt, beide so zu legen, dass Hinweg und Rückweg identisch sind.

10.2 Erstmaßnahmen an der Einsatzstelle

10.2.3 Menschenrettung

Unmittelbar an der Gefahrenstelle angetroffene Personen müssen umgehend der Einwirkung des Gefahrstoffs entzogen werden. Um eine zeitgerechte Rettung sicherzustellen, gestattet die FwDV 500 das Abweichen von den vorgegebenen Formen der PSA (mindestens umluftunabhängiger Atemschutz und abgedichteter Einsatzanzug/Form 1). Nach dem Herausbringen der Betroffenen aus dem Einwirkungsbereich des Gefahrstoffs ist abzuwägen, ob zuerst lebensrettende medizinische Maßnahmen durchgeführt oder die Notdekontamination erforderlich sind.

Merke:

Grundsätzlich werden lebensrettende Maßnahmen vor der Dekontamination eingeleitet. Bei Vorliegen von Gefahrstoffen, die eine schnelle Schädigung bewirken (Säuren, Basen, Nervenkampfstoffe), ist vorrangig die Notdekontamination durchzuführen.

Personen, bei denen ein Kontaminationsverdacht besteht, müssen frühzeitig medizinisch und sozial betreut werden. Die Maßnahmen auf der Patientenablage müssen dazu um die Sichtung hinsichtlich einer notwendigen Dekontamination (ja/nein; kann die Person selbständig die Dekontamination durchlaufen/muss sie liegend dekontaminiert werden) und bei Bedarf um eine Spot-Dekontamination ergänzt werden.

Spot-Dekontamination

Die Spot-Dekontamination auf einer Patientenablage kann folgende Punkte umfassen:

- das Ausspülen der Augen;
- die Dekontamination des Nasen-/Rachenraumes durch Gurgeln bzw. Schnäuzen und der Mund-/Nasenpartie mit anschließendem Anlegen einer Infektionsschutzmaske als Inkorporationsschutz;
- die Beseitigung erkannter Kontaminationen auf der Körperoberfläche;
- ggfs. die Dekontamination von Wundbereichen;
- die Dekontamination von Hautbereichen, die zum Legen von Zugängen benötigt werden.

Bei Bedarf kann auch das (teilweise) Entfernen der Bekleidung erfolgen.

Um die Gefahr einer Kontaminationsverschleppung in Rettungsfahrzeuge und Behandlungseinrichtungen zu vermeiden, sollen Verletzte erst nach erfolgter Dekontamination transportiert werden. Ist aus medizinischen Gründen der Transport einer kontaminierten Person erforderlich, ist dies mit der aufnehmenden Behandlungseinrichtung abzustimmen.

Warnung der Bevölkerung
Um der Bevölkerung das Treffen von Schutzmaßnahmen zu ermöglichen, muss eine frühzeitige Warnung erfolgen. Dazu basiert das Abschätzen der betroffenen Gebiete auf der CBRN-Auswertung mit Schablonen oder einfachen Ausbreitungsprogrammen. Um die Warnung verzugslos einzuleiten, müssen vorbereitete Warntexte mit Hinweisen zum Schutzverhalten verfügbar sein, die im Einsatzfall durch eine kurze Information zur aktuellen Gefährdung ergänzt werden. Die Warnung muss über möglichst viele Kanäle erfolgen (Rundfunk, Warn-App). Der Einsatz von Lautsprecherwagen wird nicht unkritisch gesehen, da die Gefahr besteht, dass Personen die Fenster öffnen, um die Durchsagen besser zu verstehen.

> **Retten oder Verbleib im Gefahrenbereich**
> Bei der Entscheidung, ob Gebäude im Gefahrenbereich geräumt werden, ist zu berücksichtigen, ob die Gefahrstofffreisetzung außerhalb oder im Gebäude stattfindet.
> Bei einer Freisetzung im Freien sind Personen in geschlossenen Gebäuden, vorausgesetzt, dass Fenster und Türen geschlossen und die Belüftungssysteme abgeschaltet sind, vorerst geschützt. Allerdings dringen Schadstoffe aufgrund des Luftwechsels auch in geschlossene Gebäude ein, sodass es im Gebäudeinneren zu einem verzögerten Anstieg der Schadstoffkonzentration kommt.
> Mit Absinken der Schadstoff-Konzentration im Freien sind Personen in Gebäuden deshalb aufzufordern, das Gebäude zu lüften oder zu verlassen, da analog zum Anstieg auch das Absinken der Schadstoff-Konzentration in geschlossenen Gebäuden verzögert erfolgt.
> Bei einer Gefahrstofffreisetzung innerhalb eines Gebäudes ist dieses grundsätzlich zu räumen.

10.2.4 Spezialkräfte nachfordern

Um über die Erstmaßnahmen hinausgehende Schritte einzuleiten, werden Kräfte mit Fähigkeiten/Kenntnissen im CBRN-Schutz erforderlich:
- Gefahrstoffeinheiten,
- Messeinheiten,

- Dekontaminationskräfte,
- Fachkundige Personen und Fachberater,
- Behördenvertreter.

Tabelle 42: *Entscheidungsmatrix Retten oder Verbleib im Gefahrenbereich*

Expositionsszenarium	Gefährdung ungeschützter Personen innerhalb eines Gebäudes	Gefährdung ungeschützter Personen im Freien
Freisetzung luftgetragener CBRN-Gefahrstoffen im Freien	geringes – mittleres Risiko	hohes Risiko
Freisetzung luftgetragener CBRN-Gefahrstoffen innerhalb eines Gebäudes	hohes Risiko	geringes Risiko (in Luv, windzugewandte Seite des Gebäudes,)

Bei der Anforderung von Spezialkräften ist eine möglichst genaue Formulierung des Bedarfs an die Leitstelle zu melden. Besonders bei einem Massenanfall kontaminierter Personen sind neben den Rettungsdiensten Betreuungskräfte, auch zur psychologischen bzw. notfallseelsorgerlichen Betreuung, anzufordern

10.3 Ergänzende Maßnahmen

Das Ziel ist die Umwandlung einer dynamischen in eine statische Lage
Die ergänzenden Gefahrenabwehrmaßnahmen umfassen:
- Brandbekämpfung,
- Unterbinden der Freisetzung,
- Eindämmung der Ausbreitung freigesetzter Materialien,
- Aufnehmen des Gefahrstoffs durch Binden oder Umfüllen,
- CBRN-Erkundung (siehe Kapitel 11),
- Dekontamination (siehe Kapitel 12),
- Information der Bevölkerung und der Einsatzkräfte.

10 CBRN-Einsatzmaßnahmen

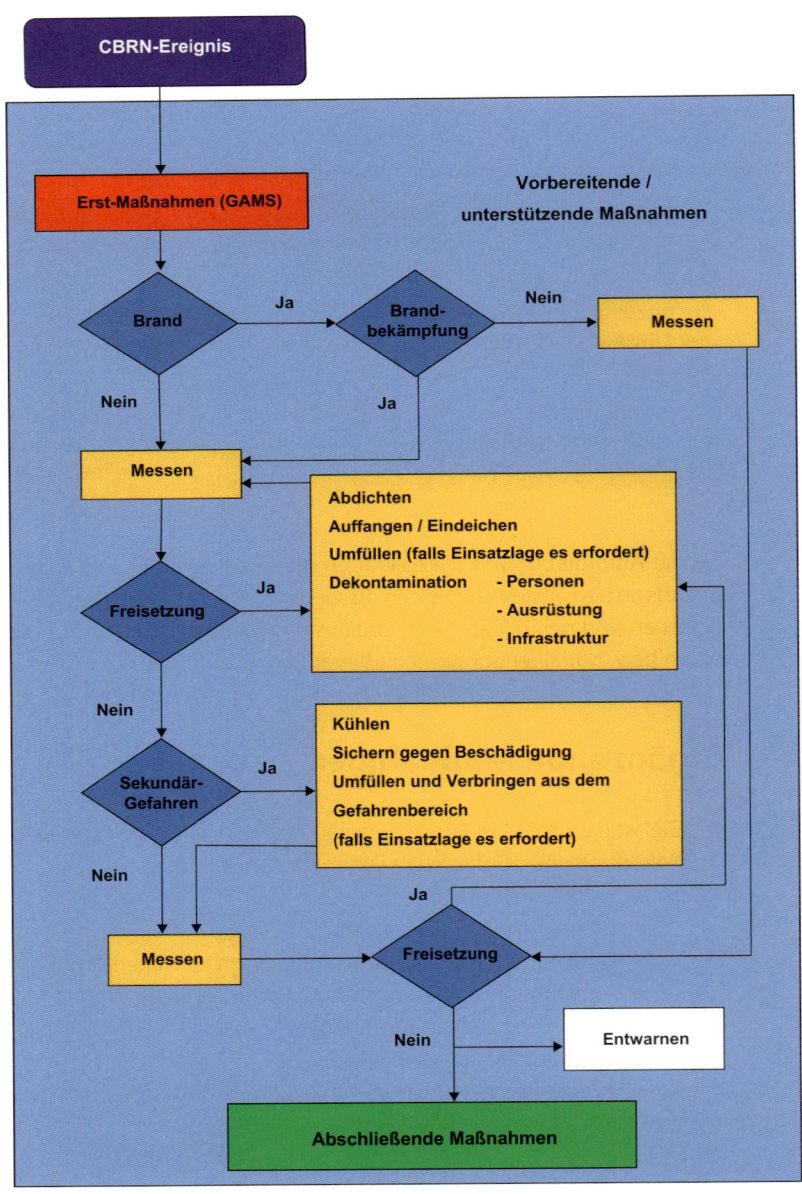

Bild 72: *Ergänzende und spezielle Maßnahmen im CBRN-Einsatz*

10.3 Ergänzende Maßnahmen

10.3.1 Brandbekämpfung

Vor Einleitung der Brandbekämpfung ist abzuwägen, ob diese notwendig ist, oder ggfs. die Situation verschlimmert. Besonders ist auf die Gefahr der Kontaminationsverbreitung mit dem Löschmittel zu achten. Bei unerwarteter Ausbreitung von Löschmitteln muss gegebenenfalls eine Rückhalteeinrichtung mit eigenen Mitteln geschaffen werden. Gleiches gilt auch für die Umwelt beeinträchtigende Löschmittel. Kommt es hier zu einem längerfristigen Einsatz, müssen entsprechende Vorkehrungen getroffen werden.

Bestehende Schleuseneinrichtungen können, falls keine Einspeisesysteme vorhanden sind, durch die Vornahme von Schlauchmaterial in ihrer Wirkung beeinträchtigt werden. In diesem Fall ist abzuwägen, ob für die Brandbekämpfung Kleinlöschgeräte ausreichen. Ist ein Strahlrohreinsatz notwendig, sind die Auswirkungen, z. B. durch den Einsatz von mobilen Rauchverschlüssen, zu minimieren. Gleiches gilt für die Entrauchung / Belüftung.

10.3.2 Unterbinden der Freisetzung

Wenn immer möglich, ist der weitere unkontrollierte Austritt von Gefahrstoffen zu unterbinden. Je mehr Gefahrstoff in dem ursprünglich dafür vorgesehenen Containment verbleibt, umso geringer ist der durch die Ausbreitung gefährdete Bereich. Bis zum Ende der Freisetzung muss dieser Bereich ständig neu bewertet werden. Mit Ende der Freisetzung kann ebenfalls das Ende der Gefährdung durch abdriftende Gefahrstoffe abgeschätzt werden. Beim Auffangen und Umfüllen in Behältnissen ist neben der Beständigkeit der Auffangbehälter und des Schlauchmaterials auch die ausreichende Erdung zur Vermeidung einer elektrostatischen Aufladung zu beachten.

10.3.3 Eindämmung der Ausbreitung bereits freigesetzter Gefahrstoffe

Abhängig von ihren Eigenschaften können bereits ausgetretene Gefahrstoffe durch unterschiedliche Maßnahmen an der Ausbreitung gehindert werden. Gut wasserlösliche Gase lassen sich mit Sprühstrahl und Hydroschilden zumindest teilweise niederschlagen. Darunter fallen Ammoniak und Chlorwasserstoff. Um die Ausbreitung von Dämpfen zu minimieren, können ausgetretene organische Flüssigkeiten mit Schaum abgedeckt werden. Hier muss allerdings eine Abwägung hinsichtlich der

Kontaminationsverschleppung durch den Schaumeinsatz getroffen werden. Immer ist auch die Freisetzung durch Einsatzmaßnahmen zu beachten:

- Schadstoffe können sich mit Löschmitteln ausbreiten.
- Angriffswege und Schlauchleitungen können die Wirkung von Türen und Schleusen aufheben.

In Gebäuden können luftgetragene Ausbreitungen durch das Setzen von mobilen Rauchverschlüssen verringert werden.

Die Kanalisation und tiefergelegene Gebäudeteile lassen sich durch Kanalabdeckungen, Dichtkissen und Eindeichen mit Behelfsmitteln gegen das Eindringen von flüssigen Gefahrstoffen schützen.

Merke:
Flüssigkeitsdämpfe sind schwerer als Luft und können Eindeichungen überströmen.

10.3.4 Beseitigung des Gefahrstoffs

Sind Gefahrstoffe freigesetzt worden, ist zu entscheiden, ob diese im Zuge der Abwehrmaßnahmen beseitigt werden müssen oder die Entsorgung durch einen Dienstleister erfolgen kann. Gleiches gilt für den Gefahrstoffanteil, der sich noch im Lager- oder Transportbehälter befindet.

10.3.5 Information von Bevölkerung und Einsatzkräften

Nach einer Warnung ist mit einem sehr hohen Informationsbedarf nicht nur seitens der unmittelbar betroffenen Bevölkerung zu rechnen. Im digitalen Zeitalter entscheidet die schnelle Bereitstellung von zuverlässigen Informationen mit, ob Maßnahmen der Gefahrenabwehr als erfolgreich wahrgenommen werden. Wenn keine offiziellen Verlautbarungen zeitnah erfolgen, wird diese Lücke in den sozialen Medien durch Gerüchte geschlossen. Vor diesem Hintergrund sind die Medien ein wesentlicher Partner in der Gefahrenabwehr, über die beispielsweise Verhaltensregeln für die Bevölkerung verteilt werden können. Das setzt voraus, dass in den Hilfsorganisationen ausreichend für den Umgang mit Pressevertretern geschultes Personal für die Informationsarbeit zur Verfügung steht.

10.3 Ergänzende Maßnahmen

Die Mitteilungen sollen die Fragen beantworten:
- Welche Gefährdung liegt vor?
- Wie lange dauert sie voraussichtlich?
- Welche Einschränkungen gelten (Straßensperrungen, Trinkwasser)?
- Welche Schutzmaßnahmen werden empfohlen?
- Was unternimmt die Gefahrenabwehr dagegen?
- Wo können die Bürger weitere Informationen erhalten?

Bild 73: *Presseinformationsstelle*

Dabei sind Abkürzungen und Fachbegriffe zu vermeiden. Die Information muss sich auf Fakten beschränken. Spekulationen über Schuldige und Ursachen müssen ebenso vermieden werden wie widersprüchliche Angaben seitens der beteiligten Organisationen. Neben der Information der Bevölkerung ist zu prüfen, welcher Informationsbedarf seitens der Einsatzkräfte und beteiligten Behörden und Entscheidungsträgern besteht.

10.4 Spezielle Maßnahmen

Spezielle Maßnahmen flankieren die ergänzenden Maßnahmen. Sie ergeben sich aus den Eigenschaften und der vorhandenen bzw. freigesetzten Menge der beteiligten Gefahrstoffe. Eine erste Orientierung geben die in der FwDV 500 aufgeführten Maßnahmengruppen wieder.

10.5 Abschließende Maßnahmen

Das Ziel ist das Beenden der Maßnahmen zur Gefahrenabwehr und die Übergabe der Einsatzstelle.

10.5.1 Entwarnen

Wurden Warnungen ausgegeben, müssen diese nach Beseitigung der Gefahr aufgehoben werden. Eine Entwarnung sollte immer erst nach Rücksprache mit der zuständigen Gesundheitsbehörde ausgesprochen werden. Aktuell sind keine einheitlichen Beurteilungswerte bekannt, die für eine Entwarnung genutzt werden. Verschiedene Feuerwehren ziehen das Unterschreiten des AEGL1-Werts für eine achtstündige Exposition heran. Der Rahmen-Alarm- und Einsatzplan Gefährliche Stoffe Rheinland-Pfalz legt den dreifachen AGW als Entscheidungsgrundlage für das Einleiten von Schutzmaßnahmen fest.

10.5.2 Aufräumungsarbeiten

Aufräumungsarbeiten werden durch die Feuerwehren nur durchgeführt, soweit sie im Rahmen der Gefahrenabwehr notwendig sind. Diese müssen in Abstimmung mit den beteiligten Polizeibehörden erfolgen, um eine erforderliche Spurensicherung nicht zu verhindern.

Kontaminierte Ausrüstung ist zu verpacken, zu markieren und bis zur Entscheidung über eine gründliche Dekontamination oder Entsorgung sicherzustellen. Bei Bedarf erfolgt der Abtransport von der Einsatzstelle. Kontaminierte fremde Güter verbleiben möglichst an der Schadensstelle. Ist der Kontrollbereich noch nutzbar, verbleiben radioaktiv kontaminierte Gegenstände, Abwässer usw. dort. Gleiches gilt bei B-Lagen für Bereiche, die einer Gefahrengruppe zugeordnet sind. Ist eine Bergung und die Entsorgung der vorliegenden Gefahrstoffe notwendig, wird empfohlen, dies durch ein TUIS-Unternehmen oder einen dazu befähigten Entsorger ausführen zu lassen.

10.5.3 Übergabe der Einsatzstelle

Die Übergabe der Einsatzstelle an eine Fachbehörde, die Polizei oder einen Vertreter des Betreibers beendet die Gefahrenabwehr. Dabei ist abzusprechen:
- noch vorhandene CBRN-Gefahren und deren räumliche Ausdehnung,
- weitere Gefahrenquellen, z. B. Einsturz,
- Verbleib von kontaminierten Abfällen und kontaminierter Ausrüstung,
- Weitergabe von Messprotokollen (in Kopie),
- Information über durchgeführte Dekontaminationsmaßnahmen.

Die Übergabe ist zu dokumentieren. Sind noch weiterführende Maßnahmen erforderlich, so erfolgen diese in der Verantwortung der zuständigen Fachbehörde.

10.6 Maßnahmen zur Unterstützung anderer Behörden

Das Ziel ist die Unterstützung bei der Herstellung des Normalzustandes. Da diese Maßnahmen nicht unmittelbar der Gefahrenabwehr dienen, erfolgt ein Einsatz der Feuerwehr nur in Amtshilfe nach Beantragung der Unterstützung seitens einer Fachbehörde. Dazu zählen die gründliche Dekontamination im Rahmen der Tierseuchenbekämpfung sowie die Probenahme für Umweltbehörden und Strafverfolgungsbehörden.

10.6.1 Forensische Aspekte einer CBRN-Freisetzung

Nach einer Gefahrstofffreisetzung ist grundsätzlich von der Notwendigkeit einer Ursachen-Ermittlung auszugehen. Um eine Sicherstellung der Beweisstücke zu ermöglichen, muss ggfs. eine Zugangskontrolle zum Ereignis-/Tatort erfolgen. An einem Freisetzungsort vorhandene kontaminierte Gegenstände können unter Umständen Beweismittel sein und sollten nicht ohne vorherige Sichtung durch Fachdienststellen entsorgt werden. Für die Beweissicherung kann die Entnahme von Proben notwendig werden.

10 CBRN-Einsatzmaßnahmen

CBRN-Lagen bedingen, zusätzlich zu den Herausforderungen der Tatortarbeit, eine Beweisaufnahme in einem möglicherweise mit Gefahrstoffen kontaminierten Umfeld. Auch die spätere forensische Untersuchung wird durch die Kontamination des Beweismaterials erschwert. Bei der Probenahme können drei Gruppen von Probenmaterialien unterschieden werden, die unterschiedliche Vorgehensweisen erforderlich machen:

- freigesetzte Schadstoffe und mögliche Begleitstoffe (Verunreinigungen durch Ausgangsstoffe, Bindemittel, Lösungsmittel und Reaktionsnebenprodukte),
- Beweismittel, die Rückschlüsse auf die Ursache der Freisetzung geben können (fehlerhafte Bauteile, Dispersionsvorrichtungen, Zünd- und Sprengvorrichtungen bzw. deren Reste),
- Beweismaterial, das Informationen über den Täter oder mögliche Hintermänner liefert (DNA-Spuren, Fingerabdrücke, elektronische Beweismittel, z. B. Mobiltelefone, zurückgelassene Dokumente).

Die CBRN-Erkundungswagen des Bevölkerungsschutzes sind für die Entnahme von CBR-Proben zur Gefahrstofffeststellung ausgestattet. Hierzu wurden durch das BBK detaillierte Leitlinien erarbeitet und veröffentlicht. Die Entnahme von Materialien zur Ermittlung der Freisetzungsursache und der Täterermittlung kann nicht durch die Feuerwehren erfolgen. Bei Bedarf ist jedoch die Unterstützung der Ermittlungsbehörden bei Arbeiten im Gefahrenbereich möglich.

Die Auswertung von kontaminiertem Beweismaterial kann grundsätzlich auf zwei Arten erfolgen:

- Nach einer Dekontamination, hierbei besteht die Gefahr, dass wichtige Informationen verloren gehen.
- Durch Untersuchung in einer Glovebox, was voraussetzt, dass die zur Untersuchung benötigten Geräte und Materialien in diese eingeschleust werden können. Zur weiteren Nutzung muss danach deren Kontaminationsfreiheit sichergestellt werden.

Aktuell befinden sich unterschiedliche Verfahren zur Untersuchung kontaminierter Beweisstücke in der Entwicklung, wie beispielsweise das inzwischen abgeschlossene GIFT-Projekt (Generic Integrated Forensic Toolbox for CBRN incidents) der EU.

10.7 Nachbereitung

Das Ziel ist die Wiederherstellung bzw. Erhöhung der Einsatzbereitschaft (organisatorisch und materiell). Aufgrund möglicher gesundheitlicher Folgen für die beteiligten Einsatzkräfte und der Frage der Neubeschaffung von Gerät ist der CBRN-Einsatz sorgfältig zu dokumentieren und alle Dokumente (auch Messprotokolle und Meldungen) zusammenzufassen. Die Dokumentation ist auch heranzuziehen, um anhand der gewonnenen Erkenntnisse Einsatzplanung, Ausbildung und Beschaffung zu überprüfen. Für die Ausbildung können diese Unterlagen als Basis für die Erarbeitung realistischer Übungsszenarien benutzt werden. Die Einsatzkräfte sind über mögliche gesundheitliche Folgen zu informieren und gegebenenfalls einem Arzt vorzustellen. Dazu müssen alle Einsatzkräfte, die bei Einsätzen der Gefahrengruppe II und höher im Gefahrenbereich tätig waren, namentlich erfasst werden. Die neugefasste Strahlenschutzverordnung sieht ferner vor, dass die für eine Einsatzkraft ermittelte oder abgeschätzte Körperdosis an das Strahlenschutzregister übermittelt wird, wenn diese einen Wert von 1 mSv für die effektive Dosis oder die ermittelte Organ-Äquivalentdosis für die Augenlinse 15 mSv oder die lokale Hautdosis 50 mSv überschreitet.

Tabelle 43: *In der FwDV 500 festgelegte Kriterien einer ärztlichen Nachsorge der Einsatzkräfte.*

Notwendigkeit einer ärztlichen Nachsorge		
Allgemein		
Notwendigkeit der ärztlichen Überwachung bei: • Verletzungen während der Tätigkeit im Gefahrenbereich, • Inkorporationsverdacht, • Kontaminationsverdacht, • Anzeichen einer Schädigung.		
Spezifische Gefährdung		
A	B	C
Einsatzdosis 15 mSv: ärztliche Überwachung Ab 50 mSv: unmittelbare Vorstellung bei einem ermächtigten Arzt	Bei Einsätzen Gefahrenklasse III unverzügliche Vorstellung bei einem geeigneten Arzt	Keine Angaben

10 CBRN-Einsatzmaßnahmen

Bei seelisch belastenden Einsätzen ist ferner bei Bedarf die psychologische Betreuung des Personals sicherzustellen. Wurden zur Gefahrenabwehr eingesetzte Geräte noch nicht gründlich dekontaminiert, ist in Zusammenarbeit mit der zuständigen Fachbehörde zu prüfen, ob diese nach der Dekontamination weiter genutzt werden können. Falls die Möglichkeit einer Weiternutzung besteht, erfolgt eine gründliche Dekontamination mit anschließender Freigabe für eine Weiternutzung durch die zuständige Fachbehörde. Nicht mehr nutzbares Gerät muss fachgerecht entsorgt und nachbeschafft werden.

Einsatzbeispiel Chlorfreisetzung

Ausgangslage
In Chlorgasraum eines Hallenbades kam es beim Austausch von Chlorgasflaschen zu einem Teilabriss des Ventils einer Gasflasche. Ein dort tätiger Mitarbeiter konnte den Chlorgasraum verlassen, die Außentüre blieb jedoch offen. Über diese strömte das Chlor ins Freie. Im Gefahrenbereich befindet sich Wohnbebauung.

Lagebeurteilung
Eine Ausbreitungsberechnung ergab einen Gefahrenbereich mit einer Ausdehnung von bis zu 100 m in Windzugrichtung zur Austrittsstelle.

Die voraussichtliche Emissionsdauer wurde mit maximal 0,5 Stunden abgeschätzt. Personen, die sich im Freien aufhalten, können geschädigt werden.

Eingeleitete Maßnahmen der Einsatzleitung
Anhand der Ausbreitungsberechnung erfolgte die Warnung der Bevölkerung, sich nicht im Freien aufzuhalten bzw. Gebäude nicht zu verlassen, Fenster und Türen zu schließen sowie Klimaanlagen abzustellen. Für Personen, deren Wohnungen im Gefahrenbereich lagen und deren Rückweg versperrt war, wurde ein Aufenthaltsbereich eingerichtet.

Die Erkundung des Chlorgasraums unter CSA Form 3 ergab, dass der Austritt nur aus einer beschädigten Chlorgasflasche erfolgte. Messungen zeigten eine Schadstoffkonzentration vor dem Chlorgasraum von 32 ppm Chlor.

Ein zweites CBRN-Erkundungsteam wurde angesetzt, um die Ausbreitungsberechnung zu überprüfen. In 350 Metern Abstand in Windrichtung konnte Geruchsauffälligkeit und eine Luftkonzentration von 0,5 ppm Chlor festgestellt werden.

Da die vermutliche Emissionsdauer des Chlorgasaustritts kürzer war, als die Zeit zur Anlieferung eines Gasflaschenbergebehälters, wurde auf diese Einsatzmaßnahme verzichtet. Mittels Sprühstrahl wurde die Chlorgaswolke verdünnt.

10.7 Nachbereitung

Der unter CSA tätige Erkundungstrupp wurde vor Verlassen des Gefahrenbereichs dekontaminiert.

Nach dem Abblasen der Chlorgasflasche erfolgte die Belüftung des Chlorgasraumes, bis eine Chlorkonzentration kleiner 0,5 ppm (AEGL 1) erreicht wurde.

Mit Erreichen des AEGL 1 wurde die Einsatzstelle an den Betriebsleiter übergeben.

In Rücksprache mit dem Gesundheitsamt wurden die Warnmaßnahmen aufgehoben.

Bild 74: *CSA-Trupp auf dem Rückweg aus dem Gefahrenbereich*

11 Planung, Durchführung und Auswertung der CBRN-Erkundung

Die CBRN-Erkundung ist eine grundlegende Aufgabe in einem ABC-Einsatz. Auf ihren Ergebnissen basieren die weiteren Maßnahmen der Gefahrenabwehr in CBRN-Lagen. Daher kommt der Planung, Durchführung und Auswertung der CBRN-Erkundung wesentliche Bedeutung für den Einsatzerfolg zu.

11.1 Die Führungsorganisation von CBRN-Erkundungskräften

Ausgehend vom Umfang eines CBRN-Einsatzes hat das BBK vier Führungsstufen definiert, die sich am Umfang der Schadenslagen orientieren. Die Führungsorganisation wird wesentlich von der Größe und Komplexität der Schadenslage mitbestimmt.

11.1.1 Führungsstufe 1

Werden zur Erkundung kleinräumiger CBRN-Ereignisse nur einzelne CBRN-Erkundungsteams (da Erkundungskräfte abhängig von ihrem Auftrag sich in Stärke und Ausstattung stark unterscheiden können, wird der Begriff des Erkundungsteams verwendet. Die taktische Einheit des Trupps wird verwendet, wenn der Einsatz von Kräften in Truppstärke 1/1 bis 1/3 sinnvoll ist, oder dieser in Bezugsdokumenten benannt wurde) eingesetzt, kann deren Führung durch die vor Ort befindliche Einsatzleitung erfolgen. Die Masse der CBRN-Erkundungseinsätze fällt unter diese Stufe. Verfügt die Einsatzleitung über keinen CBRN-Fachberater, kann der Führer des Erkundungsteams mit der Planung des Messeinsatzes betraut werden.

Die vfdb-Richtlinie 10/05 ordnet der Führungsstufe 1 den Einsatz von bis zu drei Trupps, eine Schadstoffausbreitung von fünf Kilometern oder eine kontaminierte Fläche von zirka 1 ha Ausdehnung zu. Aufgrund der erforderlichen Auswertung der Nachweisergebnisse und des nicht unerheblichen Funkverkehrs wird hier jedoch ab dem gleichzeitigen Einsatz von zwei Teams die Einrichtung eines Einsatzabschnitts »Messen« empfohlen.

11.1 Die Führungsorganisation von CBRN-Erkundungskräften

11.1.2 Führungsstufe 2

Großflächigere Freisetzungen von CBRN-Stoffen, die den Einsatz von bis zu fünf Erkundungsteams erfordern, machen die Bildung eines eigenen Einsatzabschnitts »Messen« erforderlich. Steht eine Messleitkomponente (MLK) zur Verfügung, kann diese zur Führung des Einsatzabschnitts genutzt werden. Werden mehr als fünf Teams eingesetzt, kann die aufzunehmende und auszuwertende Datenmenge einen Umfang annehmen, der die Einrichtung eines zweiten Einsatzabschnitts »Messen« erforderlich macht.

11.1.3 Führungsstufe 3

Sind durch eine CBRN-Lage mehrere Landkreise bzw. kreisfreie Städte betroffen, werden umfangreichere Koordinierungsmaßnahmen notwendig, besonders bei Ländergrenzen überschreitenden Gefahrenlagen. Hier ist eine einheitliche Einsatzleitung zur Koordination der Messeinsätze festzulegen. Zu deren Aufgaben gehören die Einsatzplanung, die Bewertung der Ergebnisse und das Hinzuziehen von weiteren Fachbehörden bzw. externen Experten. Um eine enge Abstimmung zu gewährleisten, treten Verbindungskräfte der betroffenen Landkreise hinzu. Unterhalb dieser Einsatzleitung wird die erforderliche Anzahl an Einsatzabschnitten »Messen« gebildet. Für diese gelten die unter der Führungsstufe 2 genannten Punkte.

11.1.4 Führungsstufe 4

Bei großflächigen, ggfs. Länder- und Staatsgrenzen überschreitenden Ereignissen mit längerfristiger Wirkung (z. B. bei Störfällen in kerntechnischen Anlagen), wird die Führung durch die entsprechende politisch gesamtverantwortliche Instanz übernommen. Diese kann Einrichtungen wie das Gemeinsame Melde- und Lagezentrum von Bund und Ländern (GMLZ) als Führungsinstrument zur Sammlung und Bewertung der Erkundungsergebnisse aus den nachgeordneten Bereichen nutzen. Die »Rahmenkonzeption CBRN-Schutz« spricht in diesem Zusammenhang von einem nationalen CBRN-Erkundungsverbund, in den, neben den Organisationen der nichtpolizeilichen Gefahrenabwehr, auch Fachbehörden aus dem Umwelt- und Gesundheitsschutz, polizeiliche Ermittlungskräfte und militärische ABC-Abwehreinheiten eingebunden werden.

11 Planung, Durchführung und Auswertung der CBRN-Erkundung

11.2 Vorbereitende Maßnahmen zur CBRN-Erkundung

Im Vorfeld sind Kräfte festzulegen, die für einen CBRN-Erkundungseinsatz benötigt werden. Neben den eigentlichen Erkundungsteams sind auch Einheiten zur Dekontamination und logistischen Unterstützung in der Alarmordnung zu berücksichtigen. Liegen im eigenen Verantwortungsbereich Objekte mit bekannten Risiken, ist die Ausstattung der CBRN-Erkundungskräfte so zu ergänzen, dass die vorhandenen Gefahrstoffe nachgewiesen werden können.

Beim Einsatz mehrerer Messtrupps und einer längeren Einsatzdauer ist die Einrichtung eines Sammelplatzes sinnvoll. Dieser dient der Abschnittsleitung »Messen« zur Steuerung des Erkundungseinsatzes. Eintreffende Erkundungsteams werden erfasst, eingewiesen, gehen von hier in den Einsatz und melden sich nach Durchführung des Auftrags und ggf. der Dekontamination zurück. Hier erfolgt die Ergänzung von Verbrauchsmaterial und die Dokumentation der aufgenommenen Dosis im Falle eines A-Einsatzes. Der Sammelplatz muss außerhalb des durch abdriftende Gefahrstoffe gefährdeten Bereichs liegen, jedoch sollte der Einsatzraum verkehrsgünstig erreichbar sein. Neben der Verkehrsanbindung sind ein Aufenthaltsbereich mit sanitären Anlagen, die Kommunikationsanbindung an dem Einsatzabschnittsleiter »Messen« über Funk, Telefon und Internet sowie ausreichende Kfz-Abstellflächen erforderlich. Möglichkeiten zur Kontaminationskontrolle und Dekontamination sind in der Nähe einzurichten. Allerdings ist eine ausreichende Distanz sicherzustellen, um eine Gefährdung auszuschließen. Für die Einrichtung eines Sammelplatzes bieten sich beispielsweise Gerätehäuser der Feuerwehr an.

Die Festlegung von Laboren, die für eine Probenuntersuchung in Frage kommen, ermöglicht die Abstimmung der Probenahme und damit eine erhebliche Effizienzsteigerung im Einsatzfall. Dazu sind

- die gegenseitige Erreichbarkeit,
- die erforderliche Menge des Probengutes,
- die zu verwendenden Probengefäße,
- die Art der Umverpackung,
- die Probenprotokolle und
- der Ort der Probenübergabe mit dem Labor abzustimmen.

Im Falle eines kerntechnischen Störfalls empfiehlt die SSK aufgrund des zu erwartenden hohen Probeaufkommens die Einrichtung von Probensammelstellen. Dort sollen an den genommenen Proben erste orientierende Messungen vorgenommen und der koordinierte Transport zur Laboruntersuchung eingeleitet werden.

11.3 Planung von CBRN-Erkundungsmaßnahmen

In der Anfangsphase eines Einsatzes liegt der Schwerpunkt der CBRN-Erkundung auf
- der schnellen Identifikation der beteiligten Gefahrstoffe,
- der Abschätzung des Umfangs der Freisetzung.

Anhand dieser Informationen und der meteorologischen Bedingungen im Einsatzraum erfolgt die Berechnung des durch Abdrift gefährdeten Bereichs.

Auf Grundlage der Ausbreitungsberechnung werden dann die CBRN-Erkundungskräfte angesetzt, um
- die tatsächliche Ausbreitung und
- den zeitlichen Verlauf der Gefährdung

messtechnisch zu erfassen.

Im Zuge der Planung der CBRN-Erkundung sind festzulegen:
- das / die Erkundungsverfahren und die Erkundungsart;
- die räumliche Festlegung des Erkundungseinsatzes;
- die Durchführung der Messungen (falls vom Standardverfahren abweichend);
- die Probenahme;
- die Erfassung von Wetterdaten;
- das Markieren betroffener Gebiete;
- die Übermittlung der Erkundungsergebnisse;
- Schutzmaßnamen während der CBRN-Erkundung;
- Maßnahmen nach Durchführung des Erkundungsauftrags.

Dabei werden nur die notwendigen Punkte berücksichtigt. Anhand des Umfangs der durchzuführenden Tätigkeiten und der zur Auftragsdurchführung benötigten Zeit ergeben sich die Anzahl, die Stärke und die Ausstattung der Erkundungsteams.

Die aus der Einsatzplanung resultierenden Festlegungen dienen als Grundlage für die Auftragserteilung an die CBRN-Erkundungskräfte. Der Auftrag umfasst zusätzlich Informationen zur Gefahrenlage und zum Schwerpunkt (»Der Einsatzleiter muss wissen, …«). Er ist möglichst kurz zu halten. Sind beispielsweise Standard-Messverfahren festgelegt, werden nur erforderliche Abweichungen von diesen angeordnet. Der Auftrag an die Erkundungskräfte ist grafisch zu ergänzen.

11 Planung, Durchführung und Auswertung der CBRN-Erkundung

11.4 Festlegung der Erkundungsverfahren

Die Wahl des Erkundungsverfahrens ist abhängig von der Zielsetzung der CBRN-Erkundung. Je nach Ausdehnung des gefährdeten Gebiets kann es sinnvoll sein, mehrere Erkundungsteams mit unterschiedlichen Verfahren einzusetzen. Grundsätzlich lassen sich die folgenden Einsatzverfahren der CBRN-Erkundung unterscheiden:

- Kreuzen,
- Grenzmessung,
- Eintauchen,
- Stationärer Einsatz.

Soll die Konzentration chemischer Gefahrstoffe in der Umgebungsatmosphäre gemessen werden, ist zu beachten, dass Schadstoffmessungen in der Luft nur eine Momentaufnahme darstellen. Ein Grenzwert an einem Messpunkt kann innerhalb von wenigen Minuten bereits unterschritten oder überschritten sein. Da biologische Gefahrstoffe nicht direktanzeigend nachgewiesen werden können, müssen an Messpunkten Probenahmen durchgeführt werden. Die Verfahren Grenzmessung und Stationärer Einsatz von Messtrupps sind für die B-Erkundung nicht geeignet.

11.4.1 Kreuzen

Das Erkundungsverfahren Kreuzen dient:
- bei unklarer Lage zur Feststellung, ob eine Gefahrstofffreisetzung stattfindet,
- zur Überprüfung des errechneten Gefahrenbereichs.

Um eine Freisetzung festzustellen und einen unbekannten Gefahrstoff zu identifizieren, bewegen sich die Erkundungskräfte quer zur Hauptzugrichtung in der Nähe der (vermuteten) Austrittsstelle. Dieses Vorgehen ermöglicht mit hoher Wahrscheinlichkeit die schnelle Feststellung des Schadstoffs. Bei unbekannten C-Gefahrstoffen erfolgen das (Auf-)Spüren mit kontinuierlich messenden Systemen und die Identifikation mit einer zweiten Messmethode.

Der Ansatz des Erkundungsteams im Zuge des für die Effektgrenze berechneten Kreisbogens dient der Überprüfung der errechneten Ausbreitung.

11.4 Festlegung der Erkundungsverfahren

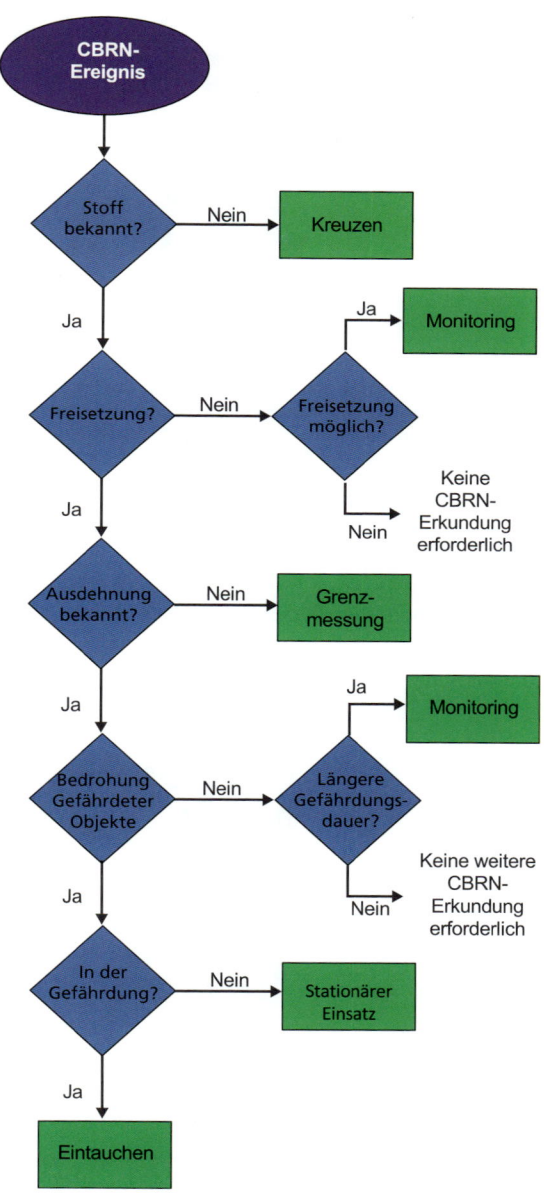

Bild 75: *Anhalt für die Auswahl von Verfahren zur CBRN-Erkundung*

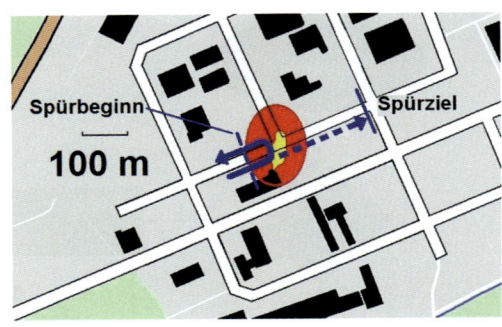

Bild 76: *Einsatz eines Erkundungstrupps zu Fuß zur Feststellung eines unbekannten C-Gefahrstoffs, der Trupp erhält den Auftrag soweit vorzugehen, bis der Gefahrstoff durch Einsatz eines PID und eines Mehrgasmessgeräts sowie mit kolorimetrischen Nachweismitteln nachgewiesen werden kann. Der Spürbeginn liegt an der Grenze des Gefahrenbereichs, bei positivem Nachweis kehrt der Trupp um. Falls kein Nachweis erfolgt, endet die CBRN-Erkundung an einem vorgegebenen erkennbaren Punkt außerhalb des Gefahrenbereichs (Spürziel).*

Der Messtrupp quert das gefährdete Gebiet im Zuge der errechneten Effektgrenzen und führt auf seinem Weg (bei Einsatz kontinuierlich messende Nachweisgeräte) bzw. an festgelegten Punkten (bei Einsatz diskontinuierlich messender Nachweisgeräte) Messungen durch.

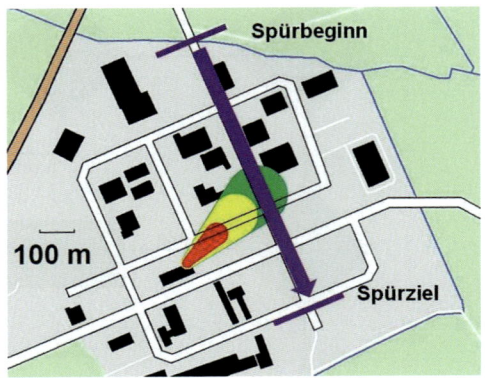

Bild 77: *Überprüfen des berechneten Abdriftgebiets durch Kreuzen im Bereich der Effektgrenze mit einem CBRN-Erkundungsfahrzeug unter Einsatz kontinuierlich arbeitender Nachweisgeräte (PID und IMS, falls der Stoff in dessen Bibliothek enthalten ist)*

11.4 Festlegung der Erkundungsverfahren

Besonders bei der Feststellung des Gefahrstoffes in unklaren Lagen können die Erkundungskräfte in Kontakt mit dem Gefahrstoff kommen. Daher ist PSA zu tragen. Bei radiologischen Gefahrenlagen muss zum Schutz der Einsatzkräfte die Umkehrdosisleistung sowie die Einsatzdosis festgelegt werden (siehe 11.11.3).

11.4.2 Grenzmessung

Die Grenzmessung liefert einen Überblick über die Ausdehnung des Gefahrenbereichs nach Freisetzung luftgetragener Schadstoffe bzw. einer Kontamination. Dazu nähert sich der Messtrupp dem Gefahrenbereich bis zum Erreichen eines festgelegten Messwerts oder positiven Nachweises, kehrt um und nähert sich seitlich versetzt erneut an. Falls nicht anders festgelegt, werden festgestellte Kontaminationen markiert.

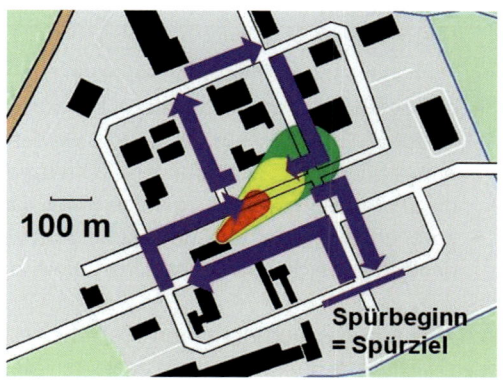

Bild 78: *Einsatz eines CBRN-Erkundungsfahrzeugs zur Eingrenzung des durch Abdrift gefährdeten Bereichs im Erkundungsverfahren »Grenzmessung«. Das setzt voraus, dass die verfügbaren Messgeräte den Schadstoff quantitativ erfassen, also messen können.*

Bei radiologischen Gefahren geht der Messtrupp bis zum Erreichen einer Dosisleistung von 25 Mikrosievert/Stunde (falls nicht anders festgelegt) vor. Um die Grenze einer chemischen Kontamination aufzuspüren, überwacht der Trupp bei der Annäherung seine Messgeräte auf einen Anstieg des Messwertes. Zusätzlich wird in zirka zehn Metern Abstand der Boden mit Testpapieren auf Kontaminationen überprüft. Zur Grenzmessung nach Freisetzung luftgetragener Schadstoffe nähert sich der Messtrupp quer zur Windrichtung der Hauptzugrichtung des Schadstoffes. Nach Erreichen

11 Planung, Durchführung und Auswertung der CBRN-Erkundung

eines vorgegebenen Konzentrationswerts kehrt er um und nähert sich räumlich verschoben erneut an. Dieses Verfahren ist nur für CBRN-Erkundungskräfte sinnvoll, die mit kontinuierlich messenden Nachweisgeräten ausgestattet sind.

In radiologischen Gefahrenlagen werden die Erkundungskräfte bei der Grenzmessung einer verhältnismäßig geringen Dosisbelastung ausgesetzt. Zum Aufsuchen der Absperrdosisleistung kann auf das Tragen der PSA verzichtet werden, da die Kontaminationsgefahr gering ist. Zur Erkundung chemischer Gefahrstoffe ist die PSA in Abhängigkeit von den Schadstoffeigenschaften festzulegen. Besonders die Feststellung der Grenzen chemischer Kontaminationen birgt aufgrund der Ansprechzeit der Messgeräte ein erhebliches Kontaminationsrisiko. Die Erfassung eines Gefahrenbereichs mittels Grenzmessungen ist zeitaufwendig, sodass in der ersten Phase eines Einsatzes der Schwerpunkt auf wichtige Verkehrswege zu legen ist.

11.4.3 Eintauchen

Das Eintauchen kann angewendet werden, wenn
- die Gefährdung an bestimmten Orten (z. B. an einem im Abdriftgebiet gelegenen Krankenhaus) festgestellt werden muss,
- bei großflächigen Gefährdungen ein Kreuzen zu zeitaufwendig ist oder für die Erkundungskräfte ein zu hohes Risiko darstellt,
- zuvor durchgeführte Messungen überprüft werden müssen, z. B. falls diese deutlich abweichenden Messwerte aufweisen.

Das Team dringt in das Gebiet ein und führt auf seinem Weg (mit kontinuierlich messenden Nachweisgeräten) bzw. an festgelegten Messpunkten Messungen durch. Die Tiefe des Vorgehens kann durch Vorgabe eines Spürziels begrenzt werden.

Da die CBRN-Erkundungskräfte beim Eintauchen in den durch Abdrift gefährdeten bzw. kontaminierten Bereich eindringen, ist bei Einsätzen mit B-/C-Gefahrstoffen PSA zu tragen. Bei radiologischen Gefahrenlagen sind zum Schutz der Einsatzkräfte die Umkehrdosisleistung sowie die Einsatzdosis festzulegen. Falls die Umkehrdosisleistung niedriger als 25 µSv/h festgelegt wurde, kann auf das Tragen der PSA verzichtet werden.

11.4 Festlegung der Erkundungsverfahren

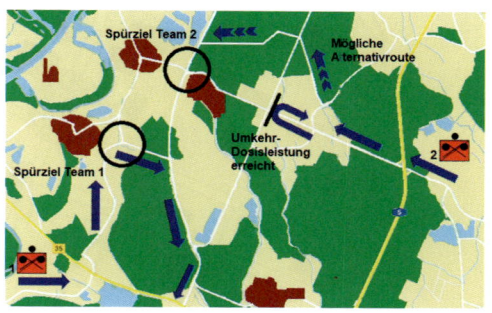

Bild 79: Einsatz zweier CBRN-Erkundungsteams nach einer großflächigen radiologischen Freisetzung im Erkundungsverfahren »Eintauchen«: Spürtrupp 1 hat sein vorgegebenes Spürziel erreicht und kehrt danach zurück. Spürtrupp 2 hat vor Erreichen des Spürziels die Umkehrdosisleistung gemessen und dringt nicht weiter in das kontaminierte Gebiet vor. Abhängig von Auftrag und Lage kann das Team versuchen, auf einer alternativen Route das Erkundungsziel zu erreichen.

11.4.4 Stationärer Messtrupp-Einsatz

Soll der zeitliche Verlauf einer Gefahrstoff-Exposition an einem Punkt ermittelt werden und stehen dafür keine autonomen Messstationen zur Verfügung, kann ein Erkundungsteam stationär eingesetzt werden. Da dadurch Kräfte örtlich gebunden werden, ist der stationäre Einsatz auf die befristete Überwachung von ausgewählten Objekten beschränkt. Ferner können stationäre Kräfte zur Überwachung besonderer Gefahrenschwerpunkte im Einsatzraum, etwa eine beschädigte Produktionsanlage, dienen. Im Falle einer plötzlichen Gefahrstofffreisetzung wird dadurch die schnelle Warnung der Einsatzkräfte sichergestellt.

11.4.5 Überwachen von Schadstofffreisetzung

Eine Sonderform der CBRN-Erkundung stellt das Überwachen von Gefährdungen (Monitoring) dar. Hierzu werden Messpunkte festgelegt, an denen bereits positive Messergebnisse vorliegen und die durch einen CBRN-Erkundungstrupp gut erreicht werden können oder von besonderer Bedeutung für die Gefahrenabwehr sind. Diese Messpunkte werden in festgelegten Abständen überprüft. Ziel ist die Feststellung, ob ein Schadstoff noch nachweisbar ist, bzw. wie sich die messbare Konzentration oder Dosisleistung im zeitlichen Verlauf verändert.

11 Planung, Durchführung und Auswertung der CBRN-Erkundung

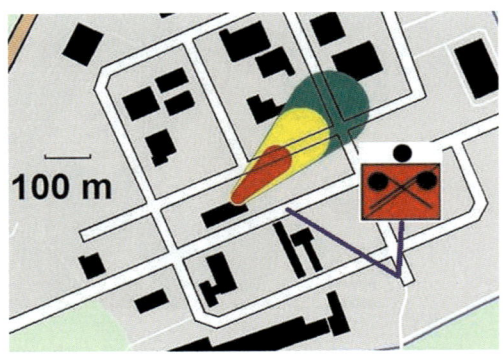

Bild 80: *Stationärer Einsatz eines CBRN-Erkundungstrupps, zur Überwachung einer an der windzugewandten Seite der Freisetzungsstelle vorbeiführenden Straße*

11.5 Einsatzarten der CBRN-Erkundung: abgesessen und fahrzeuggestützt

Abhängig von der Ausdehnung der Einsatzstelle und der örtlichen Gegebenheit kann die CBRN-Erkundung durch Erkundungsteams zu Fuß, oder durch fahrzeuggestützte Kräfte durchgeführt werden. Der abgesessene Einsatz eines Erkundungsteams wird bei kleinräumigen Einsatzstellen beispielsweise im Einsatzraum eines Zuges zum Eigenschutz der Einsatzkräfte angewendet. Er stellt in der Gefahrenabwehr die Regel dar. Ferner wird die abgesessene CBRN-Erkundung in mit Kfz nicht befahrbaren Bereichen wie Gebäude, U-Bahnanlagen, Züge, Flugzeuge und Schiffe erforderlich. Dabei müssen unter Umständen auch größere Distanzen überwunden werden.

Tabelle 44

Einsatzart »abgesessen«	
Vorteile	**Nachteile**
kaum unzugängliche Bereiche	hohe physische Belastung bei Vorgehen unter PSA
bessere Beobachtungsmöglichkeiten	geringen Bewegungsgeschwindigkeit und geringe Vorgehtiefe (zirka 1 km)
keine Kontamination von Fahrzeugen	beschränkte Mitführung von Ausrüstung

11.6 Räumliche Festlegung der CBRN-Erkundung

Zur Erfassung abdriftender Schadstoffe sind Messtrupps zu Fuß weniger geeignet, da sie der sich schnell ändernden Situation buchstäblich »hinterherlaufen«. Der mit Kfz ausgestattete CBRN-Erkundungstrupp ist in der Lage Messpunkte schnell zu erreichen. Die Erkundung mit Kfz ist bei größeren Distanzen und uneingeschränkter Befahrbarkeit die Regel. Fahrzeuggestützt bedeutet, dass Erkundungskräfte zur Durchführung bestimmter Aufgaben, z. B. zur Probenahme, das Kfz verlassen müssen.

Tabelle 45

Einsatzart »fahrzeuggestützt«	
Vorteile	**Nachteile**
höhere Bewegungsgeschwindigkeit	Erkundung an befahrbare Wege gebunden
Mitnahme von Messgeräten, Ausrüstung und Proben weniger eingeschränkt	Kontaminationsgefahr des Kfz von außen und von innen, falls in der Kontamination ab- und wieder aufgesessen werden muss
Der wenn auch geringe Abschirmfaktor eines Pkw bzw. Kleinbusses (zirka 0,8) verringert die Dosisbelastung bei der Erkundung radiologischer Gefahren	Kontamination des Kfz kann Messergebnisse beeinflussen

Die Fahrzeuge der Erkundungskräfte sind (i. d. R.) nicht schutzbelüftet. Daher ist auch bei der fahrzeuggestützten CBRN-Erkundung die PSA zu tragen.

11.6 Räumliche Festlegung der CBRN-Erkundung

Die räumliche Festlegung des Einsatzes der CBRN-Erkundungskräfte wird durch den Ort der Freisetzung, die erwartete Ausbreitung des Schadstoffes aufgrund der Wetterbedingungen und der geographischen Besonderheiten (Kanalisierung durch Täler oder »Straßenschluchten«, »See«-Bildung in tiefergelegenen Geländeabschnitten, z. B. Unterführungen), Gefahrenschwerpunkte sowie der Anzahl der verfügbaren Erkundungsteams festgelegt. Daneben spielen Faktoren wie die Verkehrssituation eine Rolle.

Bei Bedarf wird eine »Linie Spürbeginn« und ein Spürziel festgelegt. Die Linie Spürbeginn legt fest, ab wo die befohlene PSA getragen werden muss. Bei kleinräumigen Lagen kann die Linie Spürbeginn auf die Grenze des Gefahrenbereichs gelegt werden. Das Spürziel begrenzt die Vorgehtiefe eines Erkundungsteams.

Einem CBRN-Erkundungsteam kann ein Einsatzraum, ein Spürweg und / oder Messpunkte vorgegeben werden. Ab der Führungsstufe 3 ist die Festlegung von Spürwegen und Messpunkten auf Ausnahmen mit besonderer Bedeutung zu beschränken.

11.6.1 Einsatzraum

Die Zuweisung eines Einsatzraums lässt dem Erkundungsteam weitgehende Handlungsfreiheit bei der Festlegung des Weges. Diese räumliche Festlegung bietet sich an

- bei kleinräumigen Bereichen, z. B. an der Einsatzstelle eines Zugs,
- wenn kein CBRN-Fachberater, aber ein ausgebildeter Führer des CBRN-Erkundungsteams verfügbar ist,
- bei großen Gebieten mit unbekannter Schadenslage. Dazu zählt beispielsweise die Zuweisung eines Sektors an einen Strahlenspürtrupp nach einem kerntechnischen Störfall und
- bei Anwendung des Erkundungsverfahrens »Grenzmessung«, bei dem sich das Erkundungsteam nach Feststellen der Kontaminationsgrenze bzw. einer festgelegten Schadstoffkonzentration von dieser entfernt und auf einem anderen Weg erneut annähert.

11.6.2 Spürweg

Wurde das gefährdete Gebiet berechnet, kann die Übereinstimmung mit der tatsächlichen Ausbreitung durch Feststellen der Effektgrenzen überprüft werden. Dazu wird dem CBRN-Erkundungsteam ein Spürweg im Zuge der Effektgrenze zugewiesen. Verfügt das Team über kontinuierlich messende Nachweis-Systeme, kann der Spürweg durchgängig abgefahren werden. Stehen nur diskontinuierlich arbeitende Geräte zur Verfügung, sind auf dem Spürweg Messpunkte vorzusehen. Die vfdb-Richtlinie 10/05 empfiehlt dazu einen Abstand von zirka 100 m. Die Vorgabe von Spürwegen kann auch zur Koordination von verschiedenen CBRN-Erkundungskräften in einem Einsatzraum erfolgen.

11.6 Räumliche Festlegung der CBRN-Erkundung

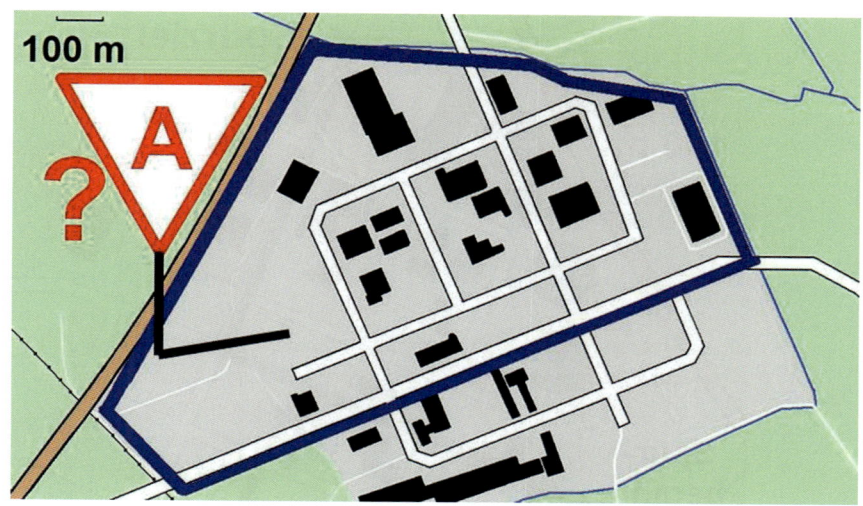

Bild 81: *Zuweisung eines Einsatzraumes bei der Suche nach einer radioaktiven Quelle*

11.6.3 Messpunkte

Messpunkte werden festgelegt, um eine Gefährdung an sensiblen Orten abschätzen zu können. Hierzu zählen z. B. die Erfassung der Schadstoffkonzentration an Gefahrenschwerpunkten (Krankenhäuser, Schulen, usw.) oder Geländepunkten mit erhöhter Gefährdung (z. B. Unterführungen), die Beobachtung einer zeitlichen Entwicklung einer CBRN-Gefährdung im Einsatzgebiet oder die Vergleichsmessungen außerhalb und innerhalb von Gebäuden. Messpunkte können deshalb auch im Rahmen eines Spürwegs oder eines Einsatzraumes vorgegeben werden.

Ferner können Messpunkte genutzt werden, um die Schadstoffkonzentration an der errechneten Effektgrenze mittels Prüfröhrchen festzustellen. Da diese Nachweismittel keine kontinuierliche Messung erlauben, werden die Messungen an den Schnittpunkten der Effektgrenze mit den Außenkanten der berechneten Ausbreitung und deren Winkelhalbierenden (der Achse der Windzugrichtung) durchgeführt.

11 Planung, Durchführung und Auswertung der CBRN-Erkundung

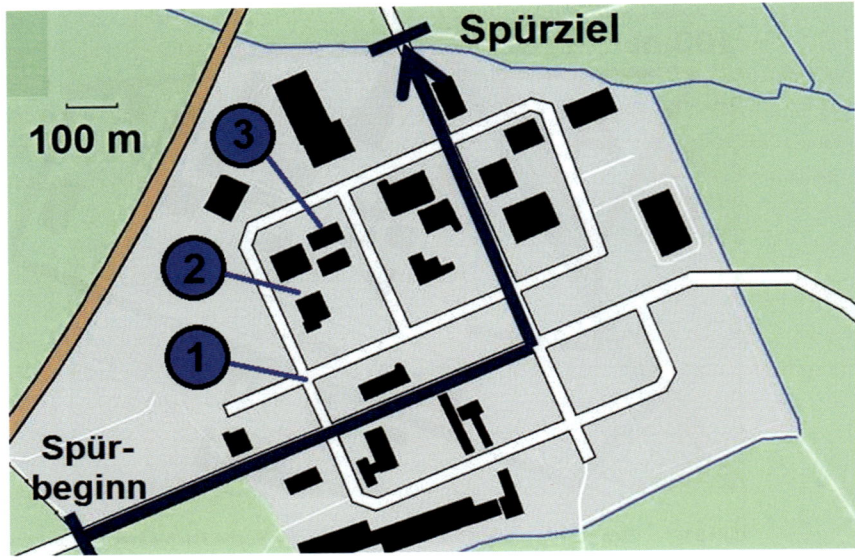

Bild 82: *Räumliche Festlegung der CBRN-Erkundung anhand eines Spürwegs (rechts) oder anhand von Messpunkten (links).*

11.7 Messung und Probenahme

11.7.1 Durchführung von Messungen

Um zeitaufwendige Details in der Auftragserteilung zu vermeiden, erfolgt die Durchführung der einzelnen Komponenten der CBRN-Erkundung auf der Basis von standardisierten Vorgehensweisen. Das erfordert, Standardabläufe bereits im Vorfeld festzulegen und in der Ausbildung einzuüben. Bei der Auftragserteilung werden für das Erkundungsteam nur von den Standardabläufen abweichende Details festgelegt. Darunter fallen z. B. eine abweichende Hubzahl beim Einsatz von Prüfröhrchen oder die Anzahl der Messungen bzw. die Messdauer an einem Messort.

Für bekannte Schadstoffe wird bei Einsatz eines PID der Response-Faktor eingegeben (falls vorhanden).

11.7 Messung und Probenahme

11.7.2 Durchführung der Probenahme

Wird eine Probenahme erforderlich, muss diese frühzeitig erfolgen, um Umwelteinflüsse auf den Gefahrstoff zu minimieren. Vor der Probenahme ist möglichst das Labor festzulegen, welches die Proben untersuchen soll. Dieses ist von der bevorstehenden Probenanlieferung in Kenntnis zu setzen. Falls nicht bereits im Vorfeld abgestimmt, ist zu klären, ob sich die vorgesehenen Probenbehälter und die Probenmenge für die Laboruntersuchung eignen. Sind Abweichungen von den standardisierten Verfahren erforderlich, müssen diese den Erkundungskräften mitgeteilt werden. Das gleiche gilt für die Zuführung spezieller Probengefäße.

Im Falle eines Anschlags ist die Probenahme eng mit der Ermittlungsbehörde abzustimmen, um sicherzustellen, dass kein Beweismaterial beeinträchtigt wird. Alle Probenahmetätigkeiten (mit Ausnahme der Notfallprobenahme zum Schutz von Menschenleben) sind durch die Polizei zu koordinieren.

11.7.3 Räumliche Festlegung von Probenahme und Probenübergabe

Proben zur Identifikation eines Schadstoffes werden an Punkten genommen, an denen Detektionsgeräte bereits ein positives Ergebnis geliefert haben. Liegt noch kein Nachweis vor, sind die Entnahmeorte in der Nähe der (vermuteten) Austrittsstelle in Zugrichtung des Schadstoffs festzulegen. Dem Erkundungsteam ist außerdem der Übergabepunkt der Proben (wo, an wen) bekanntzugeben. Es hat sich bewährt, den Probenübergabepunkt in Anlehnung an die Dekontaminationsstelle für Personal einzurichten. Dort werden die flüssigkeitsdicht verpackten Primärgefäße dekontaminiert und zusammen mit der Probendokumentation für den Transport in das zugewiesene Labor vorbereitet.

11 Planung, Durchführung und Auswertung der CBRN-Erkundung

Bild 83:   *Probenübergabepunkt*

11.8   Erfassung von Wetterdaten

Wenn immer möglich, sind die Wetterdaten des Deutschen Wetterdienstes (zugänglich über die Integrierte Leitstelle) zu nutzen und parallel die für eine Auswertung erforderlichen lokalen Wetterparameter zu erfassen. Aufgrund der örtlichen Gegebenheiten kann beispielsweise die Windrichtung von der großflächigen Vorhersage abweichen. Da die manuelle Erfassung vollständiger Wetterdaten vor Ort zeitaufwendig ist (zur Erstellung einer Wetterhilfsmeldung benötigt ein ausgebildeter Helfer mindestens 10 Minuten), sollte sie in der Anfangsphase eines CBRN-Einsatzes auf die notwendigsten Parameter (Windrichtung und -geschwindigkeit) beschränkt werden.

Die im Gefahrenbereich eingesetzten CBRN-Erkundungsteams sollten nur bei zwingender Notwendigkeit mit der Ermittlung von Wetterdaten beauftragt werden, da dadurch die CBRN-Erkundung verlangsamt wird und sich das Personal länger im Gefahrenbereich aufhalten muss. Zumeist ist die Bestimmung der Windrichtung an festgelegten Messpunkten ausreichend.

11.9 Markieren und Sperren betroffener Gebiete

Das Markieren bzw. Sperren gefährdeter Gebiete soll deren ungeschütztes Betreten durch Einsatzkräfte und Unbeteiligte verhindern. Grundsätzlich kann zwischen dem Gefahrenbereich und durch abdriftende luftgetragene Schadstoffe gefährdeten Gebieten unterschieden werden. Kontaminationen werden gem. den Vorgaben der FwDV 500 als Gefahrenbereich markiert, wobei die Markierung i. d. R. durch die Kräfte vorgenommen wird, welche die Kontamination festgestellt haben. Liegt ein großflächiger Gefahrenbereich vor, beschränkt sich die Markierung auf Straßen, die in das kontaminierte Gebiet führen.

Die Sperrung von Zufahrtswegen, die in ein durch Abdrift gefährdetes Gebiet führen, obliegt der Polizei. Als Richtwerte gelten, soweit für den Stoff festgelegt, der ETW- bzw. der AEGL-2-Wert. Zufahrtswege werden an Kreuzungen und Abfahrten markiert bzw. durch Polizeikräfte gesperrt, um die Bildung von »Sackgassen« zu vermeiden.

Bild 84: *Markierung einer Kontamination durch ein CBRN-Erkundungsteam*

11 Planung, Durchführung und Auswertung der CBRN-Erkundung

Bei der Festlegung der Markierung bzw. Sperrung ist zu beachten, dass sich der gefährdete Bereich beispielsweise durch Wettereinflüsse kurzfristig ändern kann. Die Grenzen des Gefahrenbereichs sind deshalb während der gesamten Einsatzdauer regelmäßig zu überprüfen und die Markierung / Sperrung bei Bedarf anzupassen

11.10 Melden der Erkundungsergebnisse

Die Meldungen der CBRN-Erkundungsteams liefern der Einsatzleitung die Puzzleteile zum Gesamtbild der CBRN-Gefahrenlage. Eine vollständige, korrekte und zeitgerechte Übermittlung der Erkundungsergebnisse ist daher von entscheidender Bedeutung. Durch die Nutzung eines einheitlichen Nachweisprotokolls wird eine sichere Übertragung der Messergebnisse erleichtert. Vorteilhaft ist eine Form, die eine Übermittlung durch Kennbuchstaben ermöglicht (vergleichbar der früheren ABC-Spürmeldung NBC4 des Katastrophenschutzes). Dadurch wird die benötigte Zeit zur Übermittlung verkürzt und die Gefahr von Übermittlungsfehlern minimiert. Das setzt voraus, dass alle am Einsatz beteiligten Organisationen und Einheiten ein einheitliches Nachweisprotokoll nutzen.

Die Häufigkeit der Meldungen richtet sich nach der Einsatzlage. Der Erstnachweis einer Gefährdung wird unmittelbar und mit Vorrang gemeldet. Sonst erfolgt die Meldung an den Messorten. Daneben können Meldezeiten festgelegt werden. Im Falle der Überwachung bereits festgestellter Kontaminationen kann es ausreichend sein, die Ergebnisse nach Rückkehr des Erkundungsteams vorzulegen.

11.11 Schutz bei der CBRN-Erkundung

11.11.1 Auswahl der PSA

Für Erkundungseinheiten der Feuerwehr gelten für die Auswahl der PSA die Vorgaben der FwDV 500. Bei der Erkundung von radiologisch kontaminierten Gebieten schützt ein staubdichter, wasserabweisender Overall in Verbindung mit Schutzstiefeln und Handschuhen vor der Kontamination der Körperoberfläche und Bekleidung mit radioaktiven Stäuben. Eine Vollmaske mit einem Atemfilter P3 schützt gegen Inkorporation von radioaktiven Staubpartikeln. Bei einem Reaktorstörfall ist zum Schutz vor Iod-131 in der Luft ein so genannter »Reaktorfilter« zu nutzen. Eine vergleichbare Schutzbekleidung kann auch zur Erkundung mit biologischen Gefahrstoffen kontaminierter Gebiete genutzt werden.

11.11 Schutz bei der CBRN-Erkundung

Bei unbekannten CBRN-Gefahrstoffen oder im Zuge einer Freisetzung von chemischen Kampfstoffen oder C-Gefahrstoffen mit vergleichbaren schädigenden Eigenschaften schreibt die FwDV 500 eine PSA Form III vor. Für die Erkundung ausgedehnter Gefahrenbereiche ist die Schutzbekleidung der Form III aufgrund der begrenzten Tragezeit jedoch nur bedingt geeignet.

Bild 85: *CBRN-Erkundungstrupp in CSA*

Bei der Erkundung selbst ist kein vergleichbar intensiver Kontakt mit dem Gefahrstoff zu erwarten, wie dies bei Arbeiten unmittelbar an der Freisetzungsstelle erfolgen kann. Daher ist in diesem Fall ein Abweichen von der Vorschrift sinnvoll. Zur Erkundung chemisch kontaminierter Gebiete sind beispielsweise semipermeable Schutzanzüge des »Overgarment«-Typs geeignet, wie sie durch das BBK bereitgestellt werden. Aufgrund der zu erwartenden Schadstoffkonzentration im freien Gelände von unter 0,5 Vol% ist als Atemschutz ein ABEK2-P3-Filter in Verbindung mit einer Vollmaske sinnvoll.

Nach Gefahrstofffreisetzungen innerhalb von Gebäuden ist von einer unbekannten Schadstoffkonzentration auszugehen. Für die Erkundung ist deshalb umluftunabhängiger Atemschutz vorzusehen. Sind Erkundungsteams zu Messungen außerhalb des Gefahrenbereichs eingesetzt, ist das Tragen von PSA nicht erforderlich. Allerdings sollte diese mitgeführt werden, um bei plötzlichen Lageänderungen den Auftrag unter Schutz weiterführen zu können. Um die eingesetzten Kräfte nicht unnötig zu belasten, kann bei längerem Anmarsch in den Einsatzraum der Schutz erst an einer festgelegten »Linie Spürbeginn« (LSB) an der Grenze des Gefahrenbereichs hergestellt werden (vergleichbar des Anschließens des Lungenautomaten an der Rauchgrenze).

11.11.2 Atemschutzüberwachung

Die im Gefahrenbereich eingesetzten Erkundungsteams unterliegen der Atemschutzüberwachung. Neben der Meldung über den Eintritt in den Gefahrenbereich und dessen Verlassen wird an den vorgegebenen Meldepunkten auch die physische Verfassung des Trupps abgefragt.

11.11.3 Strahlenschutz

Bei der Erkundung unbekannter radiologischer Lagen besteht das Risiko einer erhöhten Exposition. Im Gefahrenbereich tätige Einsatzkräfte dürfen deshalb nur unter Nutzung der persönlichen Sonderausrüstung tätig werden. Dazu zählen neben dem geeigneten Atem- und Körperschutz auch ein amtliches Personendosimeter (zumeist Filmdosimeter) und ein Dosiswarngerät. Die aufgenommene Strahlendosis wird im Rahmen der Strahlenschutzüberwachung vermerkt. Das amtliche Dosimeter muss nach Einsatzende einer dafür zugelassenen Stelle zur Auswertung zugeschickt werden.
  Eine Abweichung von der beschriebenen persönlichen Sonderausrüstung ist u. a. bei Erkundungseinsätzen zur Festlegung der Kontaminationsgrenze zulässig, bei denen die Umkehrdosisleistung mit 25 Mikrosievert/Stunde festgelegt wurde. Hier können die Erkundungskräfte ohne persönliche Sonderausrüstung arbeiten.
  Neben der technischen Ausstattung wird der Strahlenschutz durch organisatorische Maßnahmen sichergestellt. Hierzu zählt die Strahlenschutzüberwachung durch Dokumentation der aufgenommenen Dosis und die Vorgabe der Einsatzdosis und der Umkehrdosisleistung zur Begrenzung der Exposition während eines Auftrags.

11.11 Schutz bei der CBRN-Erkundung

Die Einsatzdosis begrenzt die Strahlenbelastung während eines Einsatzes. Für einen A-Erkundungsauftrag kann hierzu der Dosisrichtwert der FwDV 500 von maximal 15 Millisievert angesetzt werden, falls der Einsatz nicht zur Abwehr einer Gefahr für Menschen und zur Verhinderung einer wesentlichen Schadenausweitung erfolgt. Durch Festlegung einer Umkehrdosisleistung wird das Eindringen in Bereiche mit deutlich erhöhter Strahlungsintensität (»Hotspots«) vermieden. Zur Erfassung der Umkehrdosisleistung dienen Dosisleistungsmessgeräte mit Dosisleistungswarnfunktion, vereinzelt sind auch noch Dosisleistungswarngeräte in Gebrauch. Diese zählen nicht zur persönlichen Sonderausrüstung. Bei der Probenahme und dem Probetransport kann durch Abstand von der Strahlenquelle (Transport mit möglichst großer Distanz zur Besatzung) und der Verpackung in einem Abschirmbehälter die Dosisbelastung des Erkundungsteams minimiert werden.

11.11.4 Explosionsschutz

In geschlossenen Räumen und bei der Suche nach einer unbekannten Freisetzungsquelle können Messtrupps in Bereiche mit höheren Schadstoffkonzentrationen eindringen. Wird die Freisetzung chemischer Gefahrstoffe, besonders organischer Lösungsmittel und Sprengstoffe, vermutet, sind Maßnahmen des Ex-Schutzes zu treffen. Dazu zählen das Mitführen von Ex-Warngeräten, die Vermeidung von Zündquellen und das Verhindern elektrostatischer Aufladungen.

> **Merke:**
>
> Chemische Gefahrstoffe können mit den in der Gefahrenabwehr vorhandenen Nachweismitteln bereits in Konzentrationen unterhalb ihrer Explosionsgrenze detektiert werden. Ein Eindringen in den explosionsgefährdeten Bereich ist bei der CBRN-Erkundung nicht notwendig.

Ist mit der illegalen Herstellung von Sprengstoffen zu rechnen, sind unbedingt Experten, z. B. Entschärfer der Polizei, hinzuzuziehen. Bei Leckagen in Erdgas oder Flüssiggas ist Fachpersonal der betreffenden Versorger zu verständigen.

11.12 Folgemaßnahmen

Bei Einsätzen im Gefahrenbereich ist grundsätzlich von einer Kontamination der eingesetzten Kräfte auszugehen. Daher sind nach Beendigung der CBRN-Erkundung Personal und Gerät zu dekontaminieren. Nach der Dekontamination erfolgt die Rückmeldung der Erkundungsteams am Atemschutz-Sammelplatz. Dort sind ggf. der Verdacht einer Inkorporation von Schadstoffen sowie einer Kontamination festzuhalten. Auch kleinere Verletzungen oder eine Beschädigung der Schutzbekleidung sind zu erfassen. Das eingesetzte Personal ist auf Symptome einer Gesundheitsschädigung hin zu sichten und bei Bedarf medizinisch zu überwachen.

Bei A-Einsätzen ist ferner die aufgenommene Dosis zu dokumentieren. Das verwendete Gerät wird nach der Dekontamination auf Funktionsfähigkeit geprüft und Verbrauchsmaterial ergänzt. Für das eingesetzte Personal sind nach dem Einsatz Getränke und Verpflegung bereitzustellen und eine ausreichende Ruhephase einzuplanen. Nach Abschluss der genannten Maßnahmen wird empfohlen, durch das Erkundungsteam einen kurzen Erfahrungsbericht erstellen zu lassen, in dem aufgetretene Probleme und Lösungsmöglichkeiten beschrieben werden sollen. Bei belastenden Einsätzen ist die Unterstützung durch Kriseninterventionskräfte anzubieten.

11.13 Abschätzung des Zeitbedarfs für die CBRN-Erkundung

Ein wesentlicher Faktor bei der Planung von CBRN-Erkundungseinsätzen stellt die erforderliche Zeit dar. Häufig wird der Zeitbedarf der CBRN-Erkundung unterschätzt und nicht in Korrelation mit der zeitlichen Entwicklung der Gefahrenlage betrachtet.

Der Zeitbedarf setzt sich zusammen aus:
- Alarmierung und Anmarsch;
- Vorbereitung (Umsetzung des erteilten Auftrags, Inbetriebnahme der Messgeräte, Anlegen der Schutzbekleidung). Falls nicht bereits auf dem Anmarsch erfolgt, sind zirka 20 Minuten zu veranschlagen. Durch eine frühzeitige Information der Kräfte (Vorbefehl) kann diese Zeit verkürzt werden;
- zurückzulegende Strecke und Bewegungsgeschwindigkeit (siehe Tabelle 46) während der CBRN-Erkundung;
- Anzahl der Messpunkte.

11.14 Anzahl, Stärke und Ausstattung der Erkundungsteams

Je Messpunkt müssen in Abhängigkeit von Auftrag und Ausstattung zwischen einer Minute (Messung eines bekannten Schadstoffs mit einem kontinuierlich messenden Gerät) und bis zu 15 Minuten (Feststellen eines unbekannten Schadstoffs mittels Prüfröhrchen, Probenahme, Ermitteln von Wetterdaten) eingeplant werden.

Der ermittelte Zeitbedarf in Korrelation mit dem Informationsbedarf des Einsatzleiters ist die Grundlage für die Festlegung von Anzahl und Auftrag der Erkundungsteams.

Tabelle 46: *Bewegungsgeschwindigkeit während der CBRN-Erkundung.*

Spürart	Erkundungsverfahren	Gefährdung	Geschwindigkeit
»abgesessen«	alle	A/C	2 km/h
»fahrzeuggestützt«	Grenzmessung	A	25 km/h
		C	5 km/h
	Kreuzen/Eintauchen	A	50 km/h
		C	10 km/h

11.14 Anzahl, Stärke und Ausstattung der Erkundungsteams

Der Kräfteansatz stellt immer einen Kompromiss zwischen dem Informationsbedarf und der räumlichen Ausdehnung des betroffenen Gebiets einerseits sowie den verfügbaren Kräften, deren Ausbildungsstand und deren Ausstattung andererseits dar. Durch den Ansatz der CBRN-Erkundungskräfte mit einem oder mehreren Teams kann ab der Führungsstufe 2 der Schwerpunkt dort gebildet werden, wo aktuell der größte Informationsbedarf besteht. Höhere Führungsstufen haben die Möglichkeit nachgeordneten Einsatzabschnitten zusätzlich spezialisierte Kräfte zur Verfügung zu stellen.

11.14.1 Zusammensetzung der Erkundungs-Teams

Bei kleinräumigen übersichtlichen Einsatzlagen zur Messung radioaktiver Kontaminationen, ohne zusätzliche Aufgaben für das Team, kann die Erkundung durch **zwei Personen** erfolgen.

Dabei ist der Truppführer für die Dokumentation und die Funkverbindung zuständig. Bei der Probenahme unterstützt er den Probenehmer durch Anreichen des benötigten Materials und bei der Verpackung der Proben. Der Helfer fungiert als Messgerätebediener bzw. Probenehmer.

Bei komplexeren Einsatzlagen hat sich eine Teamstärke von **vier Personen** bewährt.

Der Truppführer koordiniert die Arbeit seines Teams. Ein Helfer dokumentiert die Erkundung und hält die Verbindung zur Einsatzleitung. Zwei weitere Helfer bedienen die Spür- und Messgeräte. Ist eine Probenahme erforderlich, nehmen diese die durch den Truppführer festgelegten Proben. Dabei kommt, analog zum Zweierteam, nur der Probenehmer mit der Probe in Berührung.

Bei CBRN-Lagen mit terroristischem Hintergrund ist es ggfs. notwendig, Erkundungsteams durch Polizeikräfte zur forensischen Spurensicherung zu verstärken. Besteht der Verdacht, dass Sprengvorrichtungen ausgebracht wurden, müssen vorgehende Erkundungskräfte durch EOD (Kampfmittelbeseitigungs)-Spezialisten begleitet werden, um mögliche versteckte Ladungen frühzeitig zu erkennen. In solchen komplexen Lagen ist auch der Einsatz von unbemannten Sensorträgern zu erwägen.

11.15 Darstellung und Bewertung der Erkundungsergebnisse

Egal, ob analog oder digital: Um einen Überblick der CBRN-Gefahrenlage gewinnen zu können, ist es notwendig, die Messergebnisse grafisch darzustellen. Soll dazu eine Lagekarte genutzt werden, ist ein sinnvoller Maßstab zu wählen (bis Führungsstufe 2 maximal 1/50.000). Als Basis wird das berechnete Ausbreitungsmodell mit den festgelegten Messpunkten in die Karte übertragen. Anhand der eingehenden Meldungen werden die Messergebnisse mit Zeitangaben eingetragen. Für die Darstellung der Messergebnisse hat sich der folgende Farbcode bewährt:

- **Weiß**
  (unterhalb der Nachweisgrenze der eingesetzten Messgeräte bzw. nicht nachweisbar)
- **Grün**
  (nachweisbar, aber unterhalb des ETW)
- **Gelb**
  (nachweisbar, im Bereich des ETW)
- **Rot**
  (Messwert überschreitet den ETW deutlich)

11.15 Darstellung und Bewertung der Erkundungsergebnisse

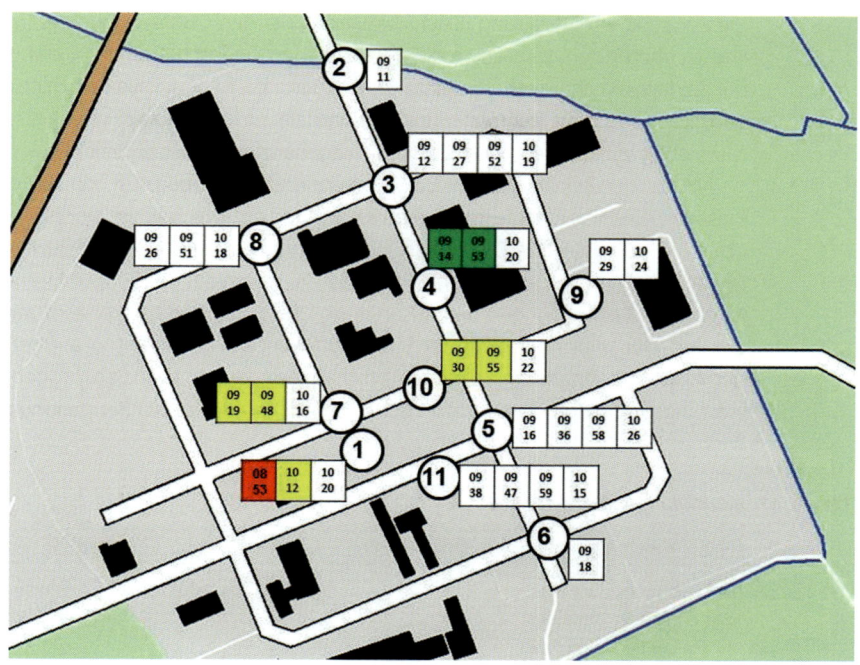

Bild 86: *Lagekarte mit dem berechneten gefährdeten Gebiet und den Messwerten einschließlich Zeitpunkt der Messung*

Das Vermerken der Messzeitpunkte gewährleistet eine Übersicht über die Aktualität der Messwerte und den Verlauf der Schadstoffkonzentration bzw. Dosisleistung. Die Lagedarstellung ist in regelmäßigen Abständen zu sichern, bei analogen Karten z. B. durch Abfotografieren.

Beim Austritt größerer Mengen von Schadstoffen ist häufig mit einer Schadstoffwolke zu rechnen, die – je nach Ort des Schadensereignisses – auch die Grenzen von Gebietskörperschaften überschreitet. Daraus resultiert die Notwendigkeit, die Lagedarstellung soweit zu vereinheitlichen, dass ein Informationsaustausch auch über Länder- und Organisationsgrenzen hinweg möglich ist.

Bei der Betrachtung der Messergebnisse muss die Qualifikation der CBRN-Erkundungskräfte und deren technische Ausstattung berücksichtigt werden. Beispielsweise verfügen Kräfte der Befähigungsstufen I bis II nur über tragbare Messgeräte. Die Genauigkeit der Messergebnisse hinsichtlich quantitativer Angaben darf daher nicht als absolut gewertet werden. Die Messergebnisse sind durch

11 Planung, Durchführung und Auswertung der CBRN-Erkundung

die Einsatzabschnittsleitung (EAL) »Messen« oder den CBRN-Fachberater auf Plausibilität zu überprüfen. Dabei sind die physikalischen Eigenschaften der Gefahrstoffe, z. B. der Siedepunkt chemischer Substanzen, zu berücksichtigen. Fallen einzelne Messwerte gänzlich »aus dem Rahmen« und können sie nicht verifiziert werden, sind sie als Messfehler einzustufen und nicht in die Lagebeurteilung einzubeziehen.

Mittels der Ergebnisse der CBRN-Erkundung wird überprüft, ob die getroffenen Einsatzmaßnahmen der festgestellten Bedrohung entsprechen. Besonders ist zu prüfen, ob die Ergebnisse der CBRN-Auswertung mit dem realen Ausbreitungsgeschehen übereinstimmen. Ferner können anhand der, zu verschiedenen Zeitpunkten ermittelten, Messwerte Entwicklungen der Ausbreitung und der Schadstoffkonzentration verfolgt werden. Der zeitliche Verlauf der Schadstoff-Konzentration kann u. a. über den Erfolg der Abwehrmaßnahmen, wie das Abdichten von Leckagen, Auskunft geben. Als Bewertungsgrundlage dienen die in der FwDV 500 aufgeführten Beurteilungswerte.

Tabelle 47: *Beurteilungswert FwDV 500*

A-Gefahren	B-Gefahren	C-Gefahren	
Dosisleistung Grenze des Gefahrenbereichs - FwDV 500: 25 µSv/h		Toxizität	Physikalische Wirkung
Dosis - 15 mSv/Einsatz - 100 mSv/Einsatz und Kalenderjahr - 250 mSv/Einsatz und Leben Kontamination - DV 500: Dreifache Nullrate - StrSchVO: Grenzwerte	Keine messtechnisch erfassbaren Beurteilungswerte (Festlegung des Gefahrenbereichs in Zusammenarbeit mit Fachkundiger Person)	ETW AEGL-2-Wert AGW	UEG

Die Auswertung der Erkundungsergebnisse erfolgt hinsichtlich der folgenden Aspekte:

- Ist der festgestellte Gefahrenbereich der Gefährdung angepasst (hierbei ist die weitere Entwicklung, z. B. eine mögliche Ausbreitung, zu berücksichtigen)?

11.15 Darstellung und Bewertung der Erkundungsergebnisse

- Muss in zusätzlichen Gebieten eine Warnung der Bevölkerung durchgeführt werden bzw. kann eine Entwarnung (u.U. bereichsweise) erfolgen?
- Machen nachgewiesene Kontaminationen die Einleitung von Dekontaminationsmaßnahmen notwendig?
- Müssen auf der Basis der gewonnenen Ergebnisse Maßnahmen wie Räumung, Evakuierung und Verkehrslenkung eingeleitet werden?
- Sind aufgrund der gewonnenen Informationen medizinische Maßnahmen einzuleiten?
- Können kontaminierte Bereiche (»Hotspots«) aus der Raumordnung der Einsatzstelle ausgespart werden?
- Entspricht die Persönliche Schutzausrüstung der eingesetzten Kräfte der Gefährdung? Können getroffene Maßnahmen und angeordnete Schutzstufen für Einsatzkräfte aufgehoben werden?

Einsatzbeispiel CBRN-Erkundung

Ausgangslage

Während des Chemieunterrichts kam es zur Freisetzung von ca. 150ml Brom. Alle Personen konnten den Chemieraum verlassen. Über die Klimaanlage wurde das verdampfte Brom in der Schule verteilt. Der Schulleiter ließ daher das Gebäude räumen. Die Schule liegt in Ortsrandlage ca. 80 m von weiterer Bebauung entfernt.

Von den ersteintreffenden Kräften wurde im Zuge der GAMS das Gebäudeinnere als Gefahrenbereich festgelegt und die Gebäudezugänge überwacht, um ein unbefugtes Betreten zu vermeiden. Die einzelnen Geschosse wurden durch Atemschutztrupps abgesucht, um auszuschließen, dass sich noch Personen im Gefahrenbereich aufhalten.

Lagebeurteilung für die CBRN-Erkundung

Brom ist ein Atemgift mit einem AGW von 0,1 ppm. Das Molgewicht beträgt 160 g/mol und ist damit etwa fünfmal höher als das der Luft. Damit ist eine höhere Konzentration im Erdgeschoss zu erwarten.

Rechnerisch ergibt sich ein Raumvolumen des Gebäudes von 19000 m^3 was zu einer Maximalkonzentration von 4 ppm führt. Durch den Luftwechsell aufgrund der Belüftung sollte eine niedrigere Brom-Konzentration zu erwarten sein.

Die Abluft wird nach Außen abgeführt.

Aufgrund der Schadstoffmenge und der Ortsrandlage kann eine Gefährdung der angrenzenden Ortsteile ausgeschlossen werden.

11 Planung, Durchführung und Auswertung der CBRN-Erkundung

Um das Gebäude befinden sich noch Schüler, Lehrer und Einsatzkräfte.

Maßnahmen der CBRN-Erkundung
Da nur Messaufgaben durchzuführen sind, wird ein CBRN-Erkundungstrupp aus zwei Einsatzkräften beauftragt. Aufgrund der zu erwartenden Schadstoffkonzentration ist der Schutz des CBRN-Erkundungstrupps auf Atemschutz mit ABEK-Filter beschränkt. Als Messgeräte werden ein Mehrgasmessgerät mit einer Chlormesszelle und Prüfröhrchen mitgeführt.
 Bevor der Trupp ins Gebäude vorgeht, wird die Umgebungsluft auf Brom geprüft. Dabei konnten an zwei Punkten weder mit den Messgeräten noch geruchlich etwas festgestellt werden. Im Gebäude konnte nur im Chemieraum selbst ein positiver Nachweis mittels Prüfröhrchen erhalten werden. In den anderen Gebäudeteilen ist mit der Messausrüstung kein Brom nachweisbar. Da der AGW unterhalb des Messbereichs der verfügbaren Geräte lag, wurde in den einzelnen Gebäudeteilen die Maske kurzzeitig abgenommen, um Geruchsauffälligkeiten feststellen zu können. Dabei stellte sich heraus, dass sich das Brom über die Belüftungsanlage im gesamten Gebäude ausgebreitet hatte.
 Nach dem Verlassen des Gebäudes wurde die Kleidung durch Ausklopfen dekontaminiert.

12 Planung und Durchführung von Dekontaminationsmaßnahmen

Die Dekontamination gehört zu den grundsätzlichen Aufgaben in einem ABC-Einsatz. Neben alltäglichen Tätigkeiten, wie der Beseitigung von Mineralölprodukten von Verkehrswegen oder der Desinfektion von Fahrzeugen des Rettungsdienstes, können in der Gefahrenabwehr unterschiedliche Situationen auftreten, die Dekontaminationsmaßnahmen erforderlich machen.

12.1 Die Führungsorganisation im Dekontaminationseinsatz

Für Dekontaminationsmaßnahmen ist kein abgestuftes Führungskonzept vergleichbar der CBRN-Aufklärung vorgesehen. Wird bei Großschadenslagen der parallele Betrieb mehrerer Dekontaminationseinrichtungen notwendig, kann jedoch eine zentrale Koordinierung deren gleichmäßige Auslastung gewährleisten.

In den Stäben der Gefahrenabwehr wird die Beratung zu Fragen der Dekontamination zumeist durch die Fachberater für CBRN-Gefahren wahrgenommen. Für die Freigabe nach einer Dekontamination sind Vertreter der zuständigen Fachbehörden hinzuzuziehen. Da Dekontaminationsarbeiten zwangsläufig Abfälle und Abwässer produzieren, müssen Ansprechpartner aus Wasserbehörde und Umweltamt festgelegt werden. Parallel ist die Möglichkeit der externen Informationsbeschaffung beispielsweise über das TUIS vorzusehen.

Auf taktischer Ebene ist es sinnvoll, ab der Dekon-Stufe II einen Einsatzabschnitt »Dekontamination« einzurichten. Für die Dekon V ist eine enge Abstimmung des Leiters der Dekontamination mit dem zuständigen ärztlichen Leiter erforderlich. Frühzeitig sind fachlich spezialisierte Behandlungseinrichtungen, z. B. Strahlenschutzzentren, zu informieren. Größere Dekontaminationseinrichtungen, wie Notfallstationen, werden durch einen eigenständigen Abschnittsleiter geführt, der durch eine Führungsgruppe unterstützt wird. Zu seiner fachlichen Beratung sollten ihm ein ermächtigter Arzt bzw. Veterinär (bei Maßnahmen der Tierseuchenbekämpfung) sowie ein Experte für die Infrastruktur der Anlage zur Verfügung stehen. Innerhalb der Einrichtung sind Teilabschnittsleiter festzulegen, die dem Abschnittsleiter direkt unterstehen. Damit ein reibungsloser Betriebsablauf auch unter PSA gewährleistet wird, sind die Funktionsträger in Dekontaminationseinrichtungen eindeutig zu kennzeichnen.

12.2 Planung von Dekontaminationsmaßnahmen

Im Zuge der Einsatzplanung von Dekontaminationsmaßnahmen werden die folgenden Punkte festgelegt:
- Müssen Menschen, Material oder Infrastruktur dekontaminiert werden;
- Art der Dekontamination (A-, B- oder C-Dekontamination);
- Umfang der Dekontaminationsmaßnahmen;
- Festlegung der dazu erforderlichen Kräfte, der Unterstützungsbedarf durch Fachbehörden und zivile Dienstleister, zusätzliche Geräte und Versorgungsgütern;
- Festlegung der zu nutzenden Infrastruktur;
- Regelungen zum Aufbau der Dekontaminationseinrichtung sowie zur Verkehrsführung;
- Schutz der eingesetzten Kräfte;
- Festlegungen zur Einsatzstellenhygiene und zum Umweltschutz;
- abschließende Maßnahmen, einschließlich dem Verbleib kontaminierter eigener Ausrüstung.

Beachte

der Schwarzbereich einer Dekontaminationseinrichtung gilt als Gefahrenbereich!

Die in der Einsatzplanung festgelegten Punkte werden im Auftrag an die Dekontaminationskräfte umgesetzt. Dieser umfasst bei Bedarf zusätzlich Informationen zur Gefahrenlage, zu Führung und Fernmeldeverbindungen sowie zur Logistik.

12.3 Dekontamination von Einsatzkräften unter PSA und ungeschützten Personen

Die Dekontamination von Menschen hat höchste Priorität. Dabei ist bei schnell wirkenden Schadstoffen die sofortige Notdekontamination einer zeitverzögerten gründlichen Dekontamination vorzuziehen.

12.3 Dekontamination von Einsatzkräften unter PSA und ungeschützten Personen

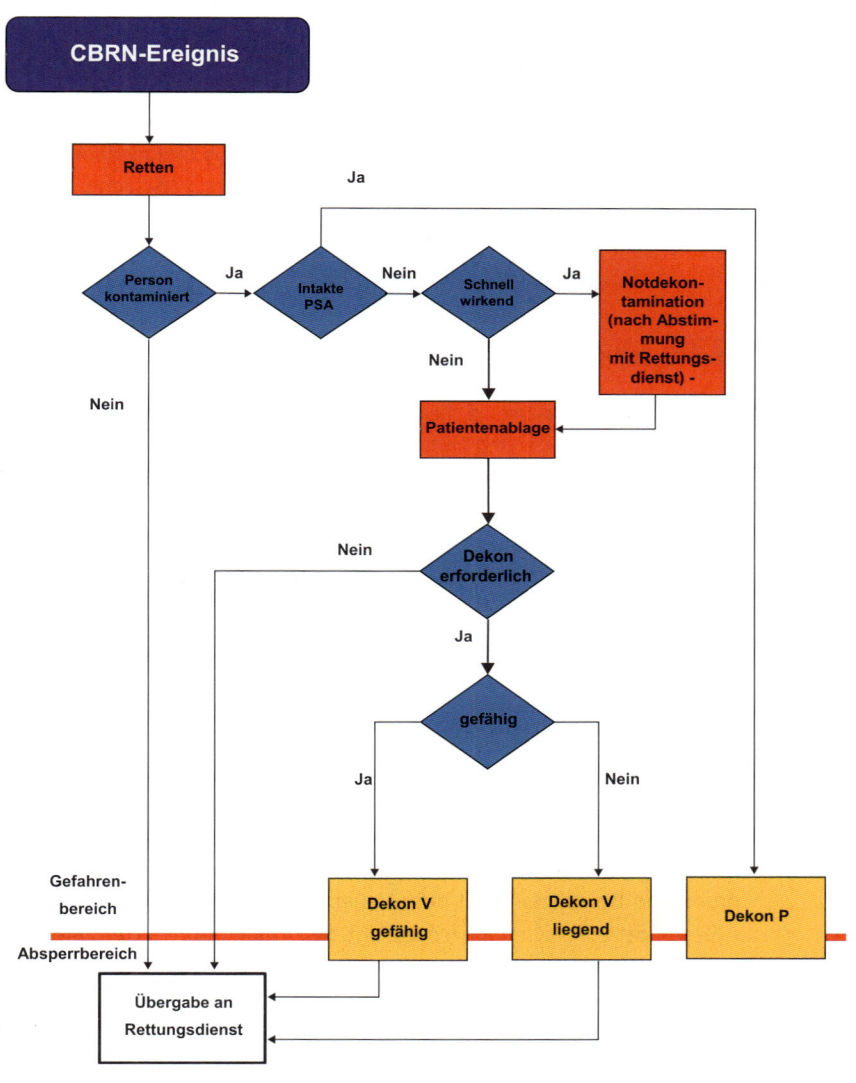

Bild 87: *Entscheidungsmatrix Dekontamination von Personen*

12   Planung und Durchführung von Dekontaminationsmaßnahmen

Für den Betrieb der Dekontaminationseinrichtungen empfiehlt sich ein standardisiertes Schema anzuwenden, welches für die A-, B- oder C-Dekontamination durch spezifische Stationen ergänzt wird. Das gewährleistet, neben der Vereinfachung der Ausbildung, auch eine einfache Anpassung im Falle von Mehrfach-Kontaminationen, beispielsweise bei einem gleichzeitigen Vorliegen von biologischen und chemischen Gefahrstoffen in einem Labor. Im Folgenden werden verschiedene Dekontaminationseinrichtungen schematisiert dargestellt. Landestypisch können dabei Unterschiede im Ablauf festgelegt sein.

12.3.1 Notdekontamination (Not-Dekon)

Werden an der Einsatzstelle chemisch kontaminierte Personen ohne PSA angetroffen, ist grundsätzlich von der Notwendigkeit einer Notdekontamination auszugehen. Aufgrund der schnellen Wirkung vieler chemischer Gefahrstoffe entscheidet das rasche Einleiten von Dekontaminationsmaßnahmen wesentlich über die Schwere der Schädigung. Die Dekontamination beschränkt sich in dieser Einsatzphase auf das Entfernen der kontaminierten Bekleidung und dem vorsichtigen Abspülen der betroffenen Körperstellen mit Sprühstrahl. Bei schlecht wasserlöslichen Schadstoffen kann auch durch Abtupfen mit Ölbindetüchern und anschließendem Waschen mit Seife die Substanz von der Haut entfernt werden.

    Bei Verdacht auf radiologische oder biologische Kontaminationen wird die Notdekontamination durch Ablegen der Oberbekleidung durchgeführt. Im Anschluss an die Notdekontamination müssen Maßnahmen des Wärmeerhalts getroffen werden, z. B. durch Ausgabe von Rettungsdecken. Sind Einsatzkräfte in PSA gezwungen, noch vor der Arbeitsbereitschaft des Dekon-Platzes den Gefahrenbereich zu verlassen, werden sie ebenfalls im Rahmen der Notdekontamination dekontaminiert. Ist aufgrund von Bewusstlosigkeit oder Verletzung der verunfallten Person ein normales Ablegen der PSA nicht möglich, erfolgt die Öffnung durch Aufschneiden.

12.3.2 Die Dekontamination von Einsatzkräften in PSA (Dekon P)

Die Dekontamination der unter PSA eingesetzten Kräfte findet auf dem Dekon-Platz P statt. Der Dekon Platz P muss innerhalb von 15 Minuten nach Tätigwerden der ersten Kräfte im Gefahrenbereich betriebsbereit sein.

    Die Vorreinigung der PSA dient dazu, die Gefahr einer Kontaminationsverschleppung beim Ablegen zu minimieren.

12.3 Dekontamination von Einsatzkräften unter PSA und ungeschützten Personen

Notdekontamination

Zweck	Dekontamination von ungeschützten Personen nach Kontakt mit schnell schädigenden Gefahrstoffen
Personalbedarf	Trupp
Materialbedarf	Löschfahrzeug
Platzbedarf	3 m x 3 m
Wasserbedarf	50 Liter / Person
Aufbauzeit	1 Minuten

Arbeitsschritte	Dekontaminationsart		
	A	B	C
Einweisung / Ablegen der Oberbekleidung	X	X	X
Grobreinigung der Körperoberfläche			X
Wärmeerhalt	X	X	X
Übergabe an den Rettungsdienst	X	X	X

Bild 88: *Ablauf der Notdekontamination*

Bei B-Einsätzen wird die PSA zuerst mit Desinfektionslösung belegt. Nach Ablauf der Einwirkzeit wird die Desinfektionslösung abgespült. Die Vorreinigung bei C-Kontaminationen erfolgt mit Wasser, dem Reinigungsmittel beigemischt werden können. Gefahrstoffe der WGK 3, B-Gefahrstoffe oder die Gefährdung anderer Kräfte durch unkontrolliertes Ablaufen, machen das Auffangen des anfallenden Abwassers erforderlich.

Das anschließende Ablegen der PSA stellt den wesentlichen Schritt der Dekon P dar. Dadurch wird gewährleistet, dass keine Kontamination auf die Bekleidung und Körperoberfläche verschleppt wird.

12 Planung und Durchführung von Dekontaminationsmaßnahmen

Dekon P

Zweck	Dekontamination von Personal, das sich unter PSA im Gefahrenbereich aufgehalten hat
Personalbedarf	Staffel (bei entsprechendem Ausbildungsstand auch Trupp(+))
Materialbedarf	Löschfahrzeug + GWG oder GW Dekon P
Platzbedarf	10 m x 10 m (bei A: Kontaminationskontrolle 20 m von Absperrgrenze entfernt durchführen)
Wasserbedarf	600 Liter / Stunde (B und C)
Aufbauzeit	10 Minuten

Arbeitsschritte	Dekontaminationsart		
	A	B	C
Einweisung / Geräteabgabe	X	X	X
Vorläufige Desinfektion / Grobreinigung der PSA		X	X
Ablegen der PSA	X	X	X
Kontaminationskontrolle	X		
Wechsel zu Atemschutzsammelplatz	X	X	X

Bild 89: *Ablauf der Dekontamination von Einsatzkräften in PSA*

Kontaminationsnachweis

Bei A-Einsätzen wird nach dem Ablegen der PSA ein Kontaminationsnachweis durchgeführt, um eine Kontamination der Körperfläche auszuschließen. Dazu sind pro Person bis zu zehn Minuten einzuplanen.
Das Ablegen der PSA vor dem Kontaminationsnachweis hat die Vorteile, dass
- eine lange Wartezeit unter PSA vermieden und
- eine mögliche Strahlenbelastung durch kontaminierte PSA vermindert wird.

Eine Störung des Kontaminationsnachweises durch die an der Grenze des Gefahrenbereichs herrschende Dosisleistung von 25 µSv/h kann durch einen ausreichenden Abstand (20 Meter) minimiert werden. Falls möglich ist die Abschirmung durch Gebäude zu nutzen.

12.3 Dekontamination von Einsatzkräften unter PSA und ungeschützten Personen

Nach Durchlaufen der Dekon P meldet sich das dekontaminierte Personal am Atemschutz-Sammelplatz zurück.

Ungeschützte Personen werden auf dem Dekon-Platz P analog der Notdekontamination dekontaminiert. Bei Verdacht einer A-Kontamination erfolgt in Absprache mit dem Rettungsdienst eine Kontaminationskontrolle.

12.3.3 Die Dekontamination von ungeschützten Personen (Dekon V)

Ziel der Dekon V ist die Minimierung einer Schädigung der Betroffenen und die Verhinderung einer Kontaminationsverschleppung. Dazu existieren in den Bundesländern verschiedene Konzepte.

Für Personen, die sich ungeschützt im Gefahrenbereich aufgehalten haben, ist in Absprache mit dem Leitenden Notarzt festzulegen, ob eine Dekon V durchzuführen ist. Dazu wird dem Dekon-Platz V eine Patientenablage vorgeschaltet. Dort erfolgt u. a. die Bewertung, ob eine Person die Dekon V für gehfähige Personen durchlaufen kann, oder liegend dekontaminiert werden muss.

Die Dekon V umfasst als wesentliche Schritte das Entfernen der Bekleidung und daran anschließend die Reinigung betroffener Körperregionen. Der Reinigungsschritt erfolgt durch Abwaschen kontaminierter Hautstellen mit Wasser und pH-neutraler Seife (Spot-Dekontamination). Danach sollte sich eine Ganzkörperdusche anschließen. Nur wenn sich die Kontamination nicht lokalisieren lässt, erfolgt eine Ganzkörperdusche ohne vorherige Teilkörper-Dekontamination. Dabei besteht immer die Gefahr, lokale Kontaminationen auf andere Körperregionen zu verschleppen. Der Waschvorgang kann wiederholt werden. Die Dekontamination ist aber zu beenden, falls die Haut Reizerscheinungen oder Läsionen zeigt. Danach noch feststellbare Restkontaminationen können unter Einsatzbedingungen nicht weiter minimiert werden. Bei der Dekon V ist eine Geschlechtertrennung anzustreben.

Von kontaminierten Personen entgegengenommene Gegenstände müssen registriert werden, um sie den Besitzern zuordnen zu können. Je nach Art der Kontamination muss durch die zuständige Fachbehörde entschieden werden, ob und nach welcher Behandlung Gepäcke, Wertgegenstände und Bekleidung zurückgegeben werden können. Das wesentliche Problem der Dekon V liegt in der langen Vorlaufzeit bis zur Betriebsbereitschaft. Für die Einrichtung eines Dekon-Platz V sind, abhängig vom Ausbildungsstand des Personals, ca. 30 Minuten einzuplanen. Hinzu kommt die Zeit für Alarmierung und Anmarsch.

12 Planung und Durchführung von Dekontaminationsmaßnahmen

Dekontamination gehfähiger Personen

Die Dekontamination gehfähiger Verletzter umfasst die in Bild 90 dargestellten Schritte.

Dekon V (gehfähig)

Zweck	Dekontamination von gehfähigen Personen, die sich ungeschützt im Gefahrenbereich aufgehalten haben
Personalbedarf[1]	Löschgruppe, 4 Angehörige Rettungsdienst/Sanitätsorganisation
Materialbedarf[1]	Löschfahrzeug + GW Dekon P
Platzbedarf[1]	50 m x 10 m
Wasserbedarf	3000 Liter / Stunde
Aufbauzeit	30 Minuten

[1] Die Angaben beziehen sich auf den Dekon V-Platz 50 Baden-Württemberg

Arbeitsschritte	Dekontaminationsart		
	A	B	C
Einweisung	X	X	X
Ablegen persönlicher Gegenstände und Kleidung	X	X	X
(bei Bedarf) Wasserdichte Abdeckung von Verletzungen	X	X	X
Abwaschen unverletzter kontaminierter Körperstellen / Abduschen	X	X	X
Abtrocknen	X	X	X
Kontaminationskontrolle	X		
Empfang von Ersatzbekleidung / Ankleiden	X	X	X
Registrierung und Dokumentation der Dekontamination / Regelung der Rückgabe persönlicher Gegenstände / Übergabe zur weiterführenden medizinischen Versorgung	X	X	X

Bild 90: *Ablauf der Dekontamination gehfähiger Personen*

Nach Durchlaufen der Personendekontamination müssen die Betroffenen mit Ersatzbekleidung versorgt werden. Sie werden im Anschluss registriert und auf der Basis der ärztlichen Sichtung ggfs. einer weiteren medizinischen Behandlung zugeführt.

12.3 Dekontamination von Einsatzkräften unter PSA und ungeschützten Personen

Die Dekontamination nicht gehfähiger Verletzter

Die Dekontamination kontaminierter nicht gehfähiger Verletzter erfordert die enge Zusammenarbeit zwischen der Feuerwehr und dem Rettungsdienst.

Unter Berücksichtigung des Grundsatzes, dass lebensrettende Sofortmaßnahmen Vorrang vor der Dekontamination haben, ergibt sich der in Bild 91 gezeigte Ablauf der Dekon V:

Dekon V (liegend)

Zweck	Dekontamination von nicht gehfähigen Personen, die sich ungeschützt im Gefahrenbereich aufgehalten haben
Personalbedarf[1]	Löschzug, 10 Angehörige Rettungsdienst / Sanitätsorganisation
Materialbedarf[1]	Abrollbehälter Dekon V, GW Dekon P, Löschfahrzeug
Platzbedarf[1]	50 m x 10 m
Wasserbedarf	1000 Liter / Stunde
Aufbauzeit	30 Minuten(+)

[1]Die Angaben beziehen sich auf den Dekon V-Platz 50 Baden-Württemberg

Arbeitsschritte	Dekontaminationsart		
	A	B	C
Einweisung	X	X	X
Entgegennahme von persönlichen Gegenständen / Entkleiden	X	X	X
Wasserdichte Abdeckung von Verletzungen / (bei Bedarf) Erweiterte medizinische Maßnahmen	X	X	X
Abwaschen unverletzter kontaminierter Körperstellen / Abduschen	X	X	X
Abtrocknen	X	X	X
Kontaminationskontrolle	X		
Wechsel auf eine saubere Trage	X	X	X
Registrierung und Dokumentation der Dekontamination / Regelung der Rückgabe persönlicher Gegenstände / Übergabe zur weiterführenden medizinischen Versorgung	X	X	X

Bild 91: *Ablauf der Dekontamination nicht gehfähiger Verletzter*

Ein besonderes Problem der Dekontamination verletzter Personen stellt die Vermeidung einer Inkorporation durch ablaufende kontaminierte Dekontaminationslösungen dar. Eine Minimierung des Risikos kann durch die entsprechende Lagerung des Patienten erreicht werden, insofern die Verletzungen dies zulassen. Das Eindringen von Gefahrstoffen und Dekontaminationslösungen in Wundbereiche ist durch wasserdichtes Abdecken der Verletzungen während der Dekontaminationsvorbereitung auszuschließen, z. B. mit Verpackungsfolie. Bei der Entfernung von Kontaminationen im Gesichtsbereich können die Augen mit einer Schwimmbrille geschützt werden.

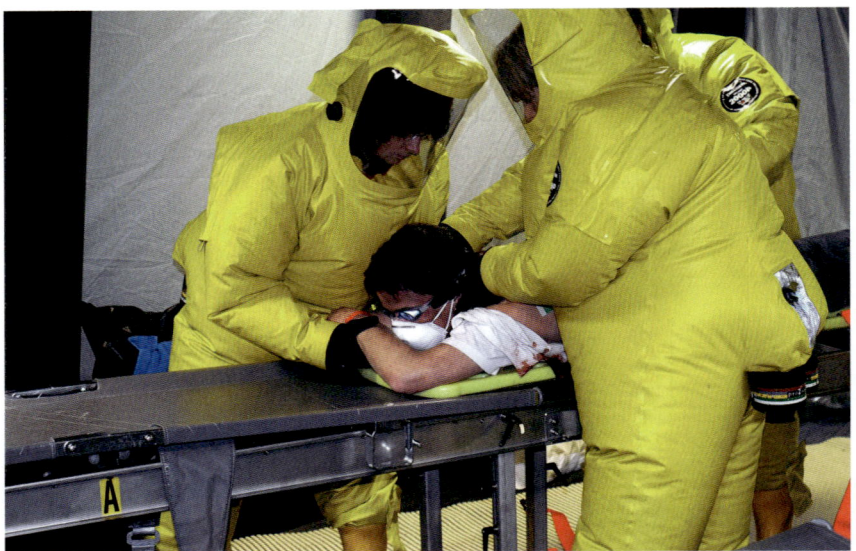

Bild 92: *Vorbereitung eines Verletzten für die Dekontamination*

Für dekontaminierte Patienten sind Vorkehrungen zum Wärmeerhalt zu treffen.

Nach Durchlaufen der Dekontamination kann davon ausgegangen werden, dass von der Person keine Kontaminationsgefahr mehr ausgeht. Für die weitere Behandlung sind folgende Informationen an den Rettungsdienst bzw. die Behandlungseinrichtung weiterzugeben:

- Art der Kontamination bzw. vermuteter Stoffe,
- kontaminierte Körperbereiche,
- vermutete Dauer der Einwirkung,
- durchgeführte Dekontaminationsmaßnahmen,
- Ansprechpartner für Rückfragen (mit Erreichbarkeit).

12.4 Dekontamination von Geräten, Fahrzeugen und Infrastruktur (Dekon G)

Um ein Einwirken des Gefahrstoffs auf kontaminierte Materialoberflächen zu unterbinden und eine Kontaminationsverschleppung zu verhindern, ist möglichst noch an der Einsatzstelle eine »Grobreinigung« eigener kontaminierter Geräte durchzuführen. Diese werden im Anschluss verpackt (z. B. in Foliensäcke) und mit einem Hinweis zu Einsatzort, -datum, Inhalt, Art der Kontamination bzw. Höhe der Dosisleistung an der Oberfläche der Verpackung sowie getroffene Dekontaminationsmaßnahmen beschriftet. Das grob dekontaminierte Gerät verbleibt dann bis zum Abtransport oder der Übergabe an eine Fachbehörde im Gefahrenbereich. Soll eine gründliche Dekontamination durchgeführt werden, ist zuvor in Absprache mit der freigebenden Behörde zu prüfen, ob dadurch das Ziel einer Weiternutzung erreicht werden kann. In einem zweiten Schritt ist festzulegen, ob sie an der Einsatzstelle oder an einem Ort mit geeigneter Infrastruktur erfolgen soll. Hierbei ist die mögliche Kontaminationsverschleppung zu berücksichtigen.

Während des Betriebs des Dekon-Platz G muss sichergestellt sein, dass nur dekontaminiertes Material vom Schwarzbereich in den Weißbereich gelangt. Die Kennzeichnung des dekontaminierten Materials hilft, eine Vermischung zu verhindern. Die Dekontamination ist schriftlich festzuhalten. Vor einer Nutzung dekontaminierter Geräte, Fahrzeuge oder Gebäude muss die Freigabe durch die zuständige Fachbehörde erfolgen. Eine Ausnahme stellt der erneute Einsatz dekontaminierter Ausrüstung im Gefahrenbereich dar. Hier liegt die Entscheidung über die weitere Nutzung beim Einsatzleiter.

12.4.1 Dekontamination von persönlicher Sonderausrüstung und Kleingeräten

Darunter fallen alle tragbaren Ausrüstungsteile und Geräte. Bei der Dekontamination wird unterschieden in:
- unempfindliches Gerät, z. B. Armaturen, Schlauchmaterial, Dichtkissen;
- empfindliches Gerät, z. B. Funkgeräte, Messgeräte;
- Gerät, das keine Dekontamination rechtfertigt (z. B. Einwegschutzbekleidung).

12 Planung und Durchführung von Dekontaminationsmaßnahmen

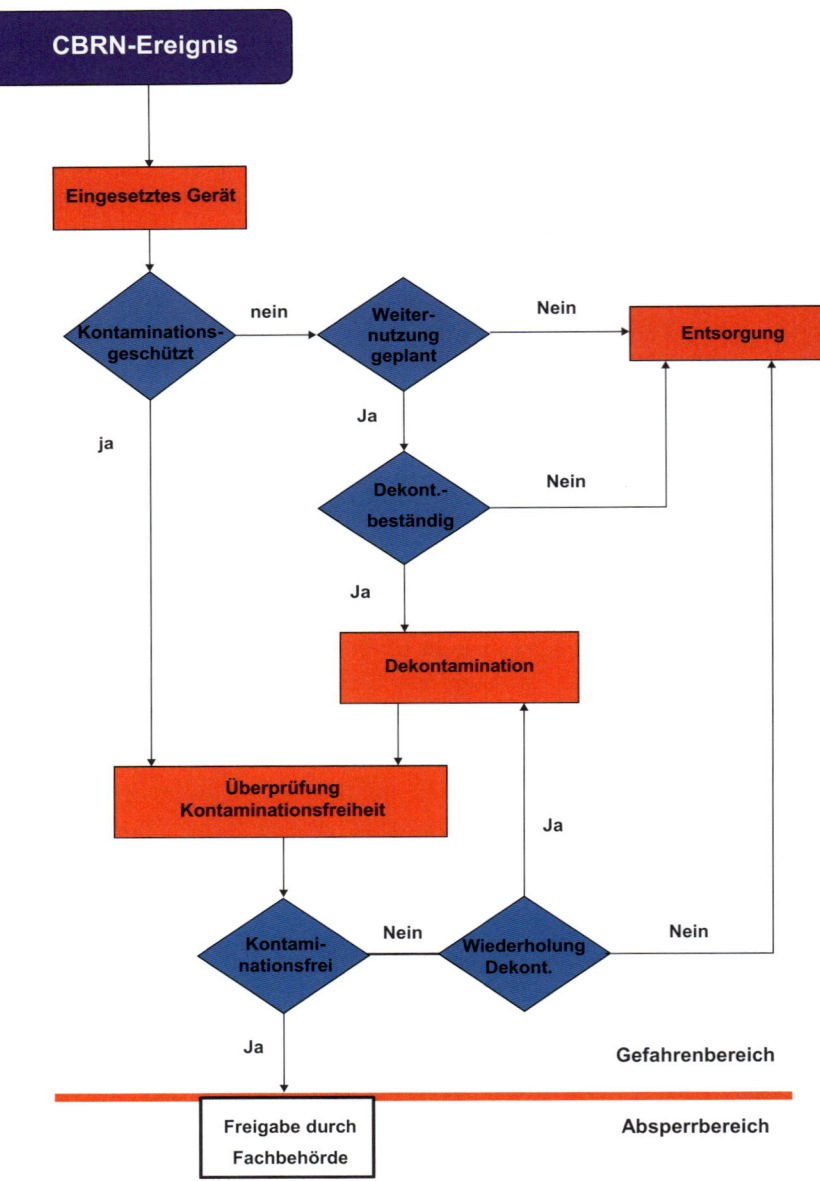

Bild 93: *Entscheidungsmatrix Dekon G*

12.4 Dekontamination von Geräten, Fahrzeugen und Infrastruktur (Dekon G)

Dekon G (Kleingerät)

Zweck	Dekontamination von tragbaren Geräten und PSA
Personalbedarf	1 Trupp
Materialbedarf	Löschfahrzeug, Dekontaminationsmittel, Zusatzgerät
Platzbedarf	10 m x 5 m
Wasserbedarf	Abhängig von den zu dekontaminierenden Geräten
Aufbauzeit	15 Minuten(+)

Station	Dekontaminationsart		
	A	B	C
Einteilung gemäß der Dekontaminierbarkeit / Vorbereitung (Schließen von Verschlusskappen, usw.)	X	X	X
Vorreinigen (bei Bedarf)	X	X	X
Anwendung des ausgewählten Dekontaminationsverfahrens	X	X	X
Einwirkzeit		X	(X)
Nachreinigung	X	X	X
Kontaminationskontrolle		X	(X)
Dokumentieren der Dekontamination und Markieren des dekontaminierten Geräts / Freigabe (bei Bedarf)	X	X	X

Bild 94: *Ablauf der Dekontamination von Kleingerät*

Die Dekontamination von unempfindlichem Gerät kann unter Einsatz von Hochdruckreinigern oder Strahlrohren erfolgen. Anhaftende Kontaminationen lassen sich mit einer Bürste und erwärmter Netzmittellösung beseitigen. Sind längere Einwirkzeiten erforderlich, ist das Einlegen in Dekontaminationslösungen vorteilhaft. Empfindliches Gerät wird vorsichtig mit Lösungsmitteln oder Netzmittellösung abgewaschen. Anhaftende schwer lösliche Stoffe lassen sich zuvor durch Bindetücher bereits teilweise entfernen. Abschließend erfolgen die Nachreinigung zum Entfernen von Resten der Dekontaminationslösungen und darin gelösten Schadstoffen und die Nachkontrolle.

12 Planung und Durchführung von Dekontaminationsmaßnahmen

12.4.2 Dekontamination von Großgerät

Die Dekontamination von Großgerät bezeichnet die Behandlung von Fahrzeugen mit dem Ziel, eine Kontaminationsverschleppung zu vermeiden und das Risiko bei der erneuten Benutzung zu minimieren.

Dekon G (Großgerät)

Zweck	Dekontamination von Fahrzeugen
Personalbedarf	1 Gruppe(+)
Materialbedarf	Löschfahrzeug, Dekontaminationsmittel, Zusatzgerät
Platzbedarf	20 m x 10 m je Behandlungsplatz
Wasserbedarf	1500 l / Fahrzeug (Mittelwert)
Aufbauzeit	120 Minuten

Arbeitsschritte	Dekontaminationsart		
	A	B	C
Einweisung Besatzung / (bei Bedarf) Abladen kontaminierter Geräte	X	X	X
Vorläufige Desinfektion			X
Vorreinigen	X	X	X
Auftragen der Dekontaminationslösung	X	X	X
Einwirkzeit / (bei Bedarf) Dekontamination der Innenräume		X	(X)
Nachreinigung	X	X	X
(bei Bedarf) Dekontamination der Innenräume	X		
Kontaminationskontrolle	X		(X)
Dokumentieren der Dekontamination und Markieren des dekontaminierten Geräts / Freigabe (bei Bedarf)	X	X	X

Bild 95: *Ablauf der Dekontamination von Großgerät*

12.4 Dekontamination von Geräten, Fahrzeugen und Infrastruktur (Dekon G)

Ist für das Dekontaminationsmittel eine Einwirkzeit vorgeschrieben, muss sichergestellt sein, dass die kontaminierte Oberfläche permanent mit dem Dekontaminationsmittel in Kontakt steht. Dazu ist die Möglichkeit zur Nachbelegung vorzusehen. Sind etwa bei der Desinfektion längere Einwirkzeiten erforderlich, müssen ausreichend Abstellplätze zur Verfügung stehen. Die Einwirkzeit kann, falls notwendig, zur Dekontamination der Fahrzeuginnenräume genutzt werden.

Die häufig korrosiven Dekontaminationsmittel und darin befindliche Kontaminationsreste werden nach Ablauf der Einwirkzeit durch gründliches Abspritzen mit klarem Wasser entfernt, um Korrosionsschäden am Fahrzeug vorzubeugen. Zur Sicherstellung einer lückenlosen Belegung aller Fahrzeugflächen (einschließlich der Unterseiten) wird empfohlen, strikt von oben nach unten und vorne links beginnend um das Fahrzeug herum zu arbeiten. Ladeflächen werden von der Vorderwand zum Fahrzeugheck hin bearbeitet. Fahrzeug-Oberseiten können unter Nutzung von Drehleitern, Gerüsten oder der Dachgalerie von Löschfahrzeugen dekontaminiert werden (Absturzsicherung beachten). Die Belegung der Unterseiten kann mittels Hydroschild erfolgen. Es werden auch Rasensprenger vorgeschlagen, dabei ist allerdings die geringe Ausbringungsmenge zu berücksichtigen.

Die Dekontamination von bis zu zwei Fahrzeugen kann an einem Arbeitsplatz durchgeführt werden. Ist ein höherer Durchsatz notwendig, sollte für jeden Arbeitsschritt ein eigener Behandlungsplatz eingerichtet werden.

Um Witterungseinflüsse zu minimieren, sind wenn immer möglich für Belegung und Einwirkung überdachte Bereiche, z. B. Hallen oder Großzelte, zu nutzen. Bei weniger gefährlichen Stoffen können für die Fahrzeug-Dekontamination auch Waschanlagen genutzt werden.

Die ablaufende Reinigungslösung ist aufzufangen, um zu verhindern, dass abgespülte Dekontaminationsmittel, Schmier- und Gefahrstoffe in das Abwasser gelangen. Daher sollte die Fahrzeugdekontamination nur an Orten mit Ölabscheider oder ausreichender Auffangmöglichkeit erfolgen. Sind solche nicht vorhanden, können Auffangwannen aus Teichfolie und Kanthölzern, Sandsäcken o. ä. erstellt werden. In diesem Fall ist die Möglichkeit des Abpumpens und der Zwischenlagerung der Abwässer vorzusehen.

Der hohen körperlichen Beanspruchung und der erforderlichen Konzentration bei Dekontaminationsarbeiten ist ausreichend Wechselpersonal einzuplanen. Falls kein Dekon Platz P in der Nähe liegt, ist für das Personal eine Dekontaminationsmöglichkeit zu schaffen.

12 Planung und Durchführung von Dekontaminationsmaßnahmen

Dekontamination bei geringem Anfall kontaminierter Fahrzeuge

Dekontamination einzelner Kfz / Tag   Alle Arbeitsschritte finden auf einer Station statt
(außer der Nachkontrolle)

Dekontamination 1 Kfz / Stunde
1. Vorläufige Desinfektion / Vorreinigung / Belegen mit Dekontaminationsmittel
2. Einwirkstation / Nachreinigung
3. Nachkontrolle

	Einweisung
🟥	Vorlaeufige Desinfektion / Vorreinigung
🟧	Belegung mit Dekontaminationslösung
🟨	Einwirkstation
🟩	Nachreinigung
🟩	Nachkontrolle

Gleichzeitige Dekontamination mehrerer kontaminierter Fahrzeuge

Variante 1: parallele Einrichtung mehrerer zweistufiger Dekontaminationsplätze mit zentraler Einweisung und Nachkontrolle

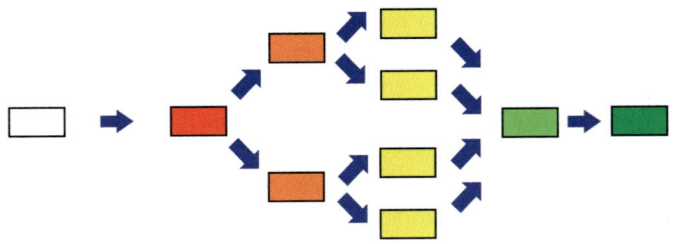

Variante 2: Einrichtung mehrer Behandlungsstationen, die eine Dekontamination ohne Zeitverzug ermöglichen

Bild 96: *Aufbaualternativen von Dekontaminationsplätzen für Fahrzeuge*

12.4.3 Dekontamination von Gebäuden und Infrastruktur

Im Rahmen der Gefahrenabwehr werden Gebäude und Verkehrsinfrastruktur nur dekontaminiert, wenn dies für die Einsatzdurchführung notwendig ist. Die Dekontamination von Verkehrswegen erfolgt durch das Ausbringen von Bindemitteln (bei Mineralölprodukten) oder das Abspritzen mit einer geeigneten Dekontaminationslösung. Aufgenommene Bindemittel sind in verschließbare Behälter zu füllen, um eine Gefährdung durch ausgasende Schadstoffe zu vermeiden. Bei Einsatz von Reinigungslösungen ist die Kontaminationsverschleppung zu beachten.

Die Dekontamination von Gebäuden ist aufgrund der vielen verschiedenen Werkstoffe und der Oberflächengestaltung komplex. Besonders poröse Materialien, wie Holz oder Putz, in die Schadstoffe eingedrungen sind, können mit den Mitteln der Gefahrenabwehr kaum dekontaminiert werden. In solchen Fällen ist durch eine Fachbehörde zu prüfen, ob die Fläche versiegelt werden kann, die oberste Materialschicht entfernt werden muss oder nur eine Entsorgung in Frage kommt. Wurden brennbare Flüssigkeiten freigesetzt, sind alle Arbeiten zusätzlich durch Ex-Messungen zu überwachen.

12.5 Ermittlung des Zeitbedarfs

Anhand der Anzahl der kontaminierten Personen bzw. des Umfangs an zu dekontaminierendem Gerät kann der Kräfte- und Zeitbedarf mit der folgenden Formel ermitteln:

$$\frac{\text{Anzahl Personen bzw. Fahrzeuge}}{(\text{Kapazität Dekoneinrichtung} \times \text{Anzahl Einrichtungen})} (+\text{Zeit 1. Fahrzeug})$$

Bei der Abschätzung des Zeitbedarfs ist auch die Zeit für Alarmierung, Anmarsch und Aufbau zu berücksichtigen. Tabelle 48 gibt einen Anhalt über die Leistungsfähigkeit verschiedener Dekontaminationseinrichtungen für Personen wieder.

Stehen ausreichend Dekontaminationseinheiten zur Verfügung, sind bei der Dekontamination von Personen möglichst mehrere Dekon-Plätze parallel zu betreiben, um die Zeit des Schadstoffkontakts so kurz wie möglich zu halten. Für die Fahrzeugdekontamination ist der Durchsatz abhängig von der Art der Kontamination und der Anzahl der Behandlungsplätze.

12 Planung und Durchführung von Dekontaminationsmaßnahmen

Tabelle 48: *Zeitbedarf für die Dekontamination von Personen, die angegebenen Aufbauzeiten orientieren sich an Erfahrungswerten mit ausgebildetem Personal.*

Dekontaminationseinrichtung	Kapazität pro Stunde (Anhalt)	Aufbauzeit
Notdekontamination	6 Personen	2 min
Dekon-Platz P	12 Einsatzkräfte unter PSA	10 min
Dekon-Platz V gehfähig (Bund)	50 gehfähige Personen	30 min
Dekon-Platz V liegend (BaWü)	10 liegende Verletzte / 40 gehfähige Verletzte	30 min
Notfallstation (siehe 13.2.2)	mindestens 40 Personen (2.000 Personen in 48 h)	4 h
Massendekontamination (siehe 13.1)	500 Personen/Löschzug	5 min

Für die Fahrzeugdekontamination ist der Durchsatz abhängig von der Art der Kontamination und dem Aufbau des Dekontaminationsplatzes. Die Aufbauzeit kann je nach nutzbarer Infrastruktur zwischen 0,5 und 4 Stunden betragen.

Tabelle 49: *Zeitbedarf für die Dekontamination von Fahrzeugen, die Zeitangaben sind Erfahrungswerte und beziehen sich auf Großfahrzeuge ($\geq$7,5 to), für Pkw kann der Zeitansatz halbiert werden (gilt nicht für Einwirkzeiten). Anhänger sind wie Kfz vergleichbarer Größe zu berücksichtigen. Die Zeitangaben für die Desinfektion basieren auf der Richtlinie des Bundesministeriums für Ernährung, Landwirtschaft und Verbraucherschutz über Mittel und Verfahren für die Durchführung der Desinfektion bei anzeigepflichtigen Tierseuchen.*

Dekontaminations-einrichtung	Kapazität pro Stunde (Anhalt ohne Nachkontrolle)		
	Entstrahlung	Desinfektion	Entgiftung
Einstufiger Aufbau	1 Kfz/40 min	1 Kfz/95 min	1 Kfz/40 min + Einwirkzeit
Zweistufiger Aufbau	1. Kfz nach 40 min, dann 1 Kfz/30 min	1. Kfz nach 95 min, dann 1 Kfz/50 min	1. Kfz nach 40 min (+ Einwirkzeit), dann 1 Kfz/30 min
Dekon-Platz G mit Stationen-Aufbau	1. Kfz nach 40 min, dann 1 Kfz/10 min	1. Kfz nach 95 min, dann 1 Kfz/15 min	1. Kfz nach 40 min (+ Einwirkzeit), dann 1 Kfz/10 min

12.6 Auswahl, Erkundung und Aufbau von Dekontaminationseinrichtungen

Um bei Gefahrstofffreisetzungen in kerntechnischen Anlagen oder Störfallbetrieben verzugslos Gegenmaßnahmen einleiten zu können, sind Dekontaminationseinrichtungen in deren Umgebung festzulegen.

Es wird empfohlen, Einrichtungen in verschiedenen Richtungen zum Gefahrenobjekt zu erkunden. Ist ein vorerkundetes Objekt durch abdriftende Gefahrstoffe bedroht, kann auf eine Einrichtung außerhalb der Gefährdung ausgewichen werden. Die Auswahl erfolgt in einem ersten Schritt anhand von Karten und verfügbarer Objektbeschreibungen. Danach findet eine Erkundung vor Ort und unter Beteiligung von Vertretern der für einen möglichen Betrieb vorgesehenen Einheiten und Organisationen statt. Die Erkundungsergebnisse sind schriftlich festzuhalten und regelmäßig zu aktualisieren.

Bei der Auswahl möglicher Dekontaminationseinrichtungen sind folgende Eigenschaften zu berücksichtigen:
- Parkplätze und witterungsgeschützte Aufenthaltsmöglichkeiten für Personen;
- getrennte An- und Abmarschwege für kontaminierte und dekontaminierte Personen bzw. Fahrzeuge sowie für Hilfskräfte;
- befestigter Untergrund;
- Wasserversorgung und Abwasserentsorgung.

Bei der Erkundung ist auch auf »Banalitäten« zu achten, wie die Gewährleistung des Zugangs außerhalb der regulären Arbeitszeiten. Liegen Waschanlagen im Ausrückebereich, die über eine Emulsionsspaltanlage verfügen, ist zu prüfen, ob kontaminiertes Gerät dort gereinigt werden kann. Das Dekontaminationspersonal ist in die Örtlichkeiten einzuweisen.

12 Planung und Durchführung von Dekontaminationsmaßnahmen

Bild 97: *Ortsfeste Dekontaminationseinrichtung zur Dekontamination von Fahrzeugen*

12.6.1 Die eingehende Erkundung von Dekontaminationseinrichtungen

Die Feinerkundung einer Dekontaminationseinrichtung durch den Führer der Dekontaminationskräfte erfolgt auf der Basis des durch die Einsatzleitung zugewiesenen Bereichs. Wenn immer möglich sind vorerkundete Objekte zu nutzen.

Bei der Feinerkundung sind die folgenden Punkte zu berücksichtigen:
- Lage an der windzugewandten Seite des Gefahrenbereichs.
- Bei B- und C-Kontaminationen liegt die Dekontaminationseinrichtung möglichst nahe an der Grenze des Gefahrenbereichs. Bei A-Einsätzen muss die Entfernung so groß sein, dass die an der Grenze des Gefahrenbereichs herrschende Dosisleistung den Kontaminationsnachweis nicht beeinflusst (zirka 20 Meter).
- Stationen, an denen mit Dekontaminationslösungen gearbeitet wird, müssen einen festen Untergrund mit Auffang- oder Abflussmöglichkeiten

12.6 Auswahl, Erkundung und Aufbau von Dekontaminationseinrichtungen

für kontaminierte Flüssigkeiten aufweisen. Auf keinen Fall dürfen diese unkontrolliert in den Absperrbereich abfließen und dort Einsatzkräfte gefährden.
- Der Abstand zu weiteren Einrichtungen, wie dem Atemschutz-Sammelplatz, muss so groß sein, dass diese nicht durch Spritzwasser oder abdriftende Gefahrstoffe gefährdet werden.
- Wege von kontaminierten und ungeschützten Personen dürfen sich nicht kreuzen.
- Getrennte An- und Abfahrtswege für den Rettungsdienst sind vorteilhaft.
- Für die Wasserversorgung müssen Wasserentnahmestellen von ausreichender Ergiebigkeit in nutzbarer Entfernung vorhanden sein. Andernfalls ist die Möglichkeit einer Versorgung durch Löschfahrzeuge festzulegen.
- Bei ungünstiger Witterung ist für den Weißbereich ein Aufenthaltsraum zum Umziehen zu erkunden (falls nicht verfügbar: Fahrzeug-Innenräume).
- Für die Gerätedekontamination sind Einrichtungen, die geschützte Unterstellmöglichkeiten für die Dekontaminationsarbeiten bieten, von Vorteil.
- Bei der Nutzung vorhandener Infrastruktur sind die Auswirkung der Kontaminationsverschleppung zu beachten.

Nur selten werden alle Forderungen optimal erfüllt, zumeist müssen Kompromisse in Kauf genommen werden. Bei großen Dekontaminationseinrichtungen, wie Notfallstationen, erfolgt die Gesamt-Erkundung durch den Führer der Einrichtung mit den Leitern der Teilstationen. Diese erkunden dann die ihnen zugewiesenen Bereiche selbständig. Die Ergebnisse werden abschließend für die Gesamteinrichtung zusammengefasst.

12.6.2 Aufbau der Dekontaminationseinrichtung

Nach Abschluss der Feinerkundung wird die Dekontaminationseinrichtung nach der Abstimmung mit der Einsatzleitung aufgebaut. Die Trennlinie zwischen Schwarzbereich und Weißbereich wird eindeutig festgelegt und beim Einrichten deutlich gekennzeichnet. Daran orientiert sich der weitere Aufbau. Das Einrichten beginnt mit der Herstellung der Bereitschaft zur Notdekontamination. Wenn immer möglich wird diese dann zum Dekon-Platz ausgebaut. Dadurch besteht die Möglichkeit, die Notdekontamination ununterbrochen zu gewährleisten und auf die bestehende Wasserversorgung zurückzugreifen. Der Aufbau erfolgt von der kontaminierten Seite zum Weißbereich hin. Das bietet die Möglichkeit, falls notwendig bereits die ersten De-

12 Planung und Durchführung von Dekontaminationsmaßnahmen

kontaminationsschritte durchzuführen, während parallel abschließende Arbeiten ausgeführt werden. Bei allen Dekontaminationseinrichtungen müssen Möglichkeiten der Eigen- und Notdekontamination für das eigene Personal vorgesehen werden.

12.6.3 Verkehrsführung

Zu- und Abfahrtswege zu Dekontaminationseinrichtungen müssen getrennt verlaufen, um ein Vermischen kontaminierter und dekontaminierter Personen und Fahrzeuge zu verhindern. Während des Durchlaufens der Dekontamination sind Personen und Fahrzeuge so zu führen, dass der stockungsfreie Ablauf sichergestellt wird. Innerhalb der Dekontaminationseinrichtung erfolgt die Steuerung der Bewegungen durch das Einsatzpersonal. Eine eindeutige Ausschilderung und Austrassierung unterstützt hierbei. Umfangreiche Dekontaminationsmaßnahmen bedürfen der Unterstützung durch die Polizei, besonders dann, wenn eine größere Anzahl von Kraftfahrzeugen gelenkt werden muss.

12.7 Schutz des Personals während der Dekontamination

12.7.1 Persönliche Schutzausstattung

Bei Tätigkeiten im Rahmen der Personendekontamination ist nur mit einer geringen Gefährdung durch verdampfende oder reaerosolisierte Gefahrstoffe zu rechnen. Der Atemschutz bei Einsätzen mit radioaktiven Stoffen und Krankheitserregern wird durch Verwendung eines Partikelfilters P3 gewährleistet. Zum Schutz vor chemischen Gefahrstoffen ist ein Atemfilter A1B1-P3 in Verbindung mit einer Vollmaske für die zu erwartenden Schadstoff-Konzentrationen ausreichend. Sind geschlossenen Räumen zu dekontaminieren, muss bis zum Nachweis einer Schadstoffkonzentration unter 0,5 Vol% umluftunabhängiger Atemschutz getragen werden.

Aufgrund der Gefahr einer Kontaminationsverschleppung sollte bei der Dekontamination als Körperschutz immer PSA getragen werden. Für die Personendekontamination bei B- und C-Kontaminationen sind wasserabweisende Einmalschutzanzüge mit Gummistiefeln und Schutzhandschuhe aus Butylkautschuk geeignet. Bei Strahlenschutzeinsätzen wird der Kontaminationsschutz durch einen abgedichteten staubdichten Overall in Verbindung mit Gummistiefeln und Schutzhandschuhen gewährleistet.

12.7 Schutz des Personals während der Dekontamination

Auf Dekon V-Einrichtungen sind als Schutz für das Rettungsdienst-Personal, das häufig nicht über eine Tauglichkeit nach G 26 verfügt, Gebläse-Anzüge in Gebrauch. Dazu sollten Nitril-Handschuhe über den Handschuhen des Anzugs getragen werden, die nach jeder behandelten Person gewechselt werden. Überall dort, wo mit Spritzwasser zu rechnen ist, bietet die Verwendung eines Körperschutzanzugs Form 2 (Infektionsschutzanzug oder Spritzschutzanzüge der Kategorie 3 in Verbindung mit wasserdichten Handschuhen und Gummistiefeln) eine ausreichende Sicherheit. Je nach Ausführung findet unter der PSA nur ein stark eingeschränkter Wärmeaustausch statt. Daher sind die in der DGUV Regel 112-190 *Benutzung von Atemschutzgeräten* genannten Trage- und Ruhezeiten zu beachten.

12.7.2 Strahlenschutz

Bei A-Einsätzen ist die durch das Personal aufgenommene Strahlung dosimetrisch zu überwachen und nach dem Einsatz schriftlich festzuhalten.

Während der Dekontamination sind die 3 »A« des Strahlenschutzes zu beachten:
- **Abstand** halten von Strahlenquellen, z. B. durch Festlegen von Ausweichplätzen für die Fahrzeugdekontamination und Ablegen von kontaminierten Geräten abseits von Arbeitsplätzen.
- **Aufenthaltsdauer** kurz halten durch regelmäßige Ablösung des an besonders belasteten Stationen eingesetzten Personals.
- Eine **Abschirmung** lässt sich dadurch erreichen, dass kontaminierte Abfälle und Bekleidung nicht an Arbeitsplätzen zwischengelagert werden, sondern in Nebenräumen.

Bei der Personendekontamination ist nur mit einer relativ geringen Dosisbelastung zu rechnen (so wird für das Dekon-Personal einer Notfallstation von einer Dosis von 2 mSv in 24 Stunden ausgegangen). Dagegen kann diese bei der Dekontamination von Fahrzeugen höher liegen. Muss, etwa bei Dekontaminationsmaßnahmen im Rahmen eines kerntechnischen Störfalls, eine größere Anzahl an Fahrzeugen dekontaminiert werden, ist die Dosisleistung an den Arbeitsplätzen des Dekon-Personals zu überwachen. Um die Belastung des Personals gering zu halten, sind Ausweichstationen festzulegen, da die Dosisleistung an den Waschplätzen der Vorreinigung mit der Zeit durch abgespülte radioaktive Partikel zunimmt.

12.7.3 Hygienische Vorgaben

Für die Personendekontamination darf nur Trinkwasser verwendet werden, das der deutschen Trinkwasserverordnung entspricht (eine Ausnahme stellt die Notdekontamination dar). Dazu sind alle Tanks, Armaturen und Schläuche zu desinfizieren. Um diese Vorgaben zu erfüllen, gibt das BBK für die GW Dekon P einen neunmonatigen Rhythmus zur Desinfektion aller trinkwasserführenden Teile mit einer Wasserstoffperoxid-/Silberlösung vor. Müssen PSA im Rahmen eines ABC-Einsatzes erneut benutzt werden, sind nach der Dekontamination der Außenflächen die Innenseiten einer Desinfektion zu unterziehen. Bei absehbar längeren Einsätzen ist die Möglichkeit der Toilettenbenutzung zu schaffen.

12.7.4 Maßnahmen des Umweltschutzes

Die Dekontamination führt immer zu einer Verlagerung von Kontaminationen. Vor Beginn der Arbeiten ist daher zu erkunden, wohin Dekontaminationsflüssigkeiten abfließen. Wenn immer möglich, sind Auffangbereiche zu schaffen, in denen Abwässer gesammelt werden können. Bei Kontaminationen durch Gefahrstoffe der Wassergefährdungsklasse 3, bei Vorliegen biologischer Gefahrstoffe oder falls ein unkontrolliertes Ablaufen andere Kräfte gefährdet, muss das anfallende Abwasser aufgefangen werden. Die unkontrollierte Freisetzung von Dekontaminationsmitteln in die Umwelt ist auf ein notwendiges Mindestmaß zu beschränken. Für die standardmäßig vorhandenen Mittel sollte die Entsorgung bzw. mögliche Abgabe in die Kanalisation mit der zuständigen Behörde bereits im Vorfeld geklärt werden. Tenside »überlisten« einfache Leichtflüssigkeitsabscheider, deshalb sollten für die Dekontamination von Fahrzeugen und Geräten vorgesehene Einrichtungen über einen geeigneten Abscheider oder ausreichende Rückhaltekapazität verfügen.

12.8 Abschließende Maßnahmen

Nach Abschluss der Dekontaminationsarbeiten muss eine Gefährdung durch Restkontaminationen an den eingesetzten Geräten und der Infrastruktur vermieden werden. Der Abbau einer Dekontaminationseinrichtung erfolgt, wie zuvor der Aufbau, vom Gefahrenbereich zum Weißbereich hin. Bei umfangreichen Dekontaminationseinsätzen ist bereits in der Planung ein Bereich vorzusehen, in dem eine gründliche Dekontamination der eigenen Ausrüstung unter behördlicher Aufsicht durchgeführt

12.8 Abschließende Maßnahmen

werden kann. Falls diese nicht vor Ort stattfindet, erfolgt in der Dekontaminationseinrichtung eine Grob-Dekontamination der im Schwarzbereich eingesetzten Ausrüstung. Die Geräte werden danach in chemikalienbeständige Behältnisse verpackt und markiert. Ist mit einem erneuten Dekontaminationseinsatz zu rechnen, kann auf eine gründliche Dekontamination verzichtet werden, wenn das grob dekontaminierte Gerät wieder im Schwarzbereich verwendet wird. Der Verbleib bzw. die Entsorgung kontaminierter Abfälle ist frühzeitig zu regeln.

Die zur Einrichtung von Dekon-Plätzen genutzte Infrastruktur gilt bis zu ihrer Freigabe durch eine Fachbehörde als kontaminiert. Da sie gewöhnlich außerhalb des eigentlichen Gefahrenbereichs liegt, ist sie zu markieren, um eine Gefährdung Unbeteiligter zu vermeiden. Abschließend wird die Dekontaminationseinrichtung an die Einsatzleitung oder die zuständige Fachbehörde übergeben.

Einsatzbeispiel Dekontamination

Ausgangslage

In der Lagerhalle einer Spedition wurde ein mit Flusssäure gefüllter IBC-Container (1 cbm) durch unsachgemäßen Umgang mit einem Gabelstapler beschädigt. Bei Eintreffen der Feuerwehr war der Container auf einer Außenrampe des Gebäudes abgestellt. Aus einer Leckage am Container trat Flusssäure aus.

Durch die ersteintreffenden Kräfte der Berufsfeuerwehr wurde die Einsatzstelle abgesichert, Maßnahmen zur Abdichtung eingeleitet und ein Entsorgungsunternehmen angefordert. Bei Eintreffen der Dekon-Staffel des ABC-Zugs war ein CSA-Trupp bereits 20 Minuten im Einsatz.

Lagebeurteilung Dekontamination

Flusssäure ist giftig und ätzend und kann bei Körperkontakt zu schweren Gesundheitsschäden führen. Das Produkt ist gut wasserlöslich und in die WGK 2 eingestuft. Daher muss der CSA-Trupp vor dem Ablegen der Schutzanzüge durch Absprühen mit Wasser dekontaminiert werden.

Mit Calciumsalzen reagiert die Säure u. a. zu dem ungefährlichen Calciumfluorid (Flussspat).

Aufgrund der kurzen Resteinsatzzeit, die für den CSA-Trupp noch verbleibt, ist der komplette Aufbau der Dekon P nicht mehr vollständig möglich.

Für das DekonPersonal ist der Schutz von Atemwegen und Körperoberfläche gegen Einatmen von Aerosolen und Flüssigkeitsspritzer sicherzustellen.

Einsatzdurchführung

Die DekonStaffel übernimmt die Notdekontamination von der BF. Während der A-Trp Spritzschutzanzüge der Kategorie 3, Butylhandschuhe und Gummistiefel sowie Atemschutzmasken mit ABEK-P3 anlegt, wird die Schwarz-/Weißgrenze festgelegt und das Ablaufen des Abwassers vorbereitet. Zur Dekontamination der Stiefel wird eine Wanne mit 1 %er Kalklösung bereitgestellt. Während des weiteren Aufbaus trifft der CSA-Trupp auf dem Dekon-Platz P ein. Der A-Trp beginnt daher unverzüglich mit der Dekontamination des CSA-Trupps durch Abspülen mit viel Wasser und dem Ablegen der Schutzanzüge.

Über die Einsatzleitung wurde zudem die Zuführung von 40 kg Baukalk für die bevorstehende Dekon G aus einem nahegelegenen Baumarkt veranlasst.

Nach dem Umpumpen erfolgte die Neutralisation der noch im Container befindlichen Flusssäure mit Kalklösung sowie das Abstreuen der kontaminierten Betriebsflächen mit Kalk und die Bearbeitung mittels Besen.

Das im Gefahrenbereich genutzte Gerät wurde einer Tauchdekontamination unterzogen, das Schlauchmaterial und die Pumpe zusätzlich mit der Kalklösung durchgespült. Abschließend wurde das gesamte Gerät mit Wasser klargespült und der BF übergeben.

13 Besondere Einsatzsituationen

13.1 Anschläge mit Freisetzung von CBRN-Stoffen

Anschlagsszenarien sind geprägt durch:
- eine unklare Ausgangslage mit zahlreichen widersprüchlichen Meldungen, wobei eine Freisetzung von CBR-Gefahrstoffen nicht sofort erkennbar sein muss;
- die Gefahr von Folgeanschlägen (»Second Hit«) mit dem Ziel, die Rettungskräfte zu treffen;
- das Auftreten von vielen Geschädigten (Massenanfall), wobei neben einer Vergiftung/Kontamination mit Verletzungen z. B. durch Sprengvorrichtungen zu rechnen ist.

Neben den tatsächlichen Verletzten ist von einer großen Personengruppe auszugehen, die sich subjektiv für geschädigt hält.

13.1.1 Vorbereitung der Gefahrenabwehr

Als vorbereitende Maßnahme ist zu prüfen, ob im eigenen Verantwortungsbereich mögliche Ziele für einen terroristischen Anschlag mit CBR-Stoffen liegen. Kriterien zur Festlegung gefährdeter Objekte sind:
- symbolträchtige Orte oder Ereignisse mit großem Medieninteresse (z. B. Staatsbesuche);
- Einrichtungen, die für das Funktionieren von Staat und Gesellschaft wichtig sind (kritische Infrastruktur);
- Möglichkeit von Kollateralschäden (z. B. durch Freisetzung von Gefahrstoffen als Folge eines Anschlags);
- Möglichkeit, viele Menschen zu schädigen (Anschläge auf Großveranstaltungen);
- gute Zugänglichkeit des Anschlagsziels.

Je mehr dieser Punkte auf ein Objekt zutreffen, umso höher ist das Anschlagsrisiko zu bewerten. In einem zweiten Schritt sind für diese Objekte Planungen für einen möglichen Anschlagsfall mit CBR-Stoffen anzustellen. Dazu gehören:

13 Besondere Einsatzsituationen

- das »Durchspielen« in einer Stabsübung unter Einbeziehung aller beteiligten Behörden und Organisationen;
- die Vorbereitung von Dekontaminationsmöglichkeiten an Krankenhäusern;
- das Üben von Einsatzverfahren der Massendekontamination, der Dekontamination von nicht gehfähigen Verletzten und des Betriebs einer Patientenablage unter PSA;
- das Bereithalten von geeigneter PSA für alle beteiligten Organisationen;
- die Bereitstellung von Antidoten in ausreichender Menge.

Mit Hinblick auf die hohen Sicherheitsstandards im Zuge von internationalen Veranstaltungen besteht die Gefahr, dass Terroristen im zeitlichen Zusammenhang zuschlagen, jedoch auf Ziele ausweichen, die in keiner direkten Verbindung zu der eigentlichen Veranstaltung stehen.

Als Kriterien für ein erhöhtes Anschlagsrisiko können gelten:
- Erkenntnisse über verstärkte terroristische Aktivitäten,
- Vorliegen von Androhungen eines Anschlags oder Aufrufe hierzu,
- bereits erfolgte Anschläge mit CBRN-Gefahrstoffen oder erkannte Anschlagsvorbereitungen.

Da entsprechende Erkenntnisse in der nichtpolizeilichen Gefahrenabwehr kaum vorliegen, ist die enge Verbindung zu den Polizeibehörden zu halten.

13.1.2 Einsatzdurchführung

Zum Schutz der Einsatzkräfte ist bei Anschlagsszenarien ein enges Zusammenwirken von Polizei und nichtpolizeilicher Gefahrenabwehr erforderlich. Die Verwendung von CBRN-Stoffen bei Anschlägen wird, im Gegensatz zu den meisten Unfällen mit Gefahrstoffen, nicht unmittelbar erkannt werden können. Bei der Zusammenarbeit sind die unterschiedlichen Schutzniveaus der in den verschiedenen Organisationen verfügbaren PSA zu berücksichtigen.

Schutz der Einsatzkräfte
Neben der Gefahr durch freigesetzte CBRN-Stoffe muss bei Anschlagslagen immer mit Folgeanschlägen, die sich gegen die Einsatzkräfte richten, gerechnet werden.
- **Schutz durch taktische Maßnahmen:**
  Im Fall eines vermuteten oder erkannten Anschlags wird die Einsatzstelle durch die Polizei in drei Bereiche eingeteilt. Alle Tätigkeiten in den nicht als

13.1 Anschläge mit Freisetzung von CBRN-Stoffen

sicher bewerteten Bereichen werden durch die Polizei koordiniert. Das grundsätzliche Vorgehen der Nichtpolizeilichen Gefahrenabwehr ist in den *Handlungsempfehlungen zur Eigensicherung für Einsatzkräfte der Katastrophenschutz- und Hilfsorganisationen bei einem Einsatz nach einem Anschlag (HEIKAT)* beschrieben (siehe Tabelle 50). Alle Einsatzkräfte müssen die folgenden Verhaltensregeln zum Eigenschutz beachten:

- Verdächtige Gegenstände nicht berühren oder bewegen;
- Größtmöglichen Abstand zu verdächtigen Gegenständen halten;
- Verdächtige Beobachtungen unmittelbar melden;
- Deckungsmöglichkeiten und Rückzugswege erkunden;
- Ansammlungen von Einsatzkräften / Fahrzeugen direkt am Schadensort vermeiden;
- lageangepasste PSA tragen (Helm!).

- **Persönliche Schutzausrüstung:**

Terroranschlägen mit CBRN-Stoffen werden nach FwDV 500 wie Einsätze mit Stoffen der Gefahrengruppe III bewertet. Diese verlangt PSA der Formen 2/3 zum Schutz der Einsatzkräfte. Das hohe Schutzniveau steht der in der Anfangsphase notwendigen schnellen Rettung entgegen. Bei anschlagsbedingten CBRN-Freisetzungen wird daher aktuell eine lageangepasste PSA diskutiert. Beispielsweise wird für das bei der Massendekontamination eingesetzte Personal die abgedichtete Einsatzkleidung in Verbindung mit einer Filtermaske einen ausreichenden Schutz gewährleisten.

Tabelle 50: *Zuordnung der Führungsverantwortung zu den Bereichen nach HEIKAT (Bei der Regelung der Verantwortlichkeit sind Landesregelungen zu beachten).*

Bereich	Polizei	nichtpolizeiliche Gefahrenabwehr	Verantwortlichkeit
Unsicher	Vorgehen gegen mögliche Täter Räumen des Bereichs	Sofortige Räumung von Einsatzkräften	Polizei
Teilsicher	Durchsuchung von Personen aus dem unsicheren Bereich	Durchführen lebensrettender Maßnahmen	Polizei
Sicher	Absperrmaßnahmen	Patientenablage (beachte: ist bei CBRN-Lagen Teil des Gefahrenbereichs) Dekontamination Patientenversorgung	Einsatzleitung für alle Maßnahmen der nichtpolizeiliche Gefahrenabwehr

13 Besondere Einsatzsituationen

Erstmaßnahmen

Die Erstmaßnahmen basieren auf der bekannten GAMS-Regel.

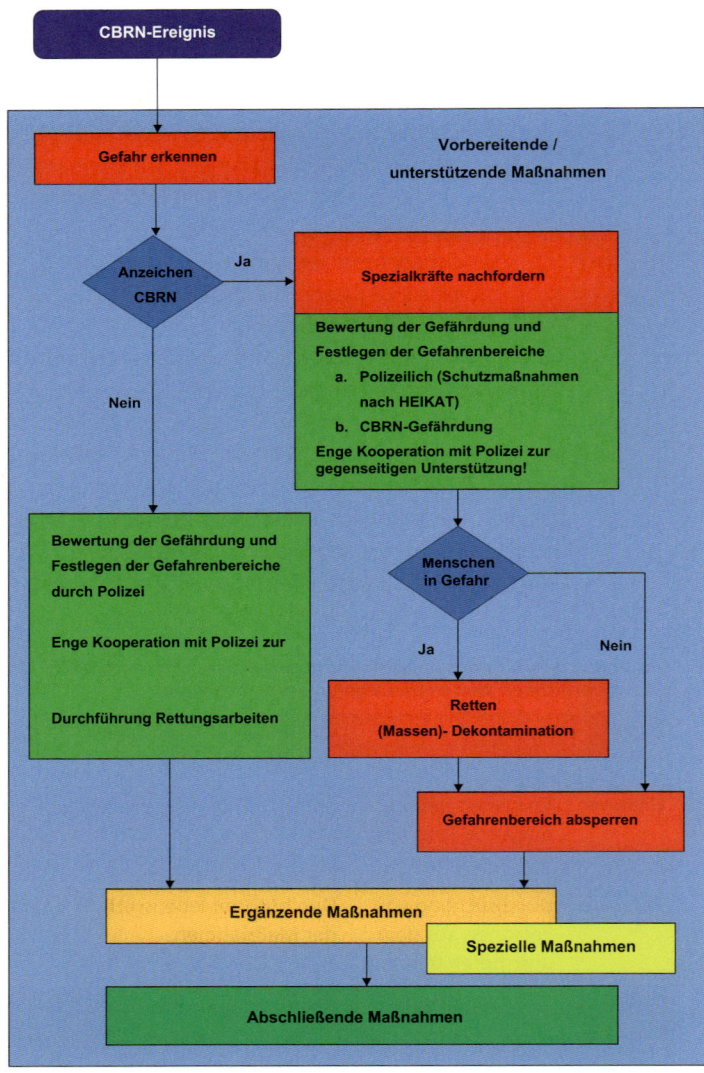

Bild 98:   *Ablaufschema GAMS bei einer anschlagsbedingten Freisetzung*

13.1 Anschläge mit Freisetzung von CBRN-Stoffen

Die Verwendung von CBRN-Stoffen bei Anschlägen wird, im Gegensatz zu den meisten Unfällen mit Gefahrstoffen, nicht unmittelbar erkannt werden können. Eine frühzeitige Feststellung erfordert die Beobachtung des Umfelds (siehe 7.1.1) und das Mitführen von Messgeräten mit Warnfunktion.

Neben der Gefährdung durch CBRN-Stoffe, ist die Menschenrettung aufgrund möglicher Folgeanschläge darauf ausgerichtet, den Anschlagsort in Zusammenarbeit mit der Polizei schnell zu räumen.

Der Gefahrenbereich umfasst in der ersten Einsatzphase den gesamten unsicheren und teilsicheren Bereich.

Bei der Nachalarmierung sind CBRN-Erkundungswagen und Dekontaminationskräfte zu berücksichtigen.

Ergänzende Maßnahmen
- **Messen:**
  Nach Erkennen der Gefährdung steht in dieser Einsatzphase das Feststellen des Gefahrstoffs bzw. der Gefahrstoffgruppe und der Ausbreitung im Vordergrund. Messungen innerhalb der durch die Polizei als nicht sicher festgelegten Bereiche dürfen nur in enger Abstimmung mit dieser erfolgen. In Gebäuden und Tunnelanlagen ist aufgrund der Lüftungssysteme auch die Ausbreitung in nicht unmittelbar angrenzende Bereiche und nach außen zu prüfen. Muss die CBRN-Erkundung in der Nähe einer erkannten Sprengvorrichtung durchgeführt werden, sind dazu ferngesteuerte Fahrzeuge (UGVs) zu nutzen. Falls das verfügbare Fahrzeug über keine werkseitige Halterung für Messgeräte verfügen, können diese improvisiert angebracht werden. Zur Analyse der freigesetzten Substanzen ist frühzeitig die Unterstützung durch eine ATF anzufordern.
- **Minimierung der CBRN-Gefährdung:**
  Flüssige Gefahrstoffe können durch Binden entfernt werden. Das setzt die Verfügbarkeit von dichtschließenden Behältern voraus, um eine Gefährdung durch das Ausgasen des Stoffs aus dem Bindemittel zu vermeiden. Durch Abdecken mit Schaum kann kurzzeitig die Verdunstung des Gefahrstoffs bzw. die Gefahr einer Reaerosolisierung von Stäuben verringert werden. Dem gegenüber ist zu beachten, dass eine unkontrollierte Verschleppung des Schadstoffs zusammen mit dem Schaum erfolgen kann. Deshalb stellt das Abdecken nur eine Notmaßnahme dar, die allein angewendet wird, um für Personen, die nicht zeitgerecht aus dem Gefahrenbereich gerettet werden können, das Risiko der Aufnahme über die Atemwege zu minimieren.

13 Besondere Einsatzsituationen

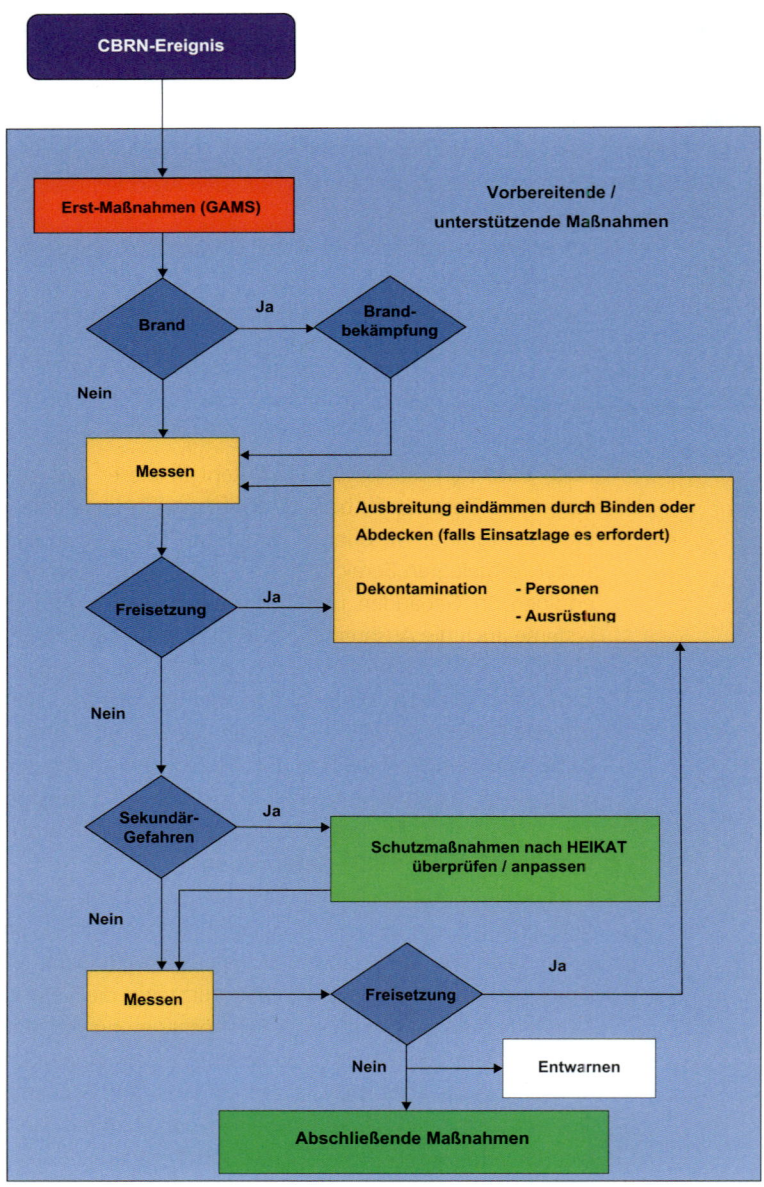

Bild 99: *Ergänzende Maßnahmen bei Anschlägen mit CBRN-Stoffen*

13.1 Anschläge mit Freisetzung von CBRN-Stoffen

Bilder 100a und b: *Ein Entschärfungsroboter mit provisorisch angebrachten Messgeräten. Das Ablesen der Anzeige erfolgte über die Kameras des Roboters*

- **Dekontamination von Einsatzkräften:**
  Einsatzkräfte, die den Gefahrenbereich verlassen, müssen zuvor dekontaminiert werden. Dazu ist ein Dekon-Platz P einzurichten. Wenn immer möglich ist eigenes Gerät im Gefahrenbereich zu belassen und bei Wechsel der Einsatzkräfte zu übergeben. Nach Abschluss aller Maßnahmen ist zu prüfen, wie mit dem Gerät weiter zu verfahren ist.

13.1.3 Dekontamination von ungeschützten Personen

Massendekontamination von gehfähigen Verletzten

In Folge eines Anschlags mit Gefahrstoffen auf eine Menschenansammlung ist mit einer großen Anzahl möglicherweise kontaminierter Personen zu rechnen. Als »Worst Case« muss von einem raschen Wirkungseintritt ausgegangen werden, der eine unmittelbare Dekontamination erfordert.

Aufgrund der Personenzahl und der kurzen Vorlaufzeit erfolgt die Massendekontamination nach den Grundsätzen der Notdekontamination.

Bei einem Massenanfall kontaminierter Personen stellt deren Lenkung eine Herausforderung dar. Deshalb sind Dekontaminationsmöglichkeiten im Bereich der Ausgänge des Schadensortes einzurichten. Die an der Schadenstelle angetroffenen Personen sind zu informieren, dass

13   Besondere Einsatzsituationen

- sie, um eine optimale Hilfe zu ermöglichen, den Anweisungen der Einsatzkräfte folgen müssen;
- sie nach Aufforderung die Oberbekleidung ablegen sollen;
- sie sich zu den Löschfahrzeugen begeben sollen, um abgeduscht zu werden;
- die Einsatzkräfte aufgrund der längeren Verweilzeit an der Einsatzstelle Schutzbekleidung tragen (um durch das Auftreten der Helfer keine Angstreaktionen hervorzurufen).

Die Massendekontamination erfolgt in drei Schritten:
1. **Das Ablegen der Oberbekleidung:** Dadurch wird bereits ein erheblicher Teil der Kontamination entfernt, was das Risiko sowohl der Verletzten als auch der Rettungskräfte deutlich verringert.
2. **Absprühen mit einer möglichst großen Wassermenge:** Da aus Gründen der Verletzungsgefahr nicht mit hohen Drücken oder Temperaturen gearbeitet werden kann, lässt sich das Entfernen der Schadstoffe allein durch das Lösen in viel Wasser erreichen. Unter 5 °C sollte eine Nassdekontamination im Freien unterbleiben.
3. **Wärmeerhalt der dekontaminierten Personen**, z. B. durch Ausgabe von Rettungsdecken.

Im Anschluss an die Massendekontamination muss die rettungsdienstliche Versorgung der Betroffenen, deren Registrierung und ggfs. der Transport in eine Behandlungseinrichtung erfolgen.

Für die abgelegte möglicherweise kontaminierte Bekleidung ist innerhalb des Gefahrenbereichs ein Sammelplatz einzurichten.

Abhängig vom freigesetzten Schadstoff kann nach der Massendekontamination das Durchlaufen der Dekon V empfohlen sein. Allerdings ist das Einleiten der Dekontaminationsmaßnahmen dann weniger zeitkritisch.

Es ist davon auszugehen, dass sich kontaminierte Personen bereits selbständig auf den Weg in die umliegenden Krankenhäuser befinden. Um zu verhindern, dass kontaminierte Personen Gefahrstoffe in den Innenbereich medizinischer Einrichtungen verschleppen, müssen auch an deren Zugängen Dekontaminationsmöglichkeiten eingerichtet werden.

Nicht gehfähige Verletzte
Nicht gehfähige Verletzte sind aus der unmittelbaren Einwirkung des Gefahrstoffs zu retten. Für sie wird an der Grenze des Gefahrenbereichs eine Patientenablage eingerichtet.

13.1 Anschläge mit Freisetzung von CBRN-Stoffen

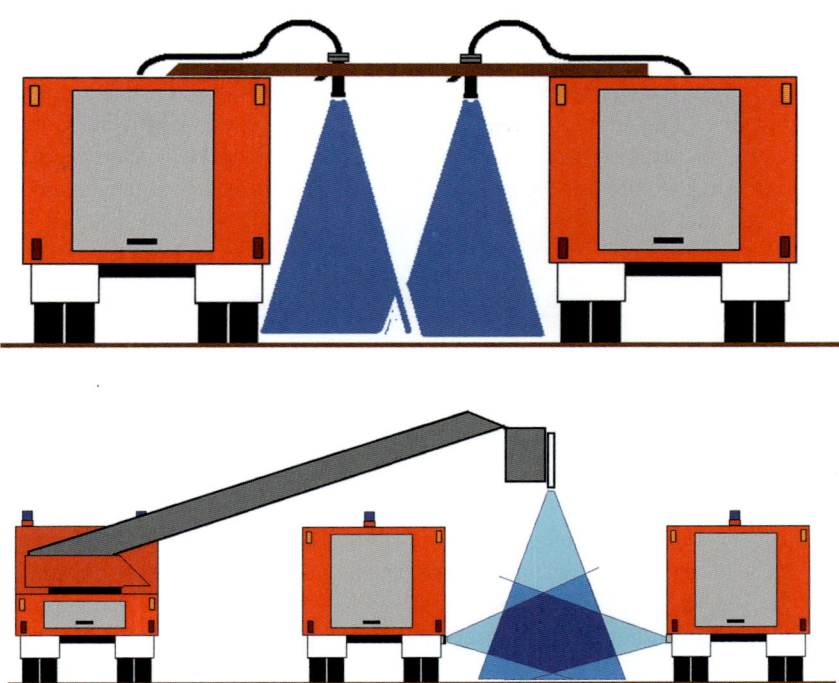

Bilder 101a und b: *Varianten der Massendekontamination, die untere Abbildung zeigt den amerikanischen Ansatz unter Verwendung einer Drehleiter und der seitlichen Abgänge der Löschfahrzeuge*

Merke:

Die Patientenablage ist Teil des Gefahrenbereichs!

Die Rettungskräfte müssen sich bewusst sein, dass sie sowohl durch eine Kontamination aufgrund des direkten Kontakts mit Verletzten, als auch durch Dämpfe und Aerosole, welche z. B. aus der Kleidung der Opfer freigesetzt werden (»off-gassing«), gefährdet sind. Daher muss das Rettungsdienstpersonal bei der Arbeit an nicht dekontaminierten Verletzten PSA tragen. Abhängig vom freigesetzten Schadstoff ist eine Notdekontamination einzuleiten (siehe 12.3.1).

13 Besondere Einsatzsituationen

13.1.4 Rettungsdienstliche Versorgung

Die rettungsdienstliche Versorgung an der Gefahrenstelle unter Einwirkung der CBR-Gefährdung wird sich auf die Abwendung unmittelbarer lebensbedrohlicher Zustände beschränken. Bei einem Anschlag mit Nervenkampfstoffen verspricht nur die sofortige Rettung und die Einleitung der Dekontamination Aussicht auf Erfolg.

Lebensrettende Sofortmaßnahmen gehen vor Dekontamination!
Aber: Bei schnell wirkenden C-Gefahrstoffen kann es erforderlich sein, Maßnahmen der Notdekontamination vor bzw. parallel zu lebensrettenden Maßnahmen einzuleiten.

Zur Behandlung der Geschädigten sind Antidote in ausreichender Menge bereitzuhalten.

Um eine Kontamination von Rettungsfahrzeugen und Behandlungseinrichtungen zu vermeiden, sind nur dekontaminierte Verletzte abzutransportieren.

Ist es aus zwingenden medizinischen Gründen notwendig, kontaminierte Verletzte zu transportieren, sollten dazu dieselben Kfz genutzt werden. Der Fahrzeug-Innenraum ist dann zwischen zwei Einsätzen einer Grobdekontamination zu unterziehen. Die Aufnahme kontaminierter Verletzter ist mit der vorgesehenen Behandlungseinrichtung abzustimmen, ein unkoordiniertes Abtransportieren muss unterbleiben.

Verletzte, die eine Dekontamination durchlaufen haben, können nach deren Abschluss ohne Einschränkungen notfallmedizinisch versorgt werden.

Um den tatsächlich Geschädigten effektiv helfen zu können, müssen im Rahmen der notfallmedizinischen Sichtung nicht betroffene Personen erkannt werden. Während des Sarin-Anschlags in Tokyo im Jahr 1995 kamen auf zirka 1.000 tatsächlich Geschädigte 5.000 Personen, die sich für vergiftet hielten. Für diese sollte eine getrennte psychische Betreuung erfolgen.

13.1 Anschläge mit Freisetzung von CBRN-Stoffen

Bild 102: *Abtransport einer Person mit Risiko einer biologischen Restkontamination (Quelle: Thilo Schuppler)*

Umgang mit Betroffenen

CBRN-Freisetzungen ausgesetzte Personen können zumeist nicht beurteilen, ob und in welchem Umfang sie betroffen sind. Wie bei anderen Unfällen auch, besteht das Bedürfnis, Hilfe zu erhalten. Ein unkontrolliertes Verlassen der Einsatzstelle kann dadurch verringert werden, dass diese Hilfe erkennbar angeboten wird. Dekontaminationsplätze sind an den Abwegen von der Gefahrenstelle einzurichten und die Verletzten durch Einweiser auf diese hinzulenken. Hinweisschilder und Piktogramme können Lenkungspersonal ergänzen, aber nicht ersetzen.

Bei der Lenkung der Betroffenen darf keine Stauung auftreten, um die Gefahr einer Panik zu verringern.

Die Menschen müssen wahrnehmen können, dass die Einsatzkräfte koordiniert und zielorientiert an ihrer Hilfe arbeiten.

Kann bei einem Massenanfall nicht unmittelbar allen Verletzten Hilfe geleistet werden, oder verzögert sich die weitere Hilfeleistung, z. B. durch den Aufbau eines Dekon-Platzes, sind sie durch Einsatzkräfte (Peers) zu informieren und zu betreuen.

13 Besondere Einsatzsituationen

13.1.5 Zusammenarbeit mit Polizeikräften

In einem Anschlagsfall mit CBRN-Freisetzung ist die enge Zusammenarbeit von Rettungskräfte und der Polizei notwendig. Im unsicheren und im teilsicheren Bereich sind durch die nichtpolizeiliche Gefahrenabwehr keine Maßnahmen selbständig vorzunehmen. Auch im sicheren Bereich ist eine enge Koordination aller Maßnahmen, wie der Raumordnung, mit der Einsatzleitung der Polizei abzustimmen.

Polizeikräfte können Feuerwehren und Rettungsdienste unterstützen durch:
- die Leitung aller Einsatzmaßnahmen in den nicht sicheren Bereichen der Einsatzstelle,
- die Suche nach möglichen weiteren Sprengvorrichtungen (»Second IED«),
- die Durchführung von Räumungsmaßnahmen in den nicht sicheren Bereichen,
- die Überwachung der Zugänge zum Absperrbereich und zu Behandlungseinrichtungen.

Feuerwehr und Rettungsdienste können Polizeikräfte u. a. unterstützen durch:
- Fachberatung zur CBRN-Bedrohungslage und zu Schutzmaßnahmen;
- Maßnahmen der CBRN-Erkundung, dabei ist zu beachten, dass der Polizei die Sicherung von Beweismitteln an der Anschlagstelle obliegt. Um eine vermeidbare Zerstörung von Spuren auszuschließen, ist eine enge Zusammenarbeit der Ermittler mit den CBRN-Erkundungskräften notwendig;
- die Bereitstellung von Dekontaminationskapazität.

13.2 Der Notfallschutz bei Störfällen in kerntechnischen Anlagen

Im Falle eines kerntechnischen Unfalls sollen unmittelbare Folgen für die Bevölkerung durch Notfallschutz-Maßnahmen minimiert werden. Dazu zählen das Feststellen der gefährdeten Gebiete und die Behandlung der betroffenen Bevölkerung in Notfallstationen.

13.2 Der Notfallschutz bei Störfällen in kerntechnischen Anlagen

13.2.1 Die Erkundung radiologischer Gefahrenlagen in der Umgebung kerntechnischer Anlagen

Die »Rahmenempfehlung für den Notfallschutz in der Umgebung kerntechnischer Anlagen« der Strahlenschutzkommission (SSK) sieht bei einem Störfall den Einsatz unterschiedlicher Erkundungskräfte vor. Diesen sind verschiedene Messaufgaben in den drei Zonen um die Anlage zugewiesen. Im Umkreis von 2 km um den Freisetzungsort (Zentralzone) und in den stärker betroffenen Sektoren der Mittelzone (2 km bis 10 km um den Freisetzungsort) werden Messtrupps des Betreibers und der Kerntechnischen Hilfsdienst GmbH (KHG) tätig. Diese haben den Auftrag, neben der Ortsdosisleistung und der Oberflächenaktivität die Aktivitätskonzentration der verschiedenen Radionuklide in der Luft zu ermitteln.

In den weniger betroffenen Sektoren der Mittelzone sowie in der Außenzone (10 bis 25 km) werden die Messtrupps der Fachbehörden und die Strahlenspürtrupps der Feuerwehr eingesetzt.

Außerhalb der Außenzone empfiehlt die SSK, neben der Auswertung der Ergebnisse des automatischen IMIS-Messstellennetzes, die Erfassung der Kontaminationslage durch Messtrupps des Bundesamtes für Strahlenschutz (BfS) aus der Luft mittels Hubschrauber.

Aus der Beteiligung der unterschiedlichsten Organisationen wird die Notwendigkeit einer einheitlichen Führung zur Planung und Zusammenfassung der Messergebnisse ersichtlich.

Tabelle 51: *Übersicht der gemäß der Rahmenempfehlung für den Katastrophenschutz in der Umgebung Kerntechnischer Anlagen der SSK vordringlich durchzuführenden Messungen*

Art der Messung	Ort	Beginn	Messdienste/ Messsysteme	Messzweck
Gammaortsdosisleistung	Zentralzone + Hauptausbreitungssektoren der Mittelzone	sofort	mobile/stationäre Messstationen, Messnetz des Bundesamtes für Strahlenschutz, Betreiber-Messtrupps	Unterstützung der Lageermittlung, Erfordernis zusätzlicher Schutzmaßnahmen

13 Besondere Einsatzsituationen

Tabelle 51: *Übersicht der gemäß der Rahmenempfehlung für den Katastrophenschutz in der Umgebung Kerntechnischer Anlagen der SSK vordringlich durchzuführenden Messungen – Fortsetzung*

Art der Messung	Ort	Beginn	Messdienste/ Messsysteme	Messzweck
	Nebensektoren der Mittelzone	nach Durchzug der Wolke	Messtrupps	Eingrenzung des tatsächlich gefährdeten Gebiets, Suche von hochkontaminierten Stellen
Aktivitätskonzentration der verschiedenen Radionuklide in der Luft	Zentralzone + Hauptausbreitungssektoren der Mittelzone	sofort	mobile/stationäre Messstationen, Betreiber-Messtrupps	Unterstützung der Lageermittlung, Erfordernis zusätzlicher Schutzmaßnahmen
Flächenbezogene Aktivität auf dem Boden	Nebensektoren	nach Durchzug der Wolke	Messtrupps oder Strahlenspürtrupps	Festlegung des tatsächlich gefährdeten Gebietes, Auffinden von Stellen höherer Kontamination
	Gesamtgebiet		Hubschraubermessungen, automatische Messungen	

13.2.2 Dekontaminationsmaßnahmen nach Kerntechnischen Störfallen

Nach einem kerntechnischen Störfall stellt der Betrieb von Notfallstationen (NFS) eine Maßnahme der Gefahrenabwehr dar. Zu deren Aufgaben gehören, gemäß den »Rahmenempfehlungen zu Einrichtung und Betrieb von Notfallstationen« (RE-NFS):

- Information und Betreuung der betroffenen Bevölkerung;
- Kontaminationskontrolle von Personen;
- bei Bedarf Durchführung der Dekontamination;
- Abschätzung der Strahlenbelastung;
- medizinische und psychosoziale Unterstützung.

13.2 Der Notfallschutz bei Störfällen in kerntechnischen Anlagen

Eine NFS ist für die Unterstützung von 1.000 Personen innerhalb von 24 Stunden ausgelegt, wobei die NFS so auszustatten sind, dass ein Betrieb von 48 Stunden gewährleistet ist. Dazu muss ausreichend Wechselpersonal ausgeplant sein. Für das Einrichten von Notfallstationen eignen sich vorzugsweise ortsfeste Anlagen, wie Turnhallen.

Da viele Betroffene die NFS mit dem eigenen Fahrzeug anfahren werden, sind Parkflächen für zirka 100 Pkw mit getrennter An- und Abfahrt vorzusehen. Hinzu kommen witterungsgeschützte Flächen bzw. Gebäude mit ausreichender Belüftung im Vorfeld der NFS für die Einrichtung von Messstellen zur Kontaminationsüberprüfung.

Bei Erkundung und Einrichten der NFS ist auch die Möglichkeit vorzusehen, Betroffene Personen, die aufgrund von Behinderungen auf Hilfsmittel oder die Unterstützung von Blindenhunden angewiesen sind, behandeln zu können. Die Dekontamination von Haustieren ist zwar nicht vorgesehen, es sollten aber »Wartebereiche« für sie eingerichtet werden.

Aufgrund der Kapazitätsanforderungen und der Betriebsdauer ist ein Bereich für die Zuführung und Lagerung von Verbrauchsmaterial und Ersatzbekleidung sowie ein Lagerbereich für kontaminierte Bekleidung und Abfälle vorzusehen.

Um eine verzugslose Inbetriebnahme zu gewährleisten, sind die als NFS vorgesehenen Objekte vorzuerkunden und im Rahmen von Übungen jährlich einmal einzurichten und zu betreiben. Die RE-NFS empfiehlt alle drei Jahre die Objektpläne fortzuschreiben.

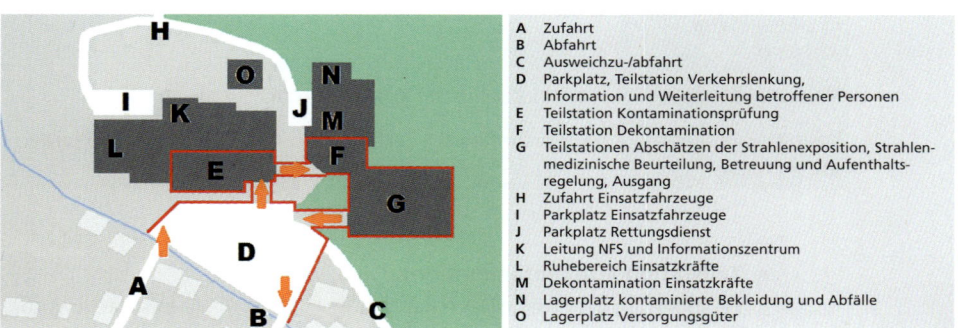

Bild 103: *Schema einer Notfallstation mit den einzelnen Funktionsbereichen*

13 Besondere Einsatzsituationen

Die Teilstationen der NFS

Die RE-NFS gliedert den Ablauf in einer NFS in sieben Teilstationen. Länderspezifisch können diese nochmals unterteilt sein:

- **Teilstation »Verkehrslenkung, Information und Weiterleitung der Bevölkerung«**
  Ankommende Fahrzeuge werden zu den Parkplätzen gesteuert. Anhand einer Befragung wird ermittelt, ob die Personen aus dem betroffenen Gebiet kommen. Betroffene erhalten Informationen über das Hilfsangebot der NFS.

- **Teilstation »Kontaminationsprüfung«**
  Ziel ist die schnelle Kategorisierung hinsichtlich der weiteren Behandlung der betroffenen Personen. Zum Erreichen einer hohen Durchsatzrate sind Portalmonitore zu nutzen. Stehen diese nicht zur Verfügung, können Dosisleistungsmessgeräte eingesetzt werden. Die Anzahl der Messplätze richtet sich nach der Dekontaminationskapazität.
  Faustformel: je fünf Waschplätze/Duschen ist ein Messplatz vorzusehen.
  Das Ergebnis der Messung wird in einem Erhebungsbogen vermerkt, der bei der Person bis zum Verlassen der NFS verbleibt.

Tabelle 52: Richtwerte zur Kategorisierung betroffener Personen anhand der gemessenen Dosisleistung in einem Meter Abstand von der Körperoberfläche (vereinfacht, nach: Strahlenschutzkommission, Band 4 Medizinische Maßnahmen bei Kernkraftwerksunfällen).

Gammadosisleistung in einem Meter Abstand	< 0,4 µSv/h	0,4 – 40 µSv/h	> 40 µSv/h
Flächenaktivität	< 0,04 kBq/cm^2	0,4 -40 kBq/cm^2	> 40 kBq/cm^2
Dekontaminations-Maßnahmen	nicht erforderlich	erforderlich	vorrangig erforderlich

- **Teilstation »Dekontamination«**
  Personen, an denen eine Flächenaktivität > 0,4 kBq/cm^2 festgestellt wurde, geben, getrennt nach Geschlechtern, ihre Oberbekleidung ab und waschen die nicht mit Kleidung bedeckten Körperstellen unter fließendem Wasser. Bei einer Kontamination > 40 kBq/cm^2 sollte eine Ganzkörperdusche erfolgen. Der Duschbereich für weibliche Personen ist bevorzugt durch Helferinnen zu besetzen. Nach dem Abtrocknen erfolgt eine Über-

prüfung auf Restkontaminationen. Falls es erneut zur Feststellung erhöhter Werte kommt, wird der Dekontaminationsvorgang einmal wiederholt. Abschließend erfolgt auf der Station »Dekontamination« die Ausgabe neuer Bekleidung. Die Bekleidungsausgabe ist der Beginn des »Weißbereichs« der NFS.

- **Teilstation »Abschätzen der Strahlenexposition«**
  Die Abschätzung der Exposition stellt die Grundlage für die weitergehende Behandlung betroffener Personen dar. Sie erfolgt anhand des Aufenthaltsortes und der Aufenthaltszeit und der durch die Kontaminationsprüfung gewonnenen Messwerte. Personen, für die eine externe Belastung von 30 mSv bzw. eine inhalative Schilddrüsendosis von 250 mSv (für Kinder 50 mSv) ermittelt wurde, gelten als signifikant exponiert.

- **Teilstation »Strahlenmedizinische Beurteilung«**
  Anhand der durch die Expositionsabschätzung extrapolierten Strahlenbelastung werden die Betroffenen einer weiteren ärztlichen Beobachtung bzw. bei bereits auftretenden deterministischen Schäden, einer Behandlungseinrichtung zugeführt. Bei vorliegender Indikation erfolgt die Ausgabe von Kaliumjodidtabletten. Weniger exponierte Personen werden zur Teilstation »Betreuung« weitergeleitet.

- **Teilstation »Betreuung und Aufenthaltsregelung«**
  Hier können die Betroffenen Verpflegung und psychosoziale Betreuung erhalten. Bei Bedarf werden Ausweichunterkünfte vermittelt. Für hilfsbedürftige Personen ist die Bereitstellung von Fahrzeugen für den Weitertransport vorzusehen. An dieser Teilstation sind ferner Wartebereiche für behandelte Personen und eine Auskunftsstelle für die Familienzusammenführung einzurichten. Auch sollte eine »Außenstelle« der Teilstation »Informationszentrum« integriert sein, die den Betroffenen beispielsweise Auskünfte zur Schadenslage erteilt.

- **Teilstation »Ausgang«**
  Vor Verlassen der NFS werden die Erhebungsbögen auf Vollständigkeit geprüft. Alle Behandelten erhalten davon eine Kopie sowie Informationen zum weiteren Verhalten, zur Reinigung des eigenen Pkw und zum Umgang mit Haustieren. Danach erfolgt die Weiterleitung zum Parkplatz bzw. zur Abholung durch Busse.

- **Weitere Funktionen**
  Zur Unterstützung des reibungslosen Ablaufs dienen die Teilstationen »Informationszentrum«, »Medizinische Erstversorgung«, »Ordnungs- und Servicefunktion« sowie »Verpflegung«.

Für Teilstationen, an denen kontaminierte Bekleidung, Einmalhandtücher usw. anfallen, muss der Abtransport geregelt werden, um eine unnötige Strahlenbelastung zu vermeiden. Um ggf. Störungen durch Personen zu unterbinden, ist ferner die Unterstützung durch Polizeikräfte einzuplanen.

Die NFS betreibt keine eigene Pressearbeit. Dennoch sollte die Teilstation »Informationszentrum« ein Ansprechpartner für Pressevertreter bereitstellen, der Auskünfte zur Tätigkeit der NFS und zur Anzahl der bereits behandelten Personen geben kann. Für Fragen zur Schadenslage ist an die zuständige Pressestelle zu verweisen.

Ein wichtiger Aspekt wird oft vergessen: Information beinhaltet auch die Information des in der NFS eingesetzten Personals.

Schutz der Helfer
Das Personal der NFS ist dosimetrisch zu überwachen. Aufgrund der zu erwartenden geringen Kontaminationsgefahr empfiehlt die RE-NFS für die im Schwarzbereich eingesetzten Einsatzkräfte einen Staubschutzanzug CAT III Typ 5/6 in Verbindung mit einer Halbmaske FFP2. Für Helfer, die den Schwarzbereich verlassen, ist daran angelehnt ein Kontaminationsnachweisplatz mit Dekontaminationsmöglichkeit einzurichten.

13.3 Die Desinfektion im Rahmen der Tierseuchenbekämpfung

Maßnahmen der Tierseuchenbekämpfung werden durch die zuständige Veterinärbehörde angeordnet und geleitet. Kräfte der Gefahrenabwehr unterstützen auf Anforderung in Amtshilfe.

Die Verfahrensabläufe zur Desinfektion im Zuge der Tierseuchenbekämpfung sind in den *Empfehlungen zur Desinfektion bei Tierseuchen des Friedrich-Loeffler-Instituts vom 09.01.2020* beschrieben.

Bei Krankheitsausbrüchen in landwirtschaftlichen Betrieben wird eine Dekontaminationsstelle möglichst direkt an der Zufahrt zu dem betroffenen Betrieb eingerichtet (»Desinfektionsschleuse«). Alle Fahrzeuge, die den Betrieb verlassen, müssen diese passieren. Sind die ausfahrenden Fahrzeuge verschmutzt, ist eine vorläufige Desinfektion mit anschließender gründlicher Reinigung vorgeschrieben:

- vorläufige Desinfektion durch Abspritzen mit Desinfektionslösung bei geringem Druck (unter 10 bar) und eine anschließende Einwirkzeit von fünf Minuten;

13.3 Die Desinfektion im Rahmen der Tierseuchenbekämpfung

- gründliche Reinigung unter Nutzung von Hochdruckreinigern (Druck 50 bar, Wassertemperatur 60°C);
- Trocknungsphase von zehn Minuten.

Nach Ablauf der Trocknungsphase erfolgt die Schlussdesinfektion:
- Belegung der Fahrzeugflächen mit der vorgegebenen Desinfektionsmittellösung bis zu deren Abtropfen (400 ml/m^2);
- 30-minütige Einwirkzeit (Wesentlich ist, dass mit Desinfektionslösung belegten Flächen nicht abtrocknen. Dazu ist die Möglichkeit einer Nachbelegung sicherzustellen);
- Beseitigung der Desinfektionsmittelrückstände durch Abspülen mit klarem Wasser.

Innenräume werden mittels Scheuer- und Wischdesinfektion gereinigt.

Bild 104: *Desinfektionsschleuse, Druckfreies Belegen eines Fahrzeugs mit Desinfektionslösung im Zuge der vorläufigen Desinfektion*

13 Besondere Einsatzsituationen

Die Festlegung des zu verwendenden Desinfektionsmittels, seiner Konzentration und der Einwirkzeiten erfolgt durch die zuständige Veterinärbehörde.

13.4 Auslandseinsätze von Hilfsorganisationen in Gebieten mit CBRN-Gefahrenpotenzial

In Katastrophen- und Krisengebieten muss, besonders bei Einsätzen im urbanen Umfeld, mit dem Auftreten von unerwarteten CBRN-Gefahren gerechnet werden. Häufig können die örtlichen Hilfeleistungssysteme in solchen Lagen nur eingeschränkt unterstützen.

Bei der Minimierung von Risiken durch CBRN-Gefahren kommt der vorbereitenden Lagefeststellung und der Erkundung im Einsatzgebiet eine wesentliche Bedeutung zu.

13.4.1 Feststellung der CBRN-Gefährdungspotenziale

Das CBRN-Gefahrenpotenzial in Auslandseinsätzen setzt sich aus den natürlichen und den zivilisatorischen Bedrohungen zusammen.

Das natürliche ABC-Gefahrenpotenzial umfasst im Wesentlichen die regional auftretenden Infektionskrankheiten und deren Vektoren.

Die zivilisatorische CBRN-Bedrohung lässt sich in das industrielle Gefahrenpotenzial, durch für potentielle Konfliktparteien verfügbare Kampf- und Reizstoffe und Altlasten-Lagerstätten unterscheiden. Bei der Bewertung des zivilisatorischen Gefahrenpotenzials muss u. U. aufgrund niedrigerer Sicherheitsstandards bei Produktion, Lagerung und Entsorgung von einem im Vergleich zu mitteleuropäischen Standards erhöhten Risiko ausgegangen werden.

Wesentlich für die Bewertung sind der Ort der Lagerung, die Art und die Menge der vorliegenden Gefahrstoffe. Falls feststellbar, sind auch die Qualifikation des Personals und die Sicherung der Anlage gegen Fremdzugriff von außen zu berücksichtigen. Liegt dem Einsatz eine Naturkatastrophe zugrunde, kann es bereits aufgrund von Schäden an Produktionsanlagen oder Lagerstätten zu Gefahrstofffreisetzungen gekommen sein.

Während das natürliche Bedrohungspotenzial und Fabrikationsstandorte als bekannt vorausgesetzt werden können bzw. sich durch eine Recherche feststellen lassen, stellen Lagerung und Transport von Gefahrstoffen häufg Unbekannte dar. Zu-

13.4 Auslandseinsätze von Hilfsorganisationen

sätzlich muss mit einer Gefährdung durch nicht ordnungsgemäß entsorgte Altlasten gerechnet werden.

13.4.2 Erkundung

Steht ausreichend Zeit für die Vorbereitung zur Verfügung, ist die Erkundung durch Auswertung von Internet-Quellen und Informationen von Behörden vorzubereiten.

Falls dem Erkundungsteam kein CBRN-Experte angehört (was die Regel darstellt), ist dieses in der Vorbereitung entsprechend zu beraten und zu sensibilisieren.

Folgende Quellen können zum Lagebild beitragen:

- Mit dem Außenhandel beschäftige Behörden sowie in der Region tätige Organisationen und Unternehmen können Informationen zu wirtschaftlichen Aktivitäten beitragen, die auf den Umgang mit Gefahrstoffen schließen lassen.
- Aus Luftbildern und Daten aus dem Internet ergeben sich Hinweise zu möglichen Produktionsanlagen. Auch Lagerbehälter und Anlagen zur Abfallbehandlung stellen Hinweise auf vorhandene Gefahrstoffe dar.
- Durch die Erkundung vor Ort lassen sich Anzeichen von Altlastenflächen, z. B. Gefahrstoffbehälter im Gelände, ungewöhnliche Gerüche, Auftreten von auffallend gefärbten Sickerwässern und unerklärlichen Brachflächen erkennen.
- Die ortsansässige Bevölkerung kann Hinweise zu Produktions- und Lagerstätten geben.
- Mitglieder örtlicher Gesundheitseinrichtungen verfügen in der Regel über Informationen zum gehäuften Auftreten unerklärlicher Krankheits- und Todesfälle.

Anhand der Lagefeststellung der CBRN-Gefährdung und möglicher Erkundungsergebnisse wird eine CBRN-Bedrohungs- und Risikoanalyse erstellt, aus der sich die notwendigen Schutzmaßnahmen ableiten.

13 Besondere Einsatzsituationen

Bild 105: *Altlasten-Verklappung in der Nachbarschaft einer Wohnsiedlung*

13.4.3 Schutz vor CBRN-Gefahren

Gefahrenvermeidung
Der Festlegung der Unterkünfte und Arbeitsstätten kommt wesentliche Bedeutung zu. Diese sollten außerhalb der durch mögliche Freisetzungen aus Produktionsanlagen oder Gefahrstoff-Lagerstätten gefährdeten Bereiche liegen.

Zur Abschätzung der notwendigen Mindestabstände kann das Emergency Response Guidebook (ERG) in seiner aktuellen Ausgabe herangezogen werden. Bei der Festlegung der Sicherheitsdistanz für Unterkünfte sind die Werte für eine Freisetzung in den Nachtstunden heranzuziehen. Das ERG wird von nordamerikanischen Behörden und Organisationen sowie der NATO genutzt.

Information der Hilfskräfte
Die Hilfskräfte sind über die möglichen Gefahren und die Schutzmöglichkeiten zu informieren. Die Vorbereitung der Verlegung sollte eine Unterrichtung über die im Einsatzgebiet zu erwartenden CBRN-Risiken beinhalten.

13.4 Auslandseinsätze von Hilfsorganisationen

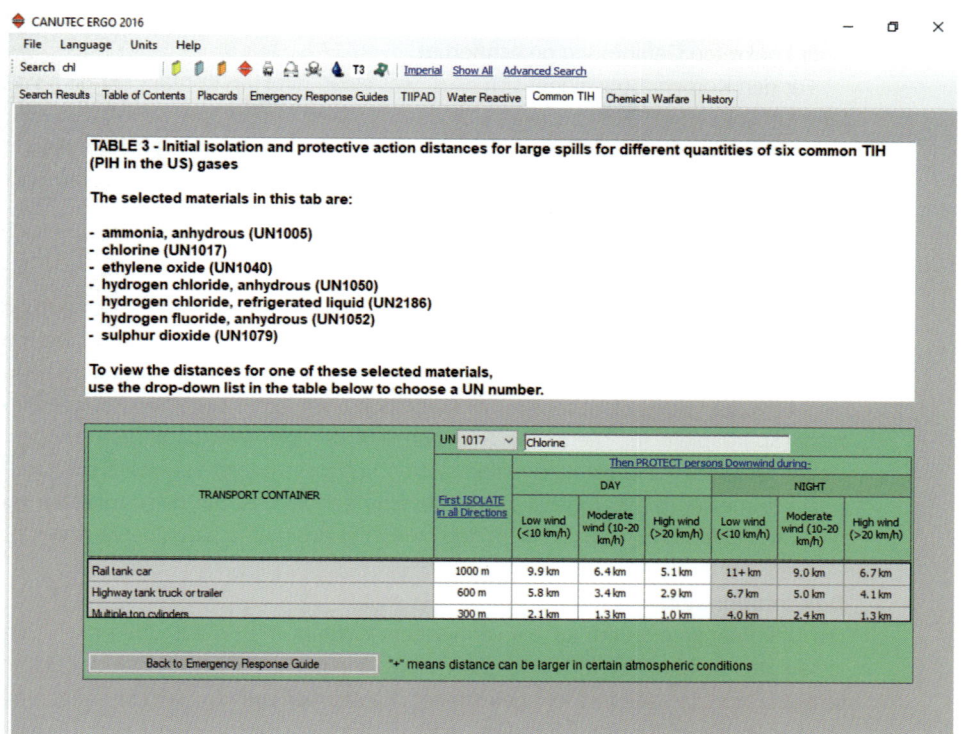

Bild 106: *Sicherheitsabstände des Emergency Response Guidebook (Quelle: Emergency Response Guidebook)*

Dazu bietet sich eine Taschenkarte mit Informationen zur Bedrohung sowie zur Erkennung und zum Schutz vor möglichen Gefahren an, die vor Einsatzbeginn an die Helferinnen und Helfer ausgegeben wird.

Persönliche Schutzausstattung

Dient der Einsatz nicht primär der Bekämpfung von CBRN-Gefahren, dient die PSA dazu, sich bei Auftreten einer CBRN-Gefährdung in Sicherheit zu bringen. Um den Materialumfang zu begrenzen, ist die Möglichkeit des »Dual-Use« zu nutzen.

Als Atemschutz eignen sich Fluchthauben oder Aktivkohle/Partikelfilter-Halbmasken in Verbindung mit einer dicht schließenden Schutzbrille. Vollmasken mit einem Kombinationsfilter ABEK1-P3 bieten in freiem Gelände einen guten Schutz für das Verlassen eines Gefahrenbereichs, ihr Mitführen ist allerdings nur bei Vorliegen einer konkreten Gefährdung gerechtfertigt.

Für den Körperschutz eignet sich alles, was einen direkten Kontakt mit dem Gefahrstoff verhindert: Gummistiefel, Gummi- und Nitrilhandschuhe, Spritzschutz-Einwegoveralls. Da diese Bekleidungsstücke keinen zuverlässigen Schutz bieten, dienen sie nur zum Verlassen des Gefahrenbereichs. Nach Verlassen des Gefahrenbereichs ist die Überbekleidung sofort abzulegen.

Erkennen von CBRN-Gefahren
Zum Erkennen einer Gefährdung ist auf ortsuntypische Anzeichen wie fremdartige Gerüche, Verfärbungen des Bodens oder von Gewässern und das Fehlen von Tieren zu achten. Behälter können mit Gefahrensymbolen gekennzeichnet sein, allerdings kann eine Kennzeichnung auch fehlen. Zur Detektion chemischer Gefahren können einfache Spürpapiere für chemische Agentien und den pH-Wert mitgeführt werden. Liegen Hinweise zu bekannten Gefahrstoffen im Einsatzgebiet vor, sollte ein kontinuierlich messendes Warngerät zur Ausrüstung gehören. Ist mit dem Auftreten radioaktiver Gefahrstoffe zu rechnen, sind die Helfer dosimetrisch zu überwachen.

Dekontamination
Die Dekontamination erfolgt bei vermutetem Kontakt mit Schadstoffen nach Verlassen des gefährdeten Bereichs durch das Ablegen der Oberbekleidung. Daran schließt sich das Abwaschen betroffener Hautpartien mit (möglichst sauberem) Wasser an. Grundsätzlich kann alles, was der Körperreinigung dient, auch für eine Dekontamination genutzt werden: Dusche, Gießkanne, Wasserkanister, Seife, Hautdesinfektionsmittel.

Kontaminierte Bekleidung und Ausrüstung sind zu entsorgen. Falls kontaminierte Ausrüstung zwingend weitergenutzt werden muss, kann ein Abbürsten mit heißer Schmierseifenlösung die Verschmutzung verringern. Dabei ist der ungeschützte Kontakt mit dem Gerät und der Reinigungslösung zu vermeiden. Die behelfsmäßig dekontaminierte Ausrüstung ist getrennt von Personen zu lagern und zu transportieren. Bei der Weiternutzung sollten Schutzhandschuhe getragen werden.

Bereits im Vorfeld ist zu prüfen, ob gesetzliche Auflagen für den Rücktransport des eingesetzten Geräts bestehen, die beispielsweise Desinfektionsmaßnahmen zur Tierseuchenprophylaxe erforderlich machen.

14 CBRN-Ausbildung

Zwar sind Einsätze mit CBRN-Gefahrstoffen jederzeit und überall möglich, in den Einsatzstatistiken rangieren sie von der Häufigkeit aber eher am hinteren Ende. Dadurch verfügen nicht alle Kräfte über praktische Erfahrungen mit deren Bekämpfung. Aufgrund der Eintrittsmöglichkeit und der dann erheblichen Auswirkungen, müssen alle in der Gefahrenabwehr tätigen Helferinnen und Helfer in der Lage sein, CBRN-Gefahren zu erkennen, Schutzmaßnahmen zu ergreifen und Rettungsmaßnahmen auch unter Bedrohung durch Gefahrstoffe durchzuführen. Daher kommt einer realistischen und glaubwürdigen Vermittlung von Abwehrmaßnahmen im Rahmen der Ausbildung wesentliche Bedeutung zu.

14.1 Rahmenbedingungen der CBRN-Ausbildung

Bei der Umsetzung der CBRN-Ausbildung stellen sich zumeist die folgenden Probleme ein:
- die häufig fehlende Einsatzerfahrung bei der Bewältigung von CBRN-Lagen (was sollen wir ausbilden?),
- die realistische nachvollziehbare Lagedarstellung (wie machen wir das unseren Leuten begreiflich),
- die, besonders bei freiwilligen Einheiten, beschränkte Ausbildungszeit (wann sollen wir das denn noch einfließen lassen).

In der Grundausbildung der Helferinnen und Helfer der im Bevölkerungsschutz tätigen Organisationen sind die Ausbildungsinhalte der »Standardisierten ABC-Grundausbildung« bereits integriert. So findet die Ausbildung in den Feuerwehren gemäß der FwDV 2 »Ausbildung der Freiwilligen Feuerwehren« im Zuge der Truppmann-Ausbildung Teil 2 sowie unter anderer Bezeichnung im Feuerwehrtechnischen Grundlehrgang der Berufsfeuerwehren statt. Damit sollten allen in der Gefahrenabwehr tätigen Kräften Grundlagen wie die GAMS-Regel bekannt sein.

In den Feuerwehren sind CBRN-Anteile ebenso Bestandteil fast aller Führungslehrgänge. Zusätzlich werden an den Feuerwehrschulen Gefahrstofflehrgänge und Lehrgänge für Führungskräfte der CBRN-Erkundungs- und Dekontaminationseinheiten abgehalten.

Da die Masse der Hilfskräfte nur wenig Einsatzerfahrung mit CBRN-Stoffen gesammelt hat, schafft die Ausbildung nicht nur die Basis für das fachliche Können, sondern muss auch Lernziele des Gefühls-/Wertebereichs vermitteln. Die Schadenszenarien und die vermittelten Abwehrverfahren sollten als glaubwürdig wahrgenommen werden können. Ein Anschlag mit einer »Dirty Bomb« im ländlichen Raum ist weniger wahrscheinlich als der Verkehrsunfall unter Beteiligung eines Kleintransporters mit einem radioaktiven medizinischen Präparat.

14.2 Ausbildungsebenen

Die Ausbildung im CBRN-Schutz erfolgt unterhalb der Ebene der Landesschulen zweckmäßigerweise in den drei Stufen:
- Individualausbildung und Einheitsausbildung im Gruppen- und Zugrahmen,
- Lehrgangsgebundene Ausbildung auf Standort-/Kreisebene und
- Integration in Übungen auf Zug-Ebene und höher.

14.2.1 Ausbildung der Individualfertigkeiten auf Basis des CBRN-Curriculums und in der Einheit/Teileinheit

Die Integration der »Standardisierten ABC-Grundausbildung« in den Teil 2 der Trupp-Ausbildung gestattet (bei Anpassung der Inhalte an die Anforderungen des CBRN-Einsatzes in der Feuerwehr) eine gründliche Individualausbildung.

Um bei den Einsatzkräften die erforderliche Handlungssicherheit zu erreichen und zu erhalten, darf die Vermittlung von CBRN-Anteilen nicht mit der Helfergrundausbildung enden. Stattdessen sollte mindestens einmal jährlich eine Wiederholung der Grundkenntnisse mit folgenden Inhalten erfolgen:
- Erkennen von CBRN-Gefahren und Warnung,
- Eigenschutz durch situationsgerechtes Verhalten und PSA,
- Möglichkeiten der Eigendekontamination mit eigenen Mitteln (Löschfahrzeug, RTW, …).

Die Ausbildung im Einheitsrahmen baut auf den Kenntnissen der Individualausbildung auf und sollte die folgenden Punkte umfassen:
- Durchführung der Erstmaßnahmen anhand der GAMS-Regel, dabei Feststellung von CBRN-Gefahren und deren Markierung mit den verfügbaren Mitteln,

14.2 Ausbildungsebenen

- Wahrnehmung der eigenen Einsatzaufgaben unter PSA,
- Durchführen der Notdekontamination und Erste Hilfe-Maßnahmen bei kontaminierten Verletzten,
- Umgang mit kontaminationsverdächtigem eigenem Gerät.

14.2.2 Lehrgangsgebundene Ausbildung auf Standort-/Kreisebene

Aufgrund der starken Spezialisierung bietet sich bei der Ausbildung von Spezialkräften des CBRN-Schutzes wie GSG-Kräfte, CBRN-Erkundungsteams und Dekontaminationsstaffeln eine Zusammenarbeit mehrerer Feuerwehren /Hilfsorganisationen an.

Die FwDV 2/2 beinhaltet dazu Musterausbildungspläne für die folgenden Lehrgänge mit CBRN-Inhalten:
- Lehrgang »ABC-Einsatz«
- Lehrgang »ABC-Erkundung«
- Lehrgang »ABC-Dekontamination P/G«

Darüber hinaus bieten sich gemeinsame Schulungen mehrerer Feuerwehren und anderer Hilfsorganisationen zu Themen der Gefahrenabwehr bei CBRN-Gefahren (z. B. der Messung von Ex-Gefahren) an. Auch die Weiterbildung von CBRN-Einheiten (z. B. zur Feststellung von Gefahrstoffen) oder der Personendekontamination sollte in regelmäßigen Abständen gemeinsam erfolgen, auch um den Austausch zwischen den Einheiten anzuregen.

Ergeben sich aus der Gefahrenanalyse spezielle Aspekte des CBRN-Schutzes, z. B. der Tierseuchenbekämpfung, ist häufig die übergreifende Schulung von Multiplikatoren sinnvoll.

14.2.3 Übungen

In Übungen wird das Gelernte unter einsatznahen Bedingungen angewendet. Übungen ab Zug-Ebene aufwärts sollen immer CBRN-Anteile enthalten. Dabei sind die standardisierten Einsatzverfahren anhand einfacher Lagen abzurufen.

Zum Beispiel bei Auffinden von Gefahrstoffbehältern auf dem Weg des Angriffstrupps in einem landwirtschaftlichen Betrieb:
Verhalten Angriffstrupp:
- Erkennen der Gefahr anhand der Kennzeichnung
- Melden der Beobachtung

14 CBRN-Ausbildung

Bild 107: *Eine gemeinsame CBRN-Ausbildung kann besonders die aufwendige Vorbereitung erleichtern (Quelle: Brandschutzausbildungsinspektion der Bundeswehr)*

Verhalten Gruppenführer:
- Weitergabe der Meldung an den Zugführer

Verhalten Zugführer:
- Entscheidung, ob/welche Einsatzmaßnahmen (z. B. Bergung) erforderlich sind

14.3 Die Planung und Durchführung von CBRN-Ausbildungen

Die Ausbildung soll drei Ergebnisse liefern:
- einen Zuwachs an Können und Fähigkeiten,
- das Schaffen von Vertrauen in Verfahren und Ausrüstung,
- das Aufzeigen von Schwachstellen und Anknüpfungspunkten für weitere Ausbildungsmaßnahmen.

Um tatsächlich einen Mehrwert an Kenntnissen und Vertrauen zu erreichen, ist die Ausbildung sorgfältig zu planen. Das ist eine vermeintliche »Binsenweisheit«, die aber häufig missachtet wird (»Pack noch was mit Gefahrstoffen rein …«).

14.3 Die Planung und Durchführung von CBRN-Ausbildungen

Für die Planung und Durchführung der Ausbildung hat sich ein Vorgehen in vier Phasen bewährt:
- Ermittlung des Ausbildungsbedarfs,
- Festlegung der Lernziele und der Rahmenbedingungen,
- Durchführung der Ausbildung,
- Evaluation.

14.3.1 Ermittlung des Ausbildungsbedarfs

Die Bedarfsermittlung liefert die Antwort auf die Kernfragen:

Zur Bewältigung welcher (wahrscheinlichen) CBRN-Lagen müssen welche Einheiten über welche Kenntnisse verfügen?

Aus der Antwort leitet sich das Ausbildungsziel ab.

Ermittlung möglicher Einsatzszenarien
Der wesentliche Schritt ist die Feststellung wahrscheinlicher Einsatzszenarien, die auftreten können. Die großflächige Gefahrstofffreisetzung aus einer Chemieanlage in einer Region, in der keine Chemiebetriebe existieren, ist unrealistisch, eine Chlorfreisetzung im lokalen Schwimmbad ist dagegen eine mögliche Einsatzlage.

Festlegung von Einheiten die zur Gefahrenabwehr in den festgelegten Lagen tätig werden müssen
Nach der Festlegung er Einsatzszenarien ist festzustellen,
- welche Kräfte im Falle eines Schadenseintritts zum Einsatz kommen,
- welche Tätigkeiten von ihnen ausgeführt werden müssen,
- welche Fähigkeiten und Kenntnisse bei der Schadensbekämpfung an Einsatzstellen mit CBRN-Gefahren notwendig sind.

Über welche Fähigkeiten verfügen diese Kräfte bereits/wo sind Lücken zu schließen
Bei diesem Soll-/Ist-Vergleich werden die vorhandenen Kenntnisse dem zuvor formulierten Bedarf gegenübergestellt. Die Differenz ist der Ausbildungsbedarf. Aus ihm wird das Ausbildungsziel abgeleitet, das die Grundlage für die weitere Planung bildet.

Merke:
- Sind die der Ausbildungsplanung zugrundeliegenden CBRN-Szenarien tatsächlich relevant?
- Befähigt die Erreichung des Ausbildungszieles zur Bewältigung dieser Szenarien?

14.3.2 Festlegen der Lernziele und der Ausbildungsbedingungen

Nach der Festlegung des Ausbildungsziels ist die Frage »Wie kann das Ausbildungsziel erreicht werden?« zu beantworten.

Festlegen der Lernziele
Anhand des Ausbildungsziels werden Groblernziele festgelegt und daraus Feinlernziele abgeleitet. Nach der Formulierung der Lernziele erfolgt die Festlegung der zu erreichenden Lernzielstufen. Die CBRN-Ausbildung vermittelt gern »verkopftes« Wissen. Wichtig ist aber, dass selbständig Handlungsabläufe durchgeführt werden.

Beachte:
Grundsätzlich gilt »Vom Einfachen zum Schwierigen«, beispielsweise:
1. Gefahrstoffe mit dem PID unter Anleitung nachweisen können,
2. Gefahrstoffe mit dem PID selbständig nachweisen können,
3. Gefahrstoffe mit dem PID selbständig unter PSA nachweisen können.

Ausbildungsbedingungen
Den Lernzielen und Lernzielstufen werden dann die Ausbildungsinhalte und die Ausbildungsmethoden zugeordnet. Hier bietet die FwDV 2 einen Anhalt. Daran anschließend werden die Bedarfe für die Durchführung ermittelt. Dazu zählen das Ausbildungspersonal, Lernunterlagen, Ausbildungshilfsmittel bis hin zu externen Ausbildern und Übungseinrichtungen sowie der Zeitbedarf.

Bei der Anlage der Ausbildung und der Übungen muss das Ausbildungspersonal über entsprechendes Fachwissen verfügen. Ggfs. sind die Ausbilder vorher zu schulen. Ferner ist zu prüfen, ob externe Experten gewonnen werden können. Das gilt auch für die Schadensdarstellung und die Bewertung von Übungen durch Schiedsrichter. Dieses Personal muss sowohl über Kenntnisse der Eigenschaften der Gefahrstoffe als auch der Abwehrmaßnahmen verfügen.

14.3 Die Planung und Durchführung von CBRN-Ausbildungen

Ein wichtiger Punkt stellt die Qualitätskontrolle dar: wie kann die Erreichung der Lernziele festgestellt werden. Für Lernzielkontrollen und eine ggfs. notwendige Nachsteuerung ist ausreichend Zeit einzuplanen. Ferner ist die Datenerfassung für eine Evaluation bei der Planung zu berücksichtigen.

Das Produkt der Planungsphase ist der Ausbildungsplan, anhand dessen die Ausbildung durchgeführt wird. Er sollte enthalten:

- die Feinlernziele,
- der Zeitbedarf zu deren Umsetzung,
- die Lernorganisation (Lerngruppe, Lehrpersonal, Ausbildungszeiten, Ausbildungsorte, Methoden, Unterrichtsmedien und Lernmaterialien).

> **Merke:**
> - Wird mit der Umsetzung des Ausbildungsplans das Ausbildungsziel erreicht?
> - Ist der Zeitansatz zur Erreichung der Lernziele realistisch?
> - Ist eine Lernzielkontrolle in der Planung berücksichtigt?

14.3.3 Durchführung

Die Durchführungsphase beinhaltet:

- die Vorbereitung der Ausbildung (einschl. der Schadensdarstellung),
- die Ausbildung,
- die Erfolgskontrolle.

Vorbereitung

Dazu zählen die fachliche Vorbereitung der Ausbilder, die Bereitstellung des benötigten Geräts und die Lagedarstellung, beispielsweise durch Darstellungsmittel.

Die mangelhafte und erkennbar unrealistische Schadensdarstellung ist einer der Hauptmängel in der CBRN-Ausbildung. So sollte bei Übungen die Anzahl der Verletzten auf das Szenario passen, die Verletzungsmuster müssen schlüssig und die Darsteller müssen in ihre Aufgabe eingewiesen sein.

Für die Ausbildung haben sich standardisierte Ausbildungsmodule mit zugeordneten Ausbildungshilfsmitteln bewährt. Ideal ist ein fester Kern von Ausbildern, die bestimmte Ausbildungsmodule in verschiedenen Feuerwehren / Hilfsorganisationen anbieten können.

14 CBRN-Ausbildung

Beispiele für mögliche Module sind:
- GAMS,
- Gefahrstoffnachweis,
- Handhabung der PSA,
- Dekon-Stufe 1.

Das in einem Modul vermittelte Wissen soll so angelegt sein, dass bei späteren Ausbildungen daran angeknüpft werden kann.

Ausbildung
Die Ausbildung ist möglichst interessant und abwechslungsreich zu gestalten, darf die Teilnehmer aber nicht durch ein zu ambitioniertes Ausbildungsniveau überfordern. Ausbildungskünstlichkeiten sollten unbedingt vermieden werden (der Gefahrenbereich endet 50 m vor der Gefährdung, nicht 17 m). Das gilt auch für fehlendes oder nicht einsatzbereites Gerät.

Bild 108: *Die Wahl der Ausbildungsmethoden trägt nicht unerheblich zum Ausbildungserfolg bei. CBRN-Schutz kann auch mal Spaß machen.*

14.4 Schadendarstellung

Erfolgskontrolle

Die Durchführung der Erfolgskontrolle, das Feedback für und von den Ausbildungsteilnehmern sowie die Datenerfassung für die Evaluation werden häufig vergessen. Für die Erfolgskontrolle ist genug Zeit vorzusehen. Erfolgskontrollen sollten immer praktische Anteile einschließen. Der Schwerpunkt ist dabei auf der Reproduktion von Standardverfahren zu legen. Für diese sind Messkriterien zu benennen, deren Erfüllung im Zuge der Erfolgskontrolle festgestellt wird. Die Ausbildungsteilnehmer sind zeitgerecht (am besten gegen Ausbildungsende) über das erreichte Ergebnis zu informieren. Ihnen sollte auch die Möglichkeit zu einem anonymen Feedback gegeben werden.

14.3.4 Evaluationsphase

Die Evaluation zeigt auf, ob das gesteckte Ausbildungsziel erreicht werden konnte. Sie liefert damit die Antwort auf die Frage, ob die ausgebildeten Kräfte die festgelegten CBRN-Szenarien erfolgreich bekämpfen können.

Dazu werden die Ergebnisse der Erfolgskontrollen, das Feedback der Ausbildungsteilnehmer und die Erkenntnisse der Ausbilder ausgewertet.

Die Evaluation soll Antworten auf die folgenden Fragen geben:
- Wurde das Ausbildungsziel erreicht?
- Waren die Lernziele und die Rahmenbedingungen zur Erreichung des Ausbildungszieles zweckmäßig?
- Wo liegen Optionen zur Weiterqualifizierung von Teilnehmern und Ausbildungspersonals?

Anhand der Evaluationsergebnisse werden die Folgeschritte einer weitergehenden Ausbildung festgelegt. Die Evaluation ist also kein Selbstzweck, sondern der Endpunkt eines »Turns« der Ausbildungsspirale, die zu einem höheren Ausbildungsstand führt. Dementsprechend sollte der nächste Ausbildungsschritt die Auswertung der Evaluationsergebnisse vorangegangener Ausbildungen einschließen.

14.4 Schadendarstellung

Eine große Herausforderung bei der Anlage einer CBRN-Ausbildung ist die realistische Darstellung der Gefährdung. Sie muss den beteiligten Kräften die Schadenslage begreifbar machen, darf aber gleichzeitig keine falschen Bilder entstehen lassen.

Das bedeutet, dass die Darstellung sowohl der Art des CBRN-Szenarios als auch dem zu erwartenden Umfang entsprechen muss. Dabei sollen die beteiligten Kräfte nicht überfordert werden.

Es bietet sich an, bei der Festlegung eines Szenarios auf reale CBRN-Einsätze, die beispielsweise in der Fachliteratur beschrieben sind, zurückzugreifen.

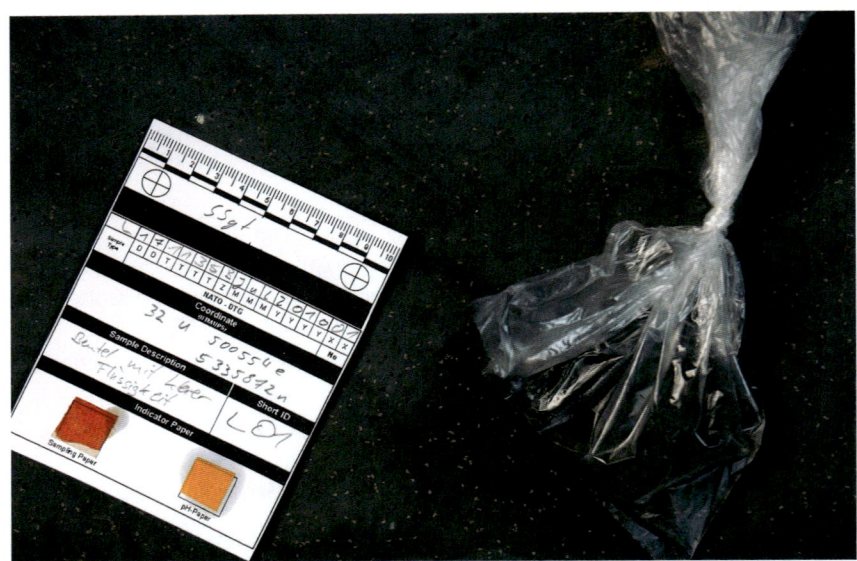

Bild 109: *Simulation des Sarin-Anschlags in der Tokioter U-Bahn unter Nutzung eines Darstellungsmittels*

14.4.1   Möglichkeiten der Simulation von CBRN-Gefahren

Zur Simulation freigesetzter Gefahrstoffe bestehen verschiedene Optionen:
- Computer-Simulationen der Freisetzung für Stabsübungen und die Führungskräfteausbildung,
- Simulationssysteme für die Ausbildung der Erkundungskräfte,
- reale Gefahrstoffe,
- Darstellungsmittel.

14.4 Schadendarstellung

Computer-Simulationen der Freisetzung
Berechnete Ausbreitungen von Gefahrstoffen eignen sich besonders für die Ausbildung von Stäben und Führungskräften, beispielsweise in Planspielen. Vorbereitete Berechnungen erlauben die Darstellung der Lageentwicklung im zeitlichen Kontext. Damit können Entscheidungsprozesse initiiert und die Umsetzung in Aufträge und Handlungsanweisungen überprüft werden.

Simulationssysteme für die Messgeräte-Ausbildung
Verschiedene Hersteller bieten elektronische Simulationssysteme an, die eine direkte Anzeige an den eingesetzten Messgeräten erlauben. Dazu wird das Messgerät über einen Empfänger mit einem PC verbunden. Dieser berechnet anhand einer simulierten Schadstoffausbreitung die unterschiedlichen Stoffkonzentrationen und leitet diese an das Messgerät. Die Darstellungssysteme eignen sich besonders für die Weiterbildung von CBRN-Erkundungskräften, die bereits über Vorkenntnisse verfügen.

Die für ihre Anwendung notwendigen Fachkenntnisse des Ausbildungspersonals und die nicht geringen Kosten beschränken den Einsatz von Simulationssystemen allerdings auf Ausbildungseinrichtungen für den CBRN-Schutz, die diese häufig nutzen.

Einsatz realer Gefahrstoffe (»Live Agent Training«)
Die realistischste Darstellung eines freigesetzten Gefahrstoffs für den Nachweis bzw. die Dekontamination ist die Verwendung des realen Gefahrstoffs. Ihre eingeschränkte Verfügbarkeit, ihre Gefahreneigenschaften und die damit verbundenen Sicherheitsauflagen beschränken ihren Einsatz allerdings auf wenige Ausbildungseinrichtungen und ausgewählte Szenarien, z. B. den Nachweis von toxischen Substanzen und deren Vorprodukten in einem illegalen Labor. Der Einsatz realer Gefahrstoffe stellt hohe Anforderungen an das Ausbildungspersonal und die Sicherheitsorganisation.

Darstellungsmittel
Der Einsatz von Darstellungsmitteln in der Ausbildung gestattet eine realitätsnahe Gefahrensimulation. Die Teilnehmer erhalten so eine Vorstellung eines freigesetzten Gefahrstoffs. Das Ausbilderpersonal hat durch den Einsatz von Darstellungsmitteln die Möglichkeit, den Ausbildungserfolg überprüfen zu können.

14.4.2 Darstellungsmittel für radioaktive Kontaminationen

Die Darstellung staubförmiger Kontaminationen kann mit einem handelsüblichen Kochwaschmittel mit Weißmacheranteil erfolgen, das trocken (möglichst auf ange-

14 CBRN-Ausbildung

feuchtete Oberfläche) oder als gesättigte wässrige Lösung auf Fahrzeuge, Ausrüstung und Bekleidung aufgebracht wird. Die Weißmacher fluoreszieren unter UV-Licht, sodass die Überprüfung des Dekontaminationserfolgs mittels einer UV-Lampe möglich ist.

Aufgrund ihrer geringen Aktivität stellen alte ungebrauchte Thorium-haltige Glühstrümpfe von Camping-Gaslampen eine für Übungszwecke nutzbare Strahlenquelle dar. Durch das Anbringen eines Prüfstrahlers können punktuelle Kontaminationen an Geräten simuliert werden. Ist eine Dekontamination geplant, ist der Prüfstrahler durch einen Plastikbeutel, gegen Feuchtigkeit zu schützen. Prüfstrahler gut befestigen!

Es hat sich bewährt, einen Verantwortlichen festzulegen, der die Prüfstrahler beaufsichtigt. Ein Verlust bedeutet immer Ärger.

Darstellungsmittel für biologische Gefahrstoffe

Biologische Gefahrstoffe lassen sich mit den im CBRN-Schutz verfügbaren Nachweismethoden nicht detektieren. Um den Ausbildungs-/Übungsteilnehmern das Erkennen von biologischen Gefahrstoffen zu ermöglichen, können Freisetzungen durch das Ausbringen von Glycerin- oder Schmierseife-Tropfen simuliert werden

Für die Ausbildung in der Probenahme und die Dekontaminationsausbildung eignen sich Darstellungsmittel, die durch Fluoreszenz erkannt werden können. Zur Überprüfung der korrekt durchgeführten Probennahme kann das Probenmaterial in einem Becherglas mit Wasser geschüttelt werden. Anschließend wird mit einer UV-Lampe getestet, ob eine Fluoreszenz auftritt.

Darstellungsmittel für chemische Gefahrstoffe

Zur Darstellung von chemischen Gefahren sollten für die Ausbildung zur CBRN-Erkundung, wo immer möglich, real messbare Stoffe genutzt werden. Ist das aufgrund der Toxizität der Originalsubstanzen nicht möglich, lassen sich Ersatzstoffe verwenden, die über Querempfindlichkeiten von den Nachweisgeräten (irrtümlich) angezeigt werden. Problematisch ist die Simulation, falls verschiedene Nachweismethoden genutzt werden, da das Ansprechverhalten unterschiedlich ist. Gegebenenfalls sind verschiedene Similistoffe parallel zu verwenden (nicht mischen). Vor der Anwendung ist unbedingt das Ansprechverhalten der Messgeräte zu prüfen.

Für die Probenahme- und Dekontaminationsausbildung eignen sich viskose Darstellungsmittel mit fluoreszierenden Zusatzstoffen, z. B. ToxSim.

14.4 Schadendarstellung

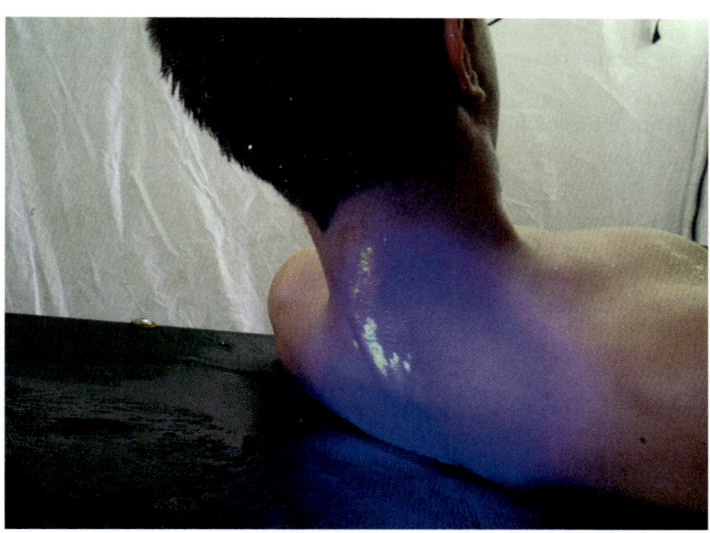

Bild 110: *Überprüfung des Dekontaminationserfolgs an einem zuvor mit ToxSim »kontaminierten« Übungsverletzten durch eine UV-Lampe (Quelle: Thilo Schuppler)*

Tabelle 53: *Zur Simulation luftgetragener Schadstoffe für den Nachweis mit Prüfröhrchen und elektrochemischen Gasmessgeräten geeignete Stoffe.*

Schadstoff	Darstellungsmittel
Ammoniak	verdünnte wässrige Ammoniaklösung (»Salmiakgeist«)
Blausäure	Zigarettenrauch
Chlor	hypochlorithaltige Haushaltsreiniger, wässrige Natriumhypochlorit-Lösungen (»Schwimmbad-Desinfektionsmittel«)
Brennbare Flüssigkeiten	Brennspiritus

Die meisten Gase und Gefahrstoffdämpfe sind nach der Freisetzung nicht mehr erkennbar. Das ist auch bei der Schadensdarstellung zu berücksichtigen. Solche Freisetzungen müssen durch Messungen ermittelt und dürfen nicht durch farbigen Rauch dargestellt werden (Stellen falscher Bilder). Ausnahmen sind:
- abdriftende Chlor-Wolke: gelbe Rauchfackel,
- abdriftende Nitrose Gase: orange Rauchfackel.

14 CBRN-Ausbildung

Als Darstellungsmittel für Säuren und Basen eignen sich Haushaltsessig (Säuren) und wässrige Natriumcarbonat- oder Calciumcarbonatlösung (Basen).

Darstellungsmittel für chemische Kampfstoffe

Die zur Simulation von chemischen Kampfstoffen vorhandenen Darstellungsmittel sind jeweils für verschiedene Nachweismethoden spezifisch. Zu beachten ist hierbei, dass diese Substanzen zum Teil ebenfalls toxisch/umweltgefährdend sind!

Tabelle 54: *Übersicht der Darstellungsmittel zur Simulation chemischer Kampfstoffe für verschiedene Nachweismethoden*

Kampfstoffspürpapier	Darstellungsmittel
G-Kampfstoffe	Mischung aus 1 Teil Brennspiritus/1 Teil einer gesättigten Sodalösung (Natriumcarbonat), ggfs. Andicken mit Glycerin
H-Kampfstoffe	Toluol
V-Kampfstoffe	2-Aminoethanol
Ionenmobilitätsspektrometer	
Tabun	A3F-Schaummittel
Sarin	Dipropylenglycolmonomethylether
S-Lost	Methylsalicylat
VX	Polypropylenglycolmonobutylether
Spürpulver	
Sesshafte Kampfstoffe	ToxSim S-Lost

Darstellungsmittel für Dekontaminationsmittel

Falls Dekontaminationsmittel aus Umweltschutz- oder Kostengründen nicht real eingesetzt werden können, lassen sich folgende Simili-Stoffe verwenden:

Tabelle 55: *Darstellungsmittel für die im CBRN-Schutz gebräuchlichen Dekontaminationsmittel*

Dekontaminationsmittel	Darstellungsmittel
Reinigungsmittel	Spülmittel
Calciumhypochlorit	Sportplatzkreide
RSDL	Übungs-RSDL, alternativ Fließmaterial in entsprechende Größe schneiden und mit Glycerin tränken
Schmierseife	Schmierseife
Venno Vet, Peressigsäure	Haushaltsessig-Wassergemisch
Chemikalienbinder	Sägemehl entsprechender Spangröße

Gebinde, die Übungsmittel enthalten, müssen eindeutig gekennzeichnet werden (um Überraschungen zu vermeiden).

14.5 Sicherheitsbestimmungen für die CBRN-Ausbildung

Grundsätzlich gelten für die Ausbildung und Übungen die gleichen Sicherheitsbestimmungen wie für den Einsatz. Mit einer Ausnahme: Ein Abweichen ist nicht zulässig

Zur Unterstützung der Ausbildung- bzw. Übungsleiter ist Unterstützungspersonal einzuteilen, das auf Anzeichen von Ausfallerscheinungen des in Schutzbekleidung arbeitenden Personals achtet. Auch bei Übungen mit PSA erfolgt eine Atemschutz-Überwachung.

Aufgrund der eingeschränkten Sicht beim Tragen von PSA sollen Ausbildungsmaßnahmen nur auf für den Verkehr gesperrten Straßen erfolgen. Kann es zu einer Gefährdung durch Fahrzeuge kommen (z. B. bei der Dekontamination von Kraftfahrzeugen), hat das Unterstützungspersonal auch auf die Fahrzeugbewegungen zu achten.

Zur Personendekontamination ist nur Trinkwasser zu verwenden. Die Fahrzeugdekontamination darf nur an Plätzen geübt werden, an denen das Waschen von Fahrzeugen erlaubt ist. Falls Reinigungsmittel genutzt werden, ist zu beachten, dass Leichtflüssigkeitsabscheider durch die damit verbundene Emulsionsbildung »überlistet« werden. Werden bei Ausbildungen und Übungen Darstellungsmittel eingesetzt, die gesundheitsschädlich oder umweltgefährdend sind, sind die Sicherheitshinweise und Umweltschutzbestimmungen zu beachten. Das Übungspersonal ist in

14 CBRN-Ausbildung

die möglichen Gefahren einzuweisen. Erste-Hilfe-Ausrüstung (z. B. Augenspülflasche) ist bereitzuhalten.

Bei Gewitter (zwischen Blitz und Donner liegen weniger als zehn Sekunden) ist der Übungsbetrieb auf Dekontaminationseinrichtungen im Freien einzustellen. Die Gefahr der Glatteisbildung ist bei Temperaturen unter dem Gefrierpunkt zu beachten. Entsprechende Streumittel müssen bereitgehalten werden.

Nachwort

Die Zukunft ist ungewiss. Zwei Faktoren können jedoch als sicher gelten:
1. Es wird weiterhin CBRN-Gefahren geben, auch wenn die Bedrohungen sich verändern. Die weltweite Mobilität ermöglicht die schnellere Ausbreitung von Infektionskrankheiten, die zunehmende wirtschaftliche Vernetzung geht mit einer Zunahme des Transportvolumens einher, neue Werkstoffe, wie die Kohlefaserverbundstoffe, können neue Risiken bedeuten. Nicht zuletzt der zunehmende Technologietransfer in Verbindung mit der Bedrohung durch den internationalen Terrorismus und das Wiederaufleben des Ost-Westkonflikt zwingen dazu, sich wieder mit Einsatzszenarien zu beschäftigen, die als überkommen galten.
2. Unsere Gesellschaft wird weiterhin erwarten, dass Hilfeleistungsstrukturen existieren, welche die Auswirkungen von Schadensereignissen soweit wie möglich minimieren.

Die zukünftige Entwicklung lässt den verstärkten Einsatz von Robotik bei der Abwehr von CBRN-Gefahren erwarten. Die Gefahrenfeststellung durch Drohnen, die Abdichtung von Leckagen durch Manipulatoren und der Einsatz von automatisierten Dekontaminationssystemen sind nur einige Beispiele für den Einsatz neuer Technologien. Trotz aller Fortschritte ist aber in den nächsten Jahren davon auszugehen, dass noch immer Menschen im Gefahrenbereich tätig werden müssen.

Mit dem vorliegenden Fachbuch hoffen wir, diese bei der Bekämpfung von CBRN-Ereignissen unterstützen zu können.

Literaturverzeichnis

1 Von der CBRN-Gefahr zum CBRN-Schutz

Bundesamt für Bevölkerungsschutz und Katastrophenhilfe, Rahmenkonzeption für den CBRN-Schutz (ABC-Schutz) im Bevölkerungsschutz, Bonn, 2016.
Bundesamt für Bevölkerungsschutz und Katastrophenhilfe, Neue Strategie zum Schutz der Bevölkerung in Deutschland, 2. Auflage, Bonn, 2010.
NATO, NATO's Comprehensive, Strategic-Level Policy for Preventing the Proliferation of Weapons of Mass Destruction and Defending against CBRN Threats, Brüssel, 2009.
RICHTLINIE 2012/18/EU DES EUROPÄISCHEN PARLAMENTS UND DES RATES vom 4. Juli 2012 zur Beherrschung der Gefahren schwerer Unfälle mit gefährlichen Stoffen.
Vereinigung zur Förderung des Deutschen Brandschutzes e.V. (vfdb): Technischer Bericht zu grundlegenden Randbedingungen im ABC-Einsatz der Feuerwehr, Stand 2018.

2 Radiologische und nukleare Gefahren

Brand / Kosbadt, Radioaktive Stoffe sicher versenden - transportieren – empfangen, Landsberg, 2011.
Grupen, Claus, Grundkurs Strahlenschutz Praxiswissen für den Umgang mit radioaktiven Stoffen; 4. überarb. und erg. Auflage, Springer Verlag, Berlin, Heidelberg; 2008
Strahlenschutzkommision (SSK), Band 32: Der Strahlenunfall. Ein Leitfaden für Erstmaßnahmen, 2. Auflage, Bonn, 2008.
Strahlenschutzkommission (SSK), Abgeleitete Richtwerte für Maßnahmen zum Schutz von Personen bei Kontaminationen der Umwelt mit Alpha- und Betastrahlern - Empfehlung der Strahlenschutzkommission mit wissenschaftlicher Begründung, Bonn, 2015.
Zimmermann, Georg, Strahlenschutz, 3. vollst. Überarb. Auflage; Kohlhammer Verlag, Stuttgart, 1993.

3 Biologische Gefahren

Bundesamt für Bevölkerungsschutz und Katastrophenhilfe, Robert-Koch-Institut (Hrsg.): Biologische Gefahren – Handbuch für den Bevölkerungsschutz I/II, 3. Auflage, Bonn, 2007.
Croddy, Eric, Chemical and Biological Warfare, Springer Verlag, New York, 2002.
Schneider B.R., Davis J.A. The Gathering Biological Warfare Storm, Maxwell Air Force Base, Alabama, 2002.
Suerbaum, Burchard, Kaufmann, Schulz, Medizinische Mikrobiologie und Infektiologie, 8. Auflage, Springer Verlag Berlin, Heidelberg, 2016.

4 Chemische Gefahrstoffe

Bundesanstalt für Arbeitsschutz und Arbeitsmedizin: Technische Richtlinie Gefahrstoffe (TRGS) 900: Arbeitsplatzgrenzwerte (AGW), Ausgabe Januar 2006.
Jürgen Langenberg, Klaus Ehrmann. Hinweise für den Feuerwehreinsatz zur Nutzung von Beförderungspapieren, in: BRANDSchutz/Deutsche Feuerwehr-Zeitung, 12/2015.
F. X. Reichl: Taschenatlas der Toxikologie, Stuttgart, New York, 2002.
Umwelt Bundesamt: AEGL-Werte (Deutsch): https://www.umweltbundesamt.de/themen/wirtschaftkonsum/anlagensicherheit/aegl-stoerfallbeurteilungswerte, abgerufen am: 15.08.2019.
Vereinigung zur Förderung des Deutschen Brandschutzes e.V. (vfdb):Vfdb-Merkblatt: Hochtoxische C-Gefahrstoffe und C-Kampfstoffe, Erkennung und Erstmaßnahmen, Stand 2017: vfdb.de/fileadmin/Referat_10/Merkblaetter/Aktuelle_Endversionen/MB10_08_C-Kampfstoffe_Ref10_2017_07.pdf, abgerufen am: 15.08.2019.

Literaturverzeichnis

5 Umwelteinflüsse auf die Ausbreitung von Gefahrstoffen

Bundesamt für Bevölkerungsschutz und Katastrophenhilfe (BBK) (Herausgeber), Entwicklung eines Werkzeugs zur Optimierung der Einsatzsteuerung bei Gefahrstofffreisetzungen in Stadtgebieten, Bonn, 2016.

Bundesamt für Bevölkerungsschutz und Katastrophenhilfe (BBK), Band 18 »Forschung im Bevölkerungsschutz«, CT-Analyst Ausbreitungsprognose bei Gefahrstofffreisetzung in bebauter Umgebung, Bonn, 2019.

PHMSA, Emergency Response Guidebook (ERG), pdf-Version, 2016: www.phmsa.dot.gov/sites/phmsa.dot.gov/files/docs/ERG2016.pdf, abgerufen am: 23.01.2020.

Schweizerische Eidgenossenschaft, Modell für Effekte mit toxischen Gasen, Bern, 2013.

6 Schutzmöglichkeiten vor CBRN-Gefahren

Deutsche gesetzliche Unfallversicherung (DGUV), BGI/GUV-I 8675 - Auswahl von persönlicher Schutzausrüstung auf der Basis einer Gefährdungsbeurteilung für Einsätze bei deutschen Feuerwehren, Berlin, 2008.

DIN EN 14325:2018, Schutzkleidung gegen Chemikalien - Prüfverfahren und Leistungseinstufung für Materialien, Nähte, Verbindungen und Verbünde.

Verein Deutscher Ingenieure (VDI), VDI 4062 - Evakuierung von Personen im Gefahrenfall, Düsseldorf, 2016.

7 Feststellen von CBRN-Gefahren

(ehem.) Bayerisches Staatsministerium für Umwelt, Gesundheit und Verbraucherschutz, Radioaktivität und Strahlungsmessung, 8. Aufl., München, 2006.

Bundesamt für Bevölkerungsschutz und Katastrophenhilfe, Empfehlungen für die Probenahme zur Gefahrenabwehr im Bevölkerungsschutz, Bonn, 2. Aufl., Bonn, 2019.

Sabine Richter, Schnelltest-/Screening-Methoden zum Nachweis von biologischen Kampfstoffen /Krankheitserregern, März 2009: https://ibk-heyrothsberge.sachsen-anhalt.de/fileadmin/Bibliothek/Politik_und_Verwaltung/MI/IDF/IBK/Dokumente/Forschung/Fo_Publikationen/sonst_ber/Biodetektion_IdF_Sachsen-Anhalt_2008.pdf, abgerufen am: 23.01.2020.

Jens Rönnfeldt / Mario König, Messtechnik im Feuerwehreinsatz, 2. Auflage, Stuttgart, 2010.

Vereinigung zur Förderung des Deutschen Brandschutzes, vfdb-Richtlinie 10/05, ABC-Gefahrstoffnachweis im Feuerwehrdienst, Stand 2015.

8 Die Dekontamination von CBR-Gefahrstoffen

Feuerwehr-Dienstvorschrift (FwDV) 500: Einheiten im ABC-Einsatz, 2012.

Andreas Kühar, Rotes Heft 88 Dekontamination, Stuttgart, 2007.

Vereinigung zur Förderung des Deutschen Brandschutzes (Vfdb), vfdb-Richtlinie 10/04, Dekontamination bei Einsätzen mit ABC-Gefahren, Stand 2014.

Bundesamt für Bevölkerungsschutz und Katastrophenhilfe (BBK) / Robert Koch-Institut, Desinfektion der persönlichen Schutzausrüstung, Bonn, 2012.

9 Führen im CBRN-Einsatz

Feuerwehr-Dienstvorschrift (FwDV) 100: Führung und Leitung im Einsatz, 1999.

Feuerwehr-Dienstvorschrift (FwDV) 500: Einheiten im ABC-Einsatz, 2012.

Literaturverzeichnis

10   CBRN-Einsatzmaßnahmen

Bundesamt für Bevölkerungsschutz und Katastrophenschutz (BBK): Psychosoziales Krisenmanagement bei ABC-Lagen oder auch CBRN-Lagen Empfehlungen, Bonn, 2010.
Fritjof Brüne: Medizinischer CBRN-Schutz, Teil 1, in: Im Einsatz, 5/2016, S. 34-36.
Klaus Ehrmann, Feuerwehr im Gefahrguteinsatz, in: Gefährliche Ladung, 05/2015.
Feuerwehr-Dienstvorschrift (FwDV) 500: Einheiten im ABC-Einsatz, 2012.
Feuerwehr Koordination Schweiz: Behelf für ABC-Einsätze, Bern, 2014.
Feuerwehr Koordination Schweiz: Handbuch für ABC-Einsätze, Bern, 2014.
Vereinigung zur Förderung des Deutschen Brandschutzes, Technischer Bericht zu grundlegenden Randbedingungen im ABC-Einsatz der Feuerwehr, Stand 2018.

11   Planung, Durchführung und Auswertung der CBRN-Erkundung

Andreas Kühar, Rotes Heft 88 Dekontamination, Stuttgart, 2007.
Bundesamt für Bevölkerungsschutz und Katastrophenhilfe / Robert Koch-Institut, Biologische Gefahren – Handbuch für den Bevölkerungsschutz, Band I + II, 3. Aufl., Bonn, 2007.
Bundesministerium für Ernährung, Landwirtschaft und Verbraucherschutz (BMEL): Richtlinie des Bundesministeriums für Ernährung, Landwirtschaft und Verbraucherschutz über Mittel und Verfahren für die Durchführung der Desinfektion bei anzeigepflichtigen Tierseuchen, 2007.
Vereinigung zur Förderung des Deutschen Brandschutzes, vfdb-Richtlinie 10/04, Dekontamination bei Einsätzen mit ABC-Gefahren, Stand 2014.
Vereinigung zur Förderung des Deutschen Brandschutzes, vfdb-Merkblatt, Ergänzende Hinweise zur Richtlinie 10/04, https://www.vfdb.de/fileadmin/Referat_10/Merkblaetter/Aktuelle_Endversionen/MB10_14_Dekon_Ref10_2018_02.pdf, abgerufen am: 23.01.2020.

12   Planung und Durchführung von Dekontaminationsmaßnahmen

Andreas Kühar, Rotes Heft 88 Dekontamination, Stuttgart, 2007.
Baden-Württemberg, Ministerium für Inneres, Digitalisierung und Migration, Landeskonzept Baden-Württemberg Dekontaminationsplatz-Verletzte 50 (Dekon-V Platz 50 BaWü), vom 20. Dezember 2016, Az.: 6-1424.3/6.
Bundesamt für Bevölkerungsschutz und Katastrophenhilfe / Robert Koch-Institut, Biologische Gefahren – Handbuch für den Bevölkerungsschutz, Band I + II, 3. Aufl., Bonn, 2007.
Bundesministerium für Ernährung, Landwirtschaft und Verbraucherschutz (BMEL): Richtlinie des Bundesministeriums für Ernährung, Landwirtschaft und Verbraucherschutz über Mittel und Verfahren für die Durchführung der Desinfektion bei anzeigepflichtigen Tierseuchen, 2007.
Vereinigung zur Förderung des Deutschen Brandschutzes, vfdb-Richtlinie 10/04, Dekontamination bei Einsätzen mit ABC-Gefahren, Stand 2014.
Vereinigung zur Förderung des Deutschen Brandschutzes, vfdb-Merkblatt Ergänzende Hinweise zur Richtlinie 10/04, Planungshilfe Dekontamination, Münster, 2018 (www.vfdb.de/fileadmin/Referat_10/Merkblaetter/Aktuelle_Endversionen/MB10_14_Dekon_Ref10_2018_02.pdf), abgerufen am: 04.06.2020.

13   Besondere Einsatzsituationen

Antonio F. Garcia, Dan Rand, John Howard Rinard Jr., IHS Jane's CBRN Response Handbook (4th edition), 2011.
Bundesamt für Bevölkerungsschutz und Katastrophenhilfe, HEIKAT - Handlungsempfehlungen zur Eigensicherung für Einsatzkräfte der Katastrophenschutz- und Hilfsorganisationen bei einem Einsatz nach einem Anschlag, 2018.

Literaturverzeichnis

Bundesministerium für Ernährung, Landwirtschaft und Verbraucherschutz, Richtlinie des Bundesministeriums für Ernährung, Landwirtschaft und Verbraucherschutz über Mittel und Verfahren für die Durchführung der Desinfektion bei anzeigepflichtigen Tierseuchen, 2007.

U.S. Edgewood Chemical Biological Center (ECBC) Special Report (ECBC-SP-036): Guidelines for Mass Casualty Decontamination during a HAZMAT / Weapons of Mass Destruction Incident: Vol 1 and 2, Aberdeen Proving Ground, 2013.

Emergency Response Guidebook, www.phmsadot.gov, abgerufen am: 23.01.2020.

Strahlenschutzkommission, Rahmenempfehlungen für den Katastrophenschutz in der Umgebung kerntechnischer Anlagen, Empfehlung der Strahlenschutzkommission, verabschiedet 2014.

Strahlenschutzkommission, Fragestellungen zu Aufbau und Betrieb von Notfallstationen, 2014.

Strahlenschutzkommission, Rahmenempfehlungen zu Einrichtung und Betrieb von Notfallstationen (RE-NFS), 2014.

Strahlenschutzkommission (SSK): Abgeleitete Richtwerte für Maßnahmen zum Schutz von Personen bei Kontaminationen der Umwelt mit Alpha- und Betastrahlern - Empfehlung der Strahlenschutzkommission mit wissenschaftlicher Begründung, Bonn, 2015.

Vereinigung zur Förderung des Deutschen Brandschutzes, vfdb-Merkblatt »Hochtoxische C-Gefahrstoffe und C-Kampfstoffe, Erkennung und Erstmaßnahmen«, Juli 2017.

14 CBRN-Ausbildung

Feuerwehr-Dienstvorschrift (FwDV) 2: Ausbildung der Freiwilligen Feuerwehren, Januar 2012.

Curriculum Standardisierte ABC-Grundausbildung, Ständige Konferenz für Katastrophenvorsorge und Katastrophenschutz, 2004, http://www.dgkm.org/files/downloads/cbrn/Curriculum_Standardisierte_ABC-Grundausbildung.pdf, abgerufen am: 23.01.2020.

Stichwortverzeichnis

A

ABC-Gefahrenpotenzial   288
Abdrift   86, 187, 191, 200, 217, 222, 231
Abschirmung   20, 23 f., 38, 248, 265
Absperrbereich   18, 187, 195, 199, 263, 280
Abstandsgesetz   37, 129
Abtragen   161
Acute Exposure Guideline Level (AEGL)   74, 208, 213
Adhäsion   151 f.
Adsorption   98, 108, 152, 160
Aerosoldekontamination   167
Aerosole   84, 98, 152, 162, 267, 277
Aggregatzustand   62 f., 151 f., 178–180
Aktivität   27
ALARA   37
Alphastrahlung   127
Altlasten   35, 288 f.
Analysieren   116, 118 f.
Analytische Task Forces (ATF)   19, 273
Anschlagsverdacht   117
Antidote   95, 270, 278
Äquivalentdosis   28, 211
Äquivalentdosisleistung   28
Arbeitsplatzgrenzwert (AGW)   73 f., 208, 241 f.
Asymmetrische Bedrohung   11
Atemfilter   99 f., 191, 232, 264
Atemschutz   96–98, 179, 191, 201, 233, 264, 291
Atemschutzgeräte   96, 98 f., 103, 110
Atemschutzüberwachung   111, 191, 200, 234, 307
Aufenthaltsdauer   38, 265
Aufnahmeweg   26, 69
– inhalativ   69, 285
– oral   70
– perkutan (dermal)   70
Aufräumungsarbeiten   208
Ausbreitung   16, 62, 74, 84, 88, 93, 175, 178, 180, 184, 199, 205 f.
Ausbreitungsberechnung   90, 212
Auswerteprogramm   18, 91 f., 125, 177
Auswertung   90–92, 115, 117, 124, 202, 240, 301

B

Bakterien   42 f., 46

Beaufschlagung   100, 108
Becquerel (Bq)   27, 172
Befehlsgebung   184
Beta   127
Beta-Burns   155
Beurteilungswert   72–74, 113, 182, 208, 240
Beweismaterial   210, 229
Binärkampfstoffe   81
Biologische Kampfstoffe   54
Brandbekämpfung   104, 191, 193, 196, 203, 205
Brandschutz   191
Bremsstrahlung   24

C

CBRN-Beratung   16
CBRN-Curriculum   294
CBRN-Erkundung   87 f., 90, 115, 119, 177, 191, 203, 214, 216–218, 223
CBRN-Erkundungskräfte   184, 187, 214, 217, 237, 280
CBRN-Erkundungswagen   210, 273
CBRN-Gefahrenabwehr   98
CBRN-Lagen   16, 176, 210, 214, 238
CBRN-Probenahme   122
CBRN-Szenarien   12, 298, 301
Chemikalienschutzanzug (CSA)   67, 103–105, 108, 110, 128, 174, 233
Chemische Eigenschaften   66
Chemische Gefahren   99
Chemische Kampfstoffe   73, 80 f., 159, 306
Chemische Messzellen   136
CLP-Verordnung   60

D

Dampfdichte   63, 180
Darstellungsmittel   299, 302 f.
Dekon G   145, 148, 253 f.
Dekon P   145, 147, 246 f.
Dekon V   145, 147, 249 f.
Dekon-Platz   195, 246, 263
Dekon-Stufe   148, 150
Dekontamination   145, 156 f., 243 f.
Dekontaminationslösung   251 f., 262
Dekontaminationsmittel   123 f., 156, 158, 167, 178, 196, 266, 306
Desinfektion   56, 156 f., 164, 173, 243, 266, 286

315

Stichwortverzeichnis

Desorption 173
Detektion 292
Deutscher Wetterdienst (DWD) 18, 93, 230
Dokumentation 122, 211, 216, 234, 238
Dosimeter 96, 127, 234
Dosis 25 f., 49, 73, 127 f., 132, 211, 216, 234, 236, 265
Dosisleistung 27, 32 f., 37 f., 73, 123, 130, 182, 221, 240, 253, 265
Dosisleistungsmessgeräte 118, 128 f., 235, 284
Dosiswarngerät 40, 128, 234
Dual-Use 54, 82, 291

E
Effektgrenze 84, 92, 136, 218, 220, 226 f.
Eigendekontamination 294
Einsatzabschnitt 176, 189, 214 f., 237
Einsatzgrundsätze PSA 110 f.
Einsatzleitung 176, 186, 189 f., 195, 214 f., 263, 267 f., 280
Einsatzplanung 16, 211, 215, 217, 244
Einsatzraum 216 f., 223 f., 226 f., 234
Einsatztoleranzwert (ETW) 74, 155
Eintauchen 218, 222 f.
Elektronen 21 f., 28, 130, 137, 139, 142
Emergency Response Guidebook (ERG) 91, 290 f.
Emulsionsspaltanlage 261
Energiedosis 28
Entsorgung 58, 148, 162, 190, 195 f., 206, 208 f., 254, 259, 266 f., 288
Entstrahlungslösung 166 f.
Entwarnung 208, 241
Entwesung 57, 156
EOD 238
ERI-Cards 117
Erstmaßnahmen 77, 197 f., 272
Evakuierung 113 f., 241
Evaluation 297, 299, 301
Explosionsgrenze 180, 235
Explosionsschutz 191, 193, 235

F
Fahrzeuggestützter Einsatz 225, 237
Feuerwehr-WetterInformations-System (FeWIS) 93
FFP-Maske 99, 286
Filmdosimeter 127, 234
Filtergeräte 98, 100, 102, 110, 191
Filtering Face Piece (FFP) 99
Flammpunkt 67, 181
Flächenaktivität 284

Flüchtige Kampfstoffe 81
Flüchtigkeit 63
Freisetzungsstelle 62, 84, 86, 89, 122, 180, 196, 233
Führungsorganisation 175 f., 185, 189, 214, 243
Führungsvorgang 175 f., 185

G
Gammaquanten 24
Gammastrahlung 22, 39, 127, 131
GAMS-Regel 18, 90, 177, 197 f., 272, 293 f.
Ganzkörperdusche 249, 284
Gaschromatographie-Massenspektrometer-Kopplungen (GC/MS) 142
Gasfiltrierender Atemschutz 99
Gefährdungsbeurteilung 96 f., 108, 115, 191
Gefährdungsbeurteilung PSA 96, 191
Gefahrenbereich 38, 56, 70, 90, 95, 110, 114, 123 f., 126, 128, 145, 161, 185, 191, 195, 198–200, 210 f., 218, 230 f., 240 f., 272 f., 292, 309
Gefahrengruppen 35, 52, 58, 76, 178 f.
Gefahren-Piktogramm 78
Gefahrgüter 53, 60, 79
Gefahrgutklassen 60 f.
Gefahrstoffe (allg.) 9, 11, 14, 84, 90, 116 f., 120 f., 126 f., 145, 151 f., 175 f., 188 f., 218, 240, 269 f., 293, 304
Gefahrstoff-Datenbank 91
Gefahrstoff-Freisetzung 117
Gefahrstoff-Inventar 12, 178
Gefahrzettel (Placard) 78 f., 118
Gentechnik 52 f.
Gesundheitsbehörde 208
Globally Harmonized System of Classification, Labeling and Packing of Chemicals (GHS) 60, 65
Grenzmessung 218, 221
Grenzwerte 30, 32, 39, 65, 72 f., 145, 172, 181
Grobdekontamination 145 f., 159, 161 f., 278
Großschadenslagen 59, 148, 243
Gründliche Dekontamination 145 f., 212, 253

H
Halbwertdicke 24
Halbwertszeit (HWZ) 20, 165
Handheld Test Kits (HHTK) 132
Handlungsempfehlungen zur Eigensicherung für Einsatzkräfte der Katastrophenschutz- und Hilfsorganisationen bei einem Einsatz nach einem Anschlag (HEIKAT) 271

Stichwortverzeichnis

Hautentgiftungsmittel 166
Hautkampfstoffe 71
Hazard Estimation for Accidental Release of Toxic Substances (HEARTS) 93
Horizontale Räumung/Evakuierung 113
Hotspots 235, 241
Hydrolyse 165

I

Identifizierung 139 f.
Inaktivierung 56, 163, 173
Individualausbildung 294
Individualschutz 95
Infektionskette 48, 56, 157
Infektionskrankheiten 42 f., 50, 57 f., 288
Informationsgewinnung 177, 186
Infrarot (IR)-Spektrometrie 139
Inhalationsrisiko 155, 173 f.
Inhalativer Aufnahmeweg 69
Inkorporation 26, 57, 69 f., 153, 188, 232, 236, 251
Ionenmobilitätsspektrometer (IMS) 117, 138 f.
Isoliergeräte 98, 103, 191

K

Kaliumjodidtabletten 285
Kernwaffen 36, 54
Kolorimetrische Nachweisverfahren 118
Kollektivschutz 95, 111
Kommunikationsmittel 185
Komplexbildung 165
Kontamination 151–153, 171, 173, 303
Kontaminationskontrolle 147, 216, 282
Kontaminationsnachweis 171 f., 248, 262
Kontaminationsnachweisgeräte 131 f.
Kontaminationsnachweisplatz 195
Kontaminationsverschleppung 59, 110, 157, 159, 162, 202, 206, 246, 249, 253, 256, 263
Konzentration 63 f., 218, 223
Konzentrationsangaben 64
Konzentrationsbestimmung 118
Körperschutz 96, 104 f., 179, 192, 234, 264, 292
 – Form 1 106, 192, 201
 – Form 2 102, 105–108, 265
 – Form 3 104 f., 107, 192, 212
Korrosionsschäden 153, 155, 166, 257
Kreuzen 218

L

Lagebeurteilung 178, 184, 240

Lagefeststellung 176–178, 288 f.
Latenzzeit 72
LCT_{50} 73
LD_{50} 73
Live Agent Training 303
Löschmittel 178, 193, 205 f.
Luftwechselrate 111 f.

M

Markierung 126, 199, 231 f.
Massendekontamination 271, 275 f.
Massenspektrometer (MS) 142
Mehrgasmessgeräte 117, 136
MEMPLEX 92
Menschenrettung 148, 191, 196 f., 201, 273
Messleitkomponente (MLK) 215
Messmethode 72, 118, 121 f.
Messpunkte 120, 218, 223, 227 f., 236
Messwert 120, 171, 221 f., 238, 240
Mikroorganismen 41–43, 49, 51, 54
Mikrosievert 221
Miosis 117
Molare Masse 63, 89, 180
Monitoring 223

N

Nachbelegung 164, 257, 287
Nachbereitung 14, 17, 211
Nachweis 221, 264, 303
Nachweisort 120
NBR-Sonde 129
Nervenkampfstoffe 166, 201, 278
Neutralisation 164
Neutronen 21, 22, 39
NEWS 92
Notfall-Probenahme 122
Notfallstation 263, 265, 280, 282
Nuklear 11, 20, 30
Nuklididentifikation 118, 129
Nullrate 171

O

Obere Explosionsgrenze 67
Oberflächenkontamination 151, 172
Off-gassing 277
Overgarment 108 f., 233

P

Pandemie 16, 45
Partikelfiltrierender Atemschutz 98
Pathogene 47 f.
Peers 279

Stichwortverzeichnis

Perkutane (dermale) Aufnahme 70
Personendekontamination 159, 250, 264–266, 307
Persönliche Schutzausrüstung (PSA) 14, 95, 104, 110, 164, 241, 246, 271
PH-Wert 43, 49, 67, 164 f., 181
Photoionisationsdetektor (PID) 137, 228, 298
Physikalische Eigenschaften 62, 151
Polizei 17, 82, 176, 199, 208 f., 229, 231, 235, 264, 270 f., 273
Polymerase Chain Reaction (PCR) 133
Positron 21
Postexpositionsprophylaxe 58
Pressluftatmer (PA) 103–105, 148
Prionen 42, 47, 51
Probensammelstellen 216
Probentransport 123
Probenverpackung 123
Prävention 14
Psychosoziale Betreuung 285
Psychosoziale Betreuungsmaßnahmen 17

Q
Quellstärke 90, 183

R
Radioaktivität 20, 24 f., 35, 95, 156
Radiologische Gefahren 20, 30, 99, 221
Radiologische Waffen 37
Radionuklide 20, 22, 33, 35, 152, 166
Rahmenkonzeption für den CBRN-Schutz 12, 18, 119
Raman-Spektroskopie 140
Räumung 114, 271
Reach-Back-Verfahren 186
Reaerosolisierung 155, 273
Referenzwert 72
Reizstoffe 80, 82, 288
Response-Faktor 228
Restkontamination 156, 173, 249, 266, 279
Rettungstrupp 191
Risikogruppen 50

S
Schadensobjekt 194, 199
Schadstoffwolke 84 f., 93, 127, 144
Scheuer- und Wischdekontamination 167
Schimmelpilze 43 f.
Schmelzpunkt 179
Schriftliche Weisungen zum Verhalten bei Unfällen 79

Schutzmaßnahmen 15 f., 58, 95, 111, 145, 191, 202, 207
Schutzwirkung 105, 108 f., 111
Schutzwirkung von Gebäuden 111
Schwarzbereich 195, 244, 267, 286
Second IED 280
Sesshafte Kampfstoffe 81, 306
Shelter in place 114
Sicherheitsdatenblatt (SDB) 80, 187
Siedepunkt 62 f., 86, 151, 180, 240
Sievert (Sv) 28
Simulation 302 f.
Somatische Schäden 25
Sporen 43 f., 54, 163
Spot-Dekontamination 70, 167, 201, 249
Spurensicherung 208, 238
Spürweg 184, 226 f.
Stabilität der Luftschichtung 85
Stay put 114
Stoffmenge 78, 90, 94, 161, 183
Störfallbeurteilungswert 73
Strahlenexposition 28 f., 39, 285
Strahlenschutzverordnung (StrSchV) 39
Strahlungs-Wichtungsfaktor 25, 28
Strahlungsenergie 23, 36
Szintilationsdetektoren 129

T
Tauchdekontamination 123, 167
Temperatur 43, 55, 89, 153, 155, 164 f., 178
Terroristische Nutzung 36
Tierseuchenbekämpfung 148, 163, 209, 243, 286
Toxine 41, 45 f., 54, 87
Toxische Eigenschaften 68, 166
Transport-Unfall-Informations- und Hilfeleistungssystem der chemischen Industrie (TUIS) 18 f., 77, 243
Transportunfälle 30, 179
Transportverpackung 33 f.

U
Überwachen 223
Umgebungstemperatur 86, 151, 179 f.
Umluftunabhängiger Atemschutz 103 f., 234, 264
Umweltbehörden 209
Umwelteinflüsse 84, 144, 229
Umweltgefährdung 156, 181
Unfallmerkblatt 79
UN-Nummer 32, 53, 78–80

Stichwortverzeichnis

Untere Explosionsgrenze (UEG) 64, 67, 180
UV-Licht 43, 137, 304

V
Vektoren 48 f., 57, 288
Verdriftung 85, 89
Verdünnung 156, 164, 181
Verkehrslenkung 241, 284
Versorgung 196
Vertikale Evakuierung 113
Veterinärbehörde 286
Vfdb-Richtlinie 74, 116, 119 f., 151, 214, 226
Vorsorgewert 72
Viren 41 f., 44, 49, 54

W
Wasserbehörde 156, 181, 243
Wasserentnahmestellen 263
Wassergefährdungsklasse (WGK) 68, 156, 180 f.
Weißbereich 253, 266, 285
Wetterbeobachtung 125
Wettereinflüsse 84, 232
Windgeschwindigkeit 84 f., 125
Windrichtung 84, 87 f., 93, 125, 180, 221, 230
Wirtsorganismus 47, 49
Wärmeerhalt 252, 246, 276

Z
Zivilisatorische CBRN-Bedrohung 11, 288
Zuggeschwindigkeit 84 f., 87
Zugrichtung 84, 87

Jochen Thorns

Kohlenstoff-monoxid

2020. 80 Seiten. Kart. € 16,–
ISBN 978-3-17-032483-1
Besondere Gefahrenlagen

Kohlenstoffmonoxid (CO) ist ein Atemgift, welches bei Bränden mit unzureichender Sauerstoffzufuhr entsteht. Es ist einer der gefährlichsten Bestandteile von Rauchgasen und hauptursächlich für Rauchgastote bei Bränden. Gefährliche Kohlenstoffmonoxidkonzentrationen können aber auch bei defekten Heizungsanlagen, Gasthermen, dem unsachgemäßen Betrieb von Feuerstellen („Grillen in der Wohnung"), in Shisha-Bars oder bei Suiziden mit CO auftreten. Das Buch stellt die Eigenschaften und die Gefahren von Kohlenstoffmonoxid, die Messtechnik, die medizinischen Aspekte, die Einsatztaktik sowie typische Einsatzbeispiele vor.

Jochen Thorns ist Stadtbrandmeister der Freiwilligen Feuerwehr Filderstadt und Chefredakteur der Zeitschrift BRANDSchutz/Deutsche Feuerwehr-Zeitung.

Digital-Ausgabe erhältlich in der BRANDSchutz-App und als E-Book. Leseproben und weitere Informationen:
www.kohlhammer-feuerwehr.de